과학기술정책론

과학기술정책론

최석식 지음

Σ 시그마프레스

과학기술정책론

발행일 | 2011년 3월 2일 1쇄 발행

저자 | 최석식
발행인 | 강학경
발행처 | (주)시그마프레스
편집 | 우주연
교정 · 교열 | 이원숙

등록번호 | 제10-2642호
주소 | 서울특별시 마포구 성산동 210-13 한성빌딩 5층
전자우편 | sigma@spress.co.kr
홈페이지 | http://www.sigmapress.co.kr
전화 | (02)323-4845~7(영업부), (02)323-0658~9(편집부)
팩스 | (02)323-4197

ISBN | 978-89-5832-929-9

저는 1980년 7월 1일부터 과학기술처 공무원이었습니다. 과학기술처가 과학기술부로 바뀐 뒤에도, 과학기술부가 부총리 부처로 승격된 뒤에도, 청와대 과학기술비서관으로 일하던 시기를 제외하고는 줄곧 과학기술부 공무원으로 근무했습니다. 사무관으로 시작하여 여러 분야의 과장과 인력정책관, 공보관, 기술인력국장, 과학기술정책국장, 연구개발국장을 거쳐 과학기술정책실장과 기획관리실장을 역임했습니다. 2004년 10월에는 과학기술부총리 부처의 차관이 되어 과학기술정책 전반을 관장했습니다. 2006년 1월 퇴직한 이후에는 건국대학교 대외협력부총장과 한국과학재단 이사장을 역임했습니다. 과학기술처, 과학기술부와 한국과학재단을 모두 합쳐 26년 6개월간 과학기술정책 분야에서 제 인생의 황금기를 보내며 정열을 불살랐습니다. 돌아보면 보람차고 신났던 세월이었습니다.

제가 공직에서 나와 새로 인연을 맺은 곳은 대학교의 강단이었습니다. 처음에는 서강대학교 과학커뮤니케이션협동과정에서, 그다음에는 서울대학교 공과대학, 전북대학교 과학학과, 건국대학교 기술경영학과에서 학생들과 마주 섰습니다. 과학기술정책, 과학기술과 사회, 기술경영 리더십에 대한 이야기를 주로 나누었습니다. 과학기술정책을 말할 때에는 목소리에 힘이 들어갔습니다. 선배들이 남기셨고, 동료들과 더불어 고민하면서 일구었던 대한민국의 과학기술정책을 소상하게 소개했습니다. 지금은 완벽한 모습을 찾아볼 수 없는 과학기술부, 여러 부처로 어지럽게 흩어져 버린 과학기술정책 기능을 이리저리 추슬러서 설명했습니다. 안타까운 것은 과학기술정책 교재가 없어 여기저기서 모은 자료와 경험을 되살려 강의자료를 만들고 복사해 나눠 주면서 강의를 했던 것입니다. 어느 날 어떤 교수님이 살아 있는 교과서를 머릿속에 가둬 두기만 할 것이냐는 말씀을 하셨습니다. 처음에는 많이 망설였으나 용기를 내어 컴퓨터 자판을 두드리기 시작했고, 한여름을 쏟아서 이 책을 탈고했습니다.

이 책은 과학기술정책의 전 과정을 혁신이론과 시스템이론의 틀에 담았습니다. 우선, 과학기술에 의한 혁신은 과학기술의 공급 측면과 시장의 수요 측면이 균형을 이루어야 된다는 입장을 견지했습니다. 또한 투입−전환−산출−환류로 이어지는 시스템이론을 통하여 과학기술정책을 투시했습니다. 제1장은 과학기술정책의 의의로 문을 열고, 제2장에서는 과학기술정책의 핵심 의제인 과학기술 혁신과 과학적 문화의 창달을, 제3장에서는 과학기술 투입요소인 투자 · 인력 · 정보 · 인프라정책을, 제4장에서는 과학기술 투입요소를 바탕으로 전개되는 과학기술 활동의 효율화 방안을, 제5장에서는 과학기술 산출물에 관련된 과학기술 재산화 · 현금화 및 보안을, 제6장에서는 과학기술정책의 최종 고객인 국민을 향해서 진행되는 수요진작 · 안전성 확보 · 지역개발 및 국민 친화성을 각각 설명하고, 맨 마지막 제7장에서는 과학기술정책 추진시스템에 관련된 행정체제 · 법률체제 · 홍보체제 · 과학기술 공무원에 관한 내용을 담았습니다.

이 책을 통하여 과학기술정책을 공부하는 학생들에게 기쁨을 주고 싶습니다. 그들이 상대적으로 생소한 과학기술정책의 길을 쉽고 재미있게 갈 수 있으면 좋겠습니다. 과학기술정책을 수행하는 공직자와 정치인에게는 과학기술정책이 지향해야 될 방향을 보여 주고 싶습니다. 대학교수와 연구소 연구원, 기업인에게는 과학기술정책의 논리와 내용, 정책과정에 참여할 수 있는 방법을 안내해 주고 싶습니다.

이 책의 저술과정에서 국가적 차원의 과학기술정책과 예산을 통합 · 조정하는 역할, 미래 원천기술과 거대복합기술 개발을 함께 담당하는 과학기술 행정 부처의 절실함을 느꼈습니다. 과학기술정책은 여러 분야의 지식과 정책이 함께 어우러져야만 성공할 수 있는 복합 영역으로, 눈앞에 다른 문제와 혼재할 경우에는 외면받기 쉬운 영역입니다. 따라서 과학기술의 혁신과 과학적 문화의 창달에 사활을 거는 단일 부처의 존재를 절감하게 되었습니다. 교육과학기술부나 국가과학기술위원회의 체제로는 부족하다는 의미입니다.

발전된 과학기술이 있어 행복한 국민, 첨단 과학기술이 있어 더 편리한 사회, 과학기술을 디딤돌 삼아 세상 높이 솟아오르는 하나 된 대한민국이 보고 싶습니다.

　이 책에서 인용한 법률은 2011년 1월 1일 기준입니다. 따라서 그 이후의 정확한 법률 내용을 알고 싶은 독자는 법제처 〈국가법령정보센터〉를 방문하셔서 해당 법률을 검색하시기 바랍니다.

　이 책의 출판을 허락해 주신 (주)시그마프레스의 강학경 사장님과 이원숙 과장님께 깊은 감사를 드립니다. 자신의 목표를 향해 올곧고 성실하게 달려가는 두 딸 형은이와 지은이가 고맙고 참 대견합니다. 제게 늘 조언을 아끼지 않는 아내 김영주에게 언제나 감사한 마음을 전합니다.

2011년 봄

서울대학교 37동 218호에서

최석식

차례

제5장 과학기술 산출의 강화 205

제6장 국민과 함께 국민 속으로 233

chapter **1**

과학기술정책의 의의

과학기술정책의 이론적 뿌리는 정책학이다. 과학기술정책은
정책학의 방향성과 논리성 등을 수용하면서, 각각의 상황에
맞도록 변형시켜 발전시킨다.

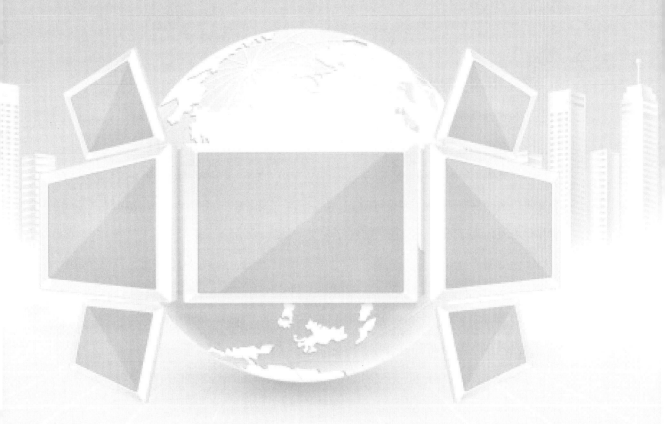

1. 정책의 의의 및 순환시스템

1) 정책의 개념

정책은 공적인 문제의 해결 또는 발전방안이다. 바람직스럽지 못한 ○○를 바람직한 △△로 변화시키려는 시도이다. ~정책, ~시책, ~대책, ~계획, ~방침, ~방향, ~구상 등의 형태를 불문한다. 이들은 경우에 따라서는 상하의 체계를 이루지만, 그것이 정책인 것은 마찬가지이다.

정책의 개념은 정책학의 창시자인 Harold D. Lasswell의 1951년 논문 「The Policy Orientation」으로 거슬러 올라간다. 그는 정책을 "사회변동의 계기로서 미래 탐색을 위한 가치와 행동의 복합체"라고 정의했다. 구체적으로는 "목표와 가치 그리고 실제를 포함하고 있는 고안된 계획"이라고 설명했다. Lasswell의 제자인 Y. Dror는 "정부기관에 의하여 결정된 미래의 활동지침" "공식적인 목표로 최선의 수단에 의한 공익의 달성" 등으로 표현한다. 한편, 정치학자인 D. Easton(1953, p.129)은 "사회 전체에 대한 가치의 권위 있는 배분, 정치체제가 내린 권위적 결정으로서 권위적 산출물의 일종"이라고 정의한다.

2) 정책의 가치와 지향성

Lasswell 이래 정책학이 추구하는 근본 가치는 '인간의 존엄성 실현'이다. 인간 가치의 고양은 정책학의 기본 철학이다.

Lasswell은 민주적 정책학을 꿈꾸었다. 규범적이고 당위적인 정책이상을 바라보면서 능률적이고 효과적인 정책을 추구하되, 실현가능한 정책수단을 개발하는 데 있어서 민주적 절차와 가치를 추구해야 된다는 것이다(권기현, 2007, p.23).

Lasswell의 정책학은 세 가지의 지향성을 갖는다. 첫째, 정책학은 문제해결 지향적이어야 한다(problem-oriented). 문제를 해결하기 위하여 목표를 명시하고, 경향을 파악하고, 여건을 분석해야 한다. 그 바탕 위에서 미래를 예측하고 대안을 개발·평가·선택해야 한다. 둘째, 정책학은 맥락 지향적이어야 한다(contextuality). 정책문제를 효과적으로 해결하기 위하여 시간적(역사적)·공간적(지역적·세계적)·사회적(관계적) 맥락을 각각 고려

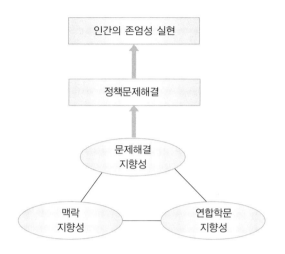

그림 1-1 정책학이 추구하는 가치와 지향성

해야 한다. 셋째, 정책학은 연합학문 지향적이어야한다(multidiciplinary). 정책문제를 해결하는 데에는 여러 영역의 학문 지식을 총동원해야만 한다. 정책문제 자체가 다양한 요소로 구성되어 있기 때문이다. 정책문제해결에 동원될 수 있는 학문영역은 관리과학, 정치학, 심리학, 인류학, 생물학 등 매우 다양하다(허범, 2002, p.293).

이상의 논의를 정리하면 [그림 1-1]과 같다.

3) 정책의 상·하위체계

정책은 정책문제를 해결하여 새로운 세계를 건설하려는 변화의 그림이다. 그리하여 정책은 [그림 1-2]와 같은 형태의 연계된 상·하위체계를 갖는다.

정책은 해당 정책의 전제가 되는 비전·목적·목

그림 1-2 정책의 상·하위체계
자료 : 김형렬, 2000, p.5.

표에 충실하게 수립되어야 한다. 비전·목적·목표라는 상위체계에 부합되지 못하는 정책은 정통성을 인정받을 수 없다. 소위 목적의식을 상실한 정책이다. 해결하려는 문제에 대한 뚜렷한 인식이 없는 정책이며, 문제를 해결하여 조성하려는 상태에 대한 그림이 없는 정책이다. 이렇게 정책의 상위체계는 관련 정책의 존재의의를 정의한다.

한편, 상위체계에 충실하게 수립된 정책이라 할지라도 하위체계가 치밀하지 못하면 소망하는 변화를 이끌어 낼 수 없다. 정책은 효율적인 계획·사업·단위사업·활동으로 가시화되고 구체화되어야 한다(김형렬, 2000, p.5).

4) 정책의 순환시스템

정책시스템은 정책결정(plan) → 정책집행(do) → 정책평가(see)의 과정을 순환적으로 거친다. 이런 순환과정이 개방적으로 운용되어야 실효성 있는 문제해결 능력을 보유할 수 있다.

개방형 정책시스템은 D. Easton에게로 거슬러 올라간다. 그는 ① 한 사회 안에서의 정치적 상호작용은 행동에 관한 하나의 시스템을 형성한다. ② 정치적 행동은 물리적·사회

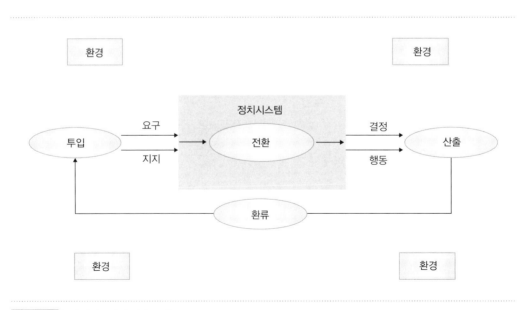

그림 1-3 정치시스템의 단순모델
자료 : D. Easton, 1965, p.32

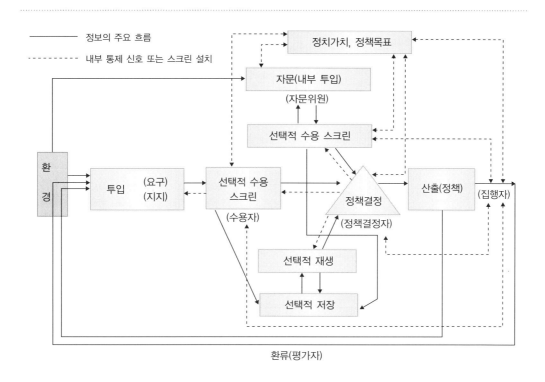

정책시스템 모델

자료 : S.S. Choi, 1987, p.46.

적 · 심리적 환경에 둘러싸여 있다. ③ 정치적 행동은 하나의 개방된 시스템을 형성한다. ④ 정치시스템은 교란에 대한 대응능력을 가지며, 그것이 놓여 있는 조건에 부합할 수 있는 능력을 가진다(D. Easton, 1965, pp.17~19). 이에 따른 D. Easton의 모델은 투입(요구와 지지) · 산출 · 환류 · 권위 · 체제 · 가치의 권위적 배분 · 정치집단 등 여러 가지의 개념으로 구성된다. 그의 단순화된 모델은 [그림 1-3]과 같다.

한편, [그림 1-3]에 나타난 정책 정보의 흐름은 [그림 1-4]의 정책시스템 모델로 확장 · 변형될 수 있다. 환경으로부터의 투입에 바탕을 둔 변환과정을 보다 상세하게 표현하고, 각 과정의 주체를 명시한 것이다. 우선, 환경으로부터의 외부 투입이 정책시스템 내부로 수용되기 위해서는 정책시스템의 정치적 가치, 정책목적이나 목표 등에 부합해야 한다. 이 검토 과정에서 '접수자 = 문지기(gate keeper)'의 의향이나 가치관, 지식의 정도 등이 중요하게 작용한다. 투입은 정책시스템 내부에서도 일어난다. 대표적인 것이 자문관이나 각종 회의 참석자 등에 의한 투입이다. 이러한 내부투입도 정치적 가치나 정책목표 등에 의해 검토되고 여과된다. 외부와 내부투입 중 내용이 합당하고 시간적으로 적절한 것은 정책결정으로 직간접적으로 연결된다. 그러나 당장 정책화되지 않는 투입이라 할지라도 폐기되지는 않는다. 그중 의미가 있다고 판단되는 투입은 정책시스템 내부의 기억장치에 저장되었다가 필요에 따라 선별적으로 재생되어 정책으로 변신한다.

이것은 정책시스템을 바라보고 대응하는 환경에도 시사점을 준다. 환경의 투입이 즉각 받아들여지지 않았다 해서 실망하거나 정책시스템을 비난할 일이 아니다. 의미 있는 투입이라면 시간적 지체가 있을 뿐, 언젠가는 정책으로 살아날 수 있기 때문이다.

2. 합리적 정책결정방법론

합리적 정책결정을 위해서는 [그림 1-5]에서 보는 바와 같이, ① 정책문제의 인식과 명확화, ② 정책대안의 탐색, ③ 정책대안의 분석·평가·비교, ④ 최선의 정책대안 선택과정을 순차적으로 거쳐야 한다. 마지막 단계에서 선택된 정책대안이 곧 정책이다.

1) 정책문제의 인식 및 명확화

정책은 정책이 필요한 문제를 정확하게 진단하면 방향이 잡힌다. 대부분의 해답은 항상 문제 속에 내포되어 있다. 따라서 이 과정이 정책결정에서 가장 중요하다.

우선, 무엇이 문제인지를 명확하게 파악해야 한다. 문제의 근원을 파헤쳐야 한다. 핵심부분과 주변부분으로 나누어서 분석하면 더욱 좋다.

다음에는 각각의 문제가 발생된 배경을 정확하게 분석하고, 향후의 진전방향을 정확하게 예

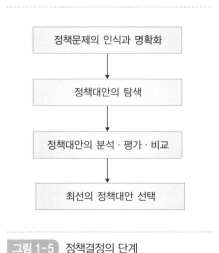

그림 1-5 정책결정의 단계

측해야 한다. 왜 이 문제가 발생하게 되었을까? 이 문제는 어디에서부터 비롯되었으며, 어떤 방향으로 진전될 것인가? 이 문제로 피해를 보는 사람들은 누구이며, 이익을 보는 사람들은 누구일까?

정책문제를 구성하는 요소와 관련 요소를 논리적으로 표시하는 '정책문제지도(policy problem tree)'를 그리면 전체를 종합적으로 파악할 수 있다. 그것이 정책문제 인식과 명확화의 최종 모습이다.

2) 정책대안의 탐색

정책의 품질은 정책대안의 발굴과 관련이 깊다. 해당 정책문제를 해결하는 데 기여할 수 있을 것으로 예상되는 대안을 모두 발굴해야 한다. 작업의 능률을 고려하여 소수의 대안탐색으로 제한하면 해답을 제한하는 것과 다름없다.

정책대안을 탐색하는 데에는 문헌조사 · 면담조사 · 델파이조사 · 브레인스토밍 등의 방식이 많이 사용된다.

첫째, 문헌조사는 개인 또는 팀이 각종 문헌을 조사하는 가장 일반적인 방법이다. 과거와 현재의 내 · 외부 유사사례, 학술적 견해, 타인의 경험 등이 대표적인 문헌이다. 델파이조사나 브레인스토밍 방식을 채택할 경우에도 담당자나 담당 팀에서 기본적인 문헌조사를 실시해야 한다. 문헌조사를 통해 대안의 타당성을 보완하고 평가할 준비를 해야 한다.

둘째, 면담조사는 제한된 소수의 전문가나 이해관계자에게 견해를 묻는 방식이다. 면담조사에는 방문면담 · 초청면담 · 전화면담 · 우편면담(전자우편 포함) 등이 있다. 방문 · 초청면담에는 개인면담과 집단면담의 방식이 있는데, 상대방의 의견을 가장 진지하게 들을 수 있으며 목소리와 표정 등을 살핌으로써 답변의 진정성까지 파악할 수 있는 장점이 있는 반면에, 방식과 범위에 따라서는 비용과 시간이 많이 소요되는 단점도 있다.

셋째, 델파이(Delphi)조사는 많은 전문가들의 의견을 모아서 하나의 해답을 찾아가는 방식으로서 미국의 RAND(Research And Development)에서 개발되었다. 일종의 시행착오를 거듭하면서 참여자의 중지를 모아 가는 방식이다. ① 먼저 어떤 문제에 대한 다수 전문가의 의견을 수집하고, ② 수집된 의견을 종합하여 동일한 전문가에게 회람시킨 후 의견을 제시하도록 요구하며, ③ 이러한 과정을 가능한 한 여러 차례 거듭하여 수렴된 의견을 결론으로 채택한다.

델파이조사 방식은 대단히 민주적인 방식이다. 그러나 얼마나 많은 전문가를 참여시키느냐, 전문가들이 얼마나 성실하게 답변하느냐, 얼마나 끈기 있게 과정을 진행시키느냐에 성패가 달려 있다. 그러나 델파이조사 방식에 의해 채택된 민주적 정책대안이 언제나 타당한 정책대안이냐의 문제는 숙제로 남는다.

넷째, 브레인스토밍(brain storming) 방식은 집단의 창의적 생각을 창출하는 접근방식으로 A. F. Osborn에 의해 창안되었다. Osborn은 "연상의 전원은 교류이다. 토론 참가자 가운데 한 사람이라도 아이디어를 제시하면 자동으로 다른 아이디어에 대한 상상력을 북돋운다. 그와 동시에 그의 아이디어는 다른 참가자의 연상 전원을 자극한다."라고 브레인스토밍의 장점을 소개했다(Carnegie, 1992, pp.99~101).

브레인스토밍 방식이 성공하기 위해서는 다음 네 가지의 기본원칙에 충실해야 한다. ① 각각의 아이디어에 대하여 비판하지 말아야 한다. ② 말하고 싶은 대로 말할 수 있도록 장려해야 한다. 아이디어가 거칠거나 조악할수록 새로운 개념으로 발전할 가능성이 높기 때문이다. ③ 아이디어는 많을수록 좋다. 아이디어가 많을수록 가치 있는 아이디어도 늘어날 것이기 때문이다. ④ 참가자의 아이디어를 수정하거나 조합하는 일도 중요하다. 참가자가 제시한 아이디어를 촉매제로 제3의 아이디어를 만드는 것이야말로 이 방식을 창안한 Osborn이 강조한 장점 중 하나이다.

3) 정책대안의 분석 · 평가 · 비교

탐색된 정책대안에 대한 분석과 평가는 [그림 1-6]에서 보는 바와 같이, 각 대안의 소망성과 실현가능성에 착안하여 진행하는 것이 합리적이다. 소망성은 효과성 · 능률성 · 형평성 · 대응성 · 적합성 · 적정성의 관점에서 분석 · 평가한다. 실현가능성은 정치적 · 경제적 · 사회적 · 법률적 · 행정적 · 기술적 실현가능성의 관점에서 분석 · 평가한다(W. Dunn, 2004, pp.530~550; 권기현, 2007, pp.178~181 참조). 그리고 정책대안의 분석 · 평가결과를 상호 비교한다.

그림 1-6 정책대안 분석·평가의 준거기준

(1) 소망성 분석

① **효과성**(effectiveness) : 효과성이란 목표의 달성 정도를 나타내는 지표이다. 목표 달성에 소요되는 시간이나 비용 등과는 관계없이, 목표 자체의 달성 가능성에만 중점을 두는 기준이다.

② **능률성**(efficiency) : 능률성이란 투입(input)에 대한 산출(output)의 비율이다. 짧은 시간과 적은 비용을 투입하여 최대의 목표치를 달성할 수 있느냐에 관한 기준이다. 능률성의 정도를 나타내는 데에는 비용편익분석(cost-benefit analysis)기법이 많이 사용된다.

③ **형평성**(equity) : 형평성은 정책의 대상집단에 미치는 영향력의 정도를 고려하는 기준이다. 형평성을 평가하는 기준에는 경제적 최적화, 분배적 정의, 사회적 정의 등이 있다. 예컨대, 경제적 최적화는 경제성장을 위한 투자와 소비의 임계 규모화 등을 중시한다. 분배적 정의와 사회적 정의는 경제적 약자의 구제와 보호를 중시한다. 형평성에는 수평적 형평과 수직적 형평이 있다. 수평적 형평은 조건이 동등한 자를 동등하게 처우하는 것이고, 수직적 형평은 조건이 동등하지 않은 자를 다르게 처우하는 것이다.

④ **대응성**(responsiveness) : 대응성은 정책대상집단의 요구에 대한 정책의 처방 정도를 나타내는 기준이다. 구체적으로는 정책대상집단의 만족 정도에 관한 것이다. 대응성은 정책대안에 대한 대상집단의 만족도를 사전과 사후에 설문조사하는 방법 등으로 파악한다.

⑤ **적합성**(appropriateness) : 적합성이란 정책에 내포된 정신이 시대적 요구 또는 정부의 정책이념이나 가치체계에 얼마나 부합하느냐의 기준이다. 동일한 내용의 정책이라도 정치·경제·사회·문화적 상황에 따라 수용성이나 타당성의 정도가 다르게 나타나기 때문이다.

⑥ **적정성**(adequacy) : 적정성이란 문제해결에 필요한 시의성과 강도에 관한 기준이다. 시기적 적정성은 정책대안이 해당 문제를 해결하는 데 필요한 시기보다 빠르거나 늦지 않아야 된다는 시각의 기준이다. 강도의 적정성은 정책대안이 해당 문제를 해결하는 데 지나치거나 미흡하지 않아야 된다는 시각의 기준이다.

(2) 실현가능성 분석

① **정치적 실현가능성**(political feasibility) : 정책대안이 정치집단(정당)의 지지를 얻을 수 있는 가능성이다. 의회민주주의체제 아래서는 정당의 지지를 얻는 것이 무엇보다도 중요하다. 아무리 바람직한 정책대안이라도 정당의 반대에 부딪히면 법률 제·개정이나 예산 확보가 어려워진다.

② **경제적 실현가능성**(economic feasibility) : 정책대안의 실현에 필요한 비용의 조달가능성 여부이다. 아무리 좋은 정책대안이라도 그 정책대안의 실현에 소요되는 예산을 확보할 수 없으면 실현될 수 없다.

③ **사회적 실현가능성**(social feasibility) : 정책대안이 사회적 합의나 규범 등에 부합되는지의 여부에 관한 기준이다. 사회의 문화나 관습도 중요한 측면이다. 정책대안의 사회적 실현가능성은 단일한 기준에 의하여 판단되지 못할 경우도 많다. 소득수준·지역·직업·연령·종교·기업규모 등의 차이에 따라 다르게 나타날 수 있기 때문이다. 따라서 정책의 핵심적인 대상집단뿐만 아니라 주변 대상집단까지 면밀하게 분석해야 한다.

④ **법률적 실현가능성**(legal feasibility) : 정책대안이 헌법이나 관련 법률·시행령 등에 위배되지 않아야 되는 기준이다. 금지규정이 없어야 한다. 허용하거나 장려하는 규정, 더 나아가 이행을 강제하는 규정이 있으면 법적 실현가능성이 높다고 평가할 수 있다. 정책결정

제1장 과학기술정책의 의의 | **11**

당시에는 관련 법률이 없더라도 그 정책이 시행되기 이전에 제정될 가능성이 확실한 경우에는 긍정적으로 평가받을 수 있다.

⑤ **행정적 실현가능성**(administrative feasibility) : 정책대안의 집행에 필요한 행정조직 · 인력 등을 이용할 수 있는 가능성이다. 아무리 좋은 정책이라도 이를 담당하여 추진할 공무원 등이 없으면 해당 정책은 '그림의 떡'과 다름없다.

⑥ **기술적 실현가능성**(technical feasibility) : 정책대안의 실현에 필요한 과학기술이 개발되어 활용가능한 상태에 있는지의 기준이다. 이는 관련 기술의 보유 여부를 분석한다. 외부 기술의 경우에는 필요 시점까지의 도입 · 확보가능성, 내부에서 개발할 경우에는 필요 시점까지의 개발가능성 여부 등을 분석한다.

(3) 정책대안의 종합분석 · 평가기법

정책대안의 분석 · 평가를 용이하게 하는 기법에는 모의실험분석, 의사결정나무분석, 게임이론분석, 비용편익분석, 손익분기점분석 등이 있다.

① **모의실험**(simulation)**분석** : 실제 사건이나 과정을 가상으로 재현하는 기법이다. 초기에는 자동차 운전, 비행기 조종, 우주인 훈련 등에 사용하기 위해 개발되었으나, 정책대안의 분석에도 이용될 수 있다. 모의실험은 종이와 연필을 이용한 간단한 것에서부터 컴퓨터지원프로그램을 이용하는 복잡한 방식에 이르기까지 매우 다양하다. 특히 실제와 거의 유사한 상황을 가상현실에 조성 후 각 정책대안의 소망성과 실현가능성을 검토하고, 대안의 가치를 종합적으로 평가할 수 있다.

② **의사결정나무**(decision tree)**분석** : 정책의 요구조건과 정책대안의 내용을 나무의 뿌리, 줄기, 가지, 잎으로 나타내어 한눈에 볼 수 있도록 표현하는 방식이다. 정책의 가장 기본적인 조건을 나무의 뿌리로 표시하고, 정책의 세부조건을 나무의 줄기와 가지로 표시하며, 정책대안의 내용을 나무의 잎으로 표시한다. 이렇게 하면, 정책의 요구조건과 정책대안 사이의 인과관계를 쉽게 파악할 수 있고, 정책문제의 해결에 대한 기여도의 정도를 가늠하는 데 큰 도움을 줄 수 있다. 또한, 연속적 의사결정이 필요한 복잡한 문제의 관련 정보를 표시하

는 데 적절하다.

③ **게임이론**(game theory)**분석** : 경쟁적 상황 또는 상충하는 상황에서 정책대안을 분석하는 도구의 일종이다. 정책문제가 당면한 상황을 전제하고 그 상황에서 가장 위력을 발휘할 수 있는 대안이 무엇인지를 정책대안의 책임자끼리 게임을 통하여 가리는 방식이다. 정책대안별 상호 작용과 경쟁을 가상하여 최후의 승자대안을 채택하는 것이다.

④ **비용편익분석**(cost-benefit analysis) : 정책대안의 경제성이 금전적으로 측정될 수 있는 경우에 적용될 수 있는 기법이다. 각 대안의 편익과 비용을 모두 금전으로 표시한 후, 편익에서 비용을 뺀 나머지를 서로 비교하며, 나머지가 영(0)보다 큰 대안 중에서 그 금액이 가장 큰 대안의 가치가 크다. 그러나 모든 대안이 영(0)보다 작은데도 불구하고 사업을 꼭 추진해야 될 경우에는 부득이 부정적 액수가 적은 대안의 가치를 높게 평가한다.

한편, 미래에 발생할 편익과 비용을 동일한 기준에 따라 비교 가능한 형태로 재평가하는 절차가 필요하다. 이를 위해 미래의 편익과 비용을 모두 현재가치로 환산해야 되는데, 실제로는 미래의 연도별 할인율(사회적 할인율)을 적용하여 현재가치로 환산한다. 이렇게 산출된 편익과 비용을 통하여 여러 대안을 비교하는 방식에는 두 가지가 있다. '순 현재가치 비교법'과 '편익비용비(ratio) 비교법'이다.

먼저, '순 현재가치 비교법'은 편익의 현재가치에서 비용의 현재가치를 뺀 금액(순 현재가치)을 서로 비교하는 방식이다. 물론 순 현재가치가 영(0)보다 큰 대안이어야 의미가 있다. 순 현재가치가 영(0)보다 작은 대안은 경제적 가치만을 기준으로 볼 때에는 고려할 가치가 없지만, 경제적 가치가 여러 비교 기준의 하나에 불과한 경우에는 순 현재가치가 영(0)보다 작은 대안도 고려될 수 있다.

다음으로, '편익비용비'는 비용에 대한 편익의 배율을 산출하여 비교하는 방식이다. 물론 이 경우에 편익비용비가 1보다 커야 의미가 있다. 1보다 작은 대안의 고려가능성에 대해서는 앞의 '순 현재가치 비교법'의 경우와 같다.

한편, 미래의 할인율을 알 수 없는 경우에는 내부수익률을 이용한다. 내부수익률은 순 현재가치를 영(0)이 되게 하는 할인율이다. 내부수익률이 바람직한 최저한계선을 넘으면 의미가 있고, 최저한계선을 넘는 대안이 복수일 경우에는 한계 내부수익률이 높은 대안의 가치가 크다.

⑤ **손익분기점**(break-even point)**분석** : 정책대안의 우열이 경제적 이해득실에 의해서 가려지는 경우에 사용할 수 있는 기법이다. 각 정책대안별 투입비용과 산출이익이 같아지는 시점을 도출한 후, 그 시기를 비교하는 것이다. 이 경우에도 투입비용과 산출이익의 순 현재가치를 계산하여 사용한다.

4) 최선의 정책대안 선택(정책결정)

정책결정과정의 마지막 단계는 여러 정책대안 가운데 최선의 대안을 선택하는 것이다. 바로 정책결정의 순간이다.

최종 순간에 고려해야 될 요소는 정책결정자 자신의 직관이다. 이론적으로 설명하기 어려운 경우가 많지만, 오랜 경험과 고민을 통해 쌓여 온 정책결정자의 직관이 의외로 중요한 역할을 담당한다. 또한, 충분한 시간여유를 갖고 평상의 상황 속에서 정책대안을 선택해야 한다. 시간적으로 불충분하거나 불안정한 상황 속에서는 정책결정이 왜곡될 수 있기 때문이다.

5) 정책결정의 성공요인

합리적 정책결정에 성공하기 위해서는 ① 정책목표의 명확화, ② 인적 · 물적 · 시간적 지원의 강화, ③ 정보 · 지식시스템 지원, ④ 정책결정자의 정치력, ⑤ 다양한 전문가의 활용, ⑥ 관계기관과의 긴밀한 협조체제, ⑦ 고객집단의 적극적 참여 등이 필요하다.

(1) 정책목표의 명확화

정책문제가 불분명하고 이에 따라 정책목표가 명확하지 않을 경우에는 정책은 핵심으로부터 멀어질 수 있다. 국민의 세금을 낭비하는 '종이작업(paper work)'에 그칠 수 있다. 따라서 모든 정책은 존재목적이 분명해야 한다. 국민에게 가치를 부여하는 것이어야 한다. 반면에 정부나 관계기관, 더 나아가 담당 공무원의 자체 이익을 지향하는 정책목표는 제거되어야 한다.

(2) 인적 · 물적 · 시간적 지원의 강화

첫째, 정책결정이 성공적으로 이루어지기 위해서는 우수한 공무원을 배치해야 한다. 우수한 공무원이란 여러 가지의 능력과 덕목을 갖춘 공무원이다. 해당 정책문제에 전문적인 지식과 경험은 물론, 인접 분야에 대한 지식과 경험도 필요하다. 미래에 대한 긴 안목도 절대적 요소이다. 특히 자신의 의견과 다른 의견을 경청하고 수용할 수 있는 개방적 공무원이어야 한다.

둘째, 정책결정과정에 소요되는 물적 자원은 예산 · 장비 · 시설과 업무공간 등이다. 정책결정은 각 정책사업의 가장 중요한 준비작업이란 점에 착안해야 한다. 준비작업이 부실하면 관련 정책사업의 방향과 내용도 부실해진다. 결국 실패를 자초한다. 반면에 정책결정을 체계적으로 준비하면 전체 사업비의 규모를 줄일 수 있다. 한국 정부는 이 부분에 매우 인색하다.

셋째, 충분한 시간은 정책의 품질을 좌우하는 핵심요인이다. 정책결정에 소요되는 시간을 지나치게 아끼려다 목표에 이르는 가장 빠른 길을 찾지 못할 수 있다. 또한 정책결정단계에서 충분히 숙고하면 정책집행의 초기 업무를 대체할 수도 있고, 정책이 상세하게 디자인되면 집행을 위한 별도의 세부기획이 필요 없는 경우도 있다.

(3) 정보 · 지식시스템 지원

정책은 정보이다. 관련 정보와 지식을 모두 동원하여 대안을 도출하고 검토해야 한다.

정보통신기술의 발전에 힘입어 지구적 차원의 정보 · 지식시스템이 확대되고 있다. 무료 또는 유료로 외부의 정보 · 지식시스템에 접근할 수 있다. 현지에 직접 가지 않더라도 정확한 정보를 신속하게 입수할 수 있는 시스템이다. 이를 대행해 주는 전문기관도 있다.

한편, 내부의 정보 · 지식시스템 구축도 필요하다. 외부로부터의 접근이 차단된 정보 · 지식시스템을 구축하는 것이다. 여기에 내부의 각종 정보와 지식을 모으면 유용하게 공유할 수 있다. 구성원이 취득한 지식을 쌓으면 근사한 전자도서관이 될 수 있다.

(4) 정책결정자의 정치력

정책은 과학성과 정치성의 합작품이다. 정책은 과학적 접근만으로는 실효성이 부족하다.

관계기관과 국회, 언론과 여론 주도자, 산업계·문화계·종교계의 동의를 얻고 이들을 동원할 수 있는 정치력이 중요하다. 여기서 말하는 정치력이란 관련 주체와의 갈등을 조정하고 지지를 확보하는 능력이다. 정책이 추구하는 가치의 우위성을 확립하는 역량이다.

(5) 다양한 전문가의 활용

다양한 전문가의 진지한 활용은 정책의 품질을 높이는 관건이다. 전문가의 정확한 선별이 우선이다. 정책문제의 영역별로 전문가 정보시스템을 구축하고 실시간으로 보완하여 미리미리 준비해 두면 편리하다. 해당 전문가 정보시스템에서 그 분야의 전문가를 정확하고 신속하게 선별할 수 있기 때문이다.

전문성 못지않게 중요한 요소가 전문가 선별의 객관성과 전문가 자신의 객관적 시각이다. 언제든지 제기될 수 있는 공정성 시비에 대처할 수 있는 과정적 처방이다.

(6) 관계기관과의 긴밀한 협조체제

정책은 관계기관과의 원활한 협조 속에서 결정되어야 한다. 예산이 수반되는 정책은 예산부처와, 강제 단속이 필요한 정책은 검찰 및 경찰과, 집행을 담당해 주어야 할 기관이 따로 있는 정책은 해당 기관과 사전에 협의해야 한다. 특히 관계기관의 약속을 공문서로 받아 두어야 한다. 이는 관계기관이 집행단계에서 약속을 번복하지 않도록 방지하기 위함이다.

(7) 고객집단의 적극적 참여

고객집단의 참여는 타당한 정책결정에 대단히 중요하다. 고객집단의 참여를 통하여 정책문제의 본질과 성격을 정확하게 파악하고, 정책의 목표·내용·수단·시기·장소 등을 정확하게 설정할 수 있다. 또한, 고객집단의 참여를 통해 요구에 대한 감정적 강도를 어느 정도 완화할 수 있으며, 최소한 그들에게 정책적 입장을 알릴 수는 있다.

고객집단의 참여규모는 클수록 좋다. 공정한 방식으로 선정된 대표자를 만나 의견을 직접 청취해야 한다. 가급적 고객집단 모두에게 최소한 유·무선 통신망과 우편을 통한 참여 기회를 주는 것이 좋다.

고객집단의 의견청취는 진지해야 한다. 고객집단에게서 정책의 실체를 찾으려는 자세야 말로 '참여 민주주의'의 바른 모습이다.

3. 합리적 정책집행방법론

1) 정책집행의 중요성

결정된 정책은 집행되어야 의미가 있다. 집행되지 않은 정책은 해당 정책문제를 해결할 수 없고 기대된 변화를 일으킬 수 없다. 따라서 정책집행은 정책결정 못지않게 중요한 단계이다.

과거에 시도했던 중요 정책 중 정책결정단계에서는 성공적이었지만, 집행단계의 소통 부족으로 인하여 정책 자체가 실패한 사례를 찾아볼 수 있다. 방폐장 건설사업(경주 이전) 과 천성산 터널공사는 정책디자인에서는 성공했지만 이해관계자와의 소통에 실패해 결과 적으로 실패한 정책 사례로 꼽힌다(〈표 1-1〉 참조). 이들 정책은 수정되거나 지연되었다.

표 1-1 공공정책의 성공요인

구분	성공 여부	정책디자인	정책전담기구 내부 소통	이해관계자와의 외부 소통
쓰레기 종량제	○	○	○	○
주택 200만 호 건설	○	○	○	○
인천국제공항 건설	○	○	○	○
CDMA 개발	○	○	△	○
방폐장 건설사업(경주 이전)	×	○	○	×
천성산 터널공사	×	○	○	×
빅딜	△	○	△	△

* 주 : ○, ×, △는 각각 부문에서의 성공, 실패, 보통을 의미함.
자료 : 삼성경제연구소, 2008, 『정부정책 성공의 충분조건』, pp.14~15.

2) 정책집행의 절차

정책을 성공적으로 집행하기 위해서는
[그림 1-7]과 같이, 첫째, 해당 정책집행
을 담당할 기구를 지정하거나 설치하고
업무처리 체계를 설정하는 일부터 시작해
야 한다. 둘째, 해당 기구가 중심이 되어
정책집행에 필요한 세부기획을 실시하고,
필요한 경우에는 지침이나 규칙을 제정한
다. 지침이나 규칙에 따라 담당 기구를 지
정 또는 설치해야 될 경우에는 첫 번째와
두 번째의 순서가 바뀔 수 있다. 즉, 지침

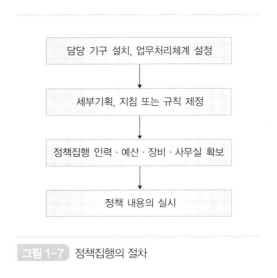

담당 기구 설치, 업무처리체계 설정

↓

세부기획, 지침 또는 규칙 제정

↓

정책집행 인력 · 예산 · 장비 · 사무실 확보

↓

정책 내용의 실시

그림 1-7 정책집행의 절차

이나 규칙을 먼저 제정하고 이에 따라 기구를 지정하거나 설치하는 방식이다. 셋째, 정책집
행에 소요되는 자원을 확보한다. 인력 · 예산 · 장비 · 공간(사무실 포함) 등을 포함한다. 마
지막으로, 정책에 담긴 내용을 실행한다. 수혜집단에 혜택을 제공하거나, 특정 행위를 조장
또는 통제하는 것 등이다.

3) 정책집행의 성공요인

(1) 정책 그 자체의 합리성

정책이 성공적으로 집행될 수 있는 기본요건은 정책 그 자체의 합리성이다. 성공을 약속받
은 정책, 정책문제를 해결할 수 있는 소망성과 실현가능성 요건을 모두 충족하는 정책이어
야 한다. 잘못 수립된 정책은 어떠한 경우에도 소기의 성과를 거둘 수 없다.

(2) 정책취지 및 내용의 설명

정책결정자와 정책집행자가 다를 경우에는 정책집행자에 대한 정확한 설명이 필요하다. 정
책집행자에게 정책결정의 배경과 취지, 내용 등을 상세하게 직접 설명해야 한다. 또한 정책

집행자의 질문에 대해서도 명쾌하게 답변해 주어야 한다. 그들로 하여금 의구심이나 의문을 갖지 않도록 해야 한다.

　가장 바람직한 형태는 정책집행예정자의 일부를 정책결정과정에 참여시키는 것이다. 문제해결방안에 대하여 같이 고민하고 고뇌할수록 좋다. 또 다른 방법은 정책결정자의 일부를 정책집행 부서로 전보 배치하는 것이다. 설명에 의한 지식이나 인식의 전달에는 한계가 있기 때문이다. 중요한 정책일수록 이런 조치가 꼭 필요하다.

(3) 행정적 · 재정적 지원

정책집행에 필요한 기구의 지정 또는 설치, 세부기획과 지침의 제정, 자원의 확보 등은 정책집행 성공의 중요 요소이다. 그렇지 않을 경우에는 정책이 의도하는 효과가 나타나지 않거나 미흡할 수 있다.

(4) 고위층의 지속적 관심

모든 조직의 행동은 조직을 이끄는 고위층의 관심과 의지에 크게 의존한다. 평상시에도 그렇지만, 고위층이 바뀌었을 경우에는 더욱 민감하다. 고위층이 바뀌면 정책의 중점이 달라질 것이라고 우려하기 때문이다. 따라서 중요한 정책에 대해서는 고위층에서 관심을 지속적으로 보여 주어야 한다.

　고위층의 관심 표현에는 여러 가지가 있을 수 있다. 공개석상에서 해당 정책의 중요성을 언급하는 방식도 있고, 정책의 추진에 필요한 인적 · 물적 자원의 차질 없는 지원을 약속할 수도 있다. 담당 기구를 방문하거나 직원을 초청하여 격려하는 방법도 있고, 해당 직원에게 별도의 관심을 보여 주는 것도 바람직한 방법 중 하나이다.

(5) 특별 보상제도의 도입 · 운영

중요한 정책에 대해서는 초기에 특별한 보상을 약속하는 것이 효과적이다. 해당 정책의 성공에 기여한 사람이나 부서에 대하여 승진 · 희망 전보 · 포상금 · 특별 휴가 · 교육 등을 허용하겠다는 원칙을 천명하면서 차질 없는 정책집행을 요청하는 방식이다. 이렇게 되면 정책에 대한 관계자들의 관심이 높아져서 특별한 노력을 기울일 것이다.

(6) 소통체제의 개방

정책은 고객집단과 항상 소통하면서 집행되어야 한다. 소통은 정책결정단계뿐만 아니라 정책집행단계에서도 항상 필요한 요소이다. 고객에게 정책의 내용뿐만 아니라, 집행의 방식·시기·장소·대상 등을 사실대로 알리고 그들의 의견을 경청해야 한다. 의견이 합리적일 경우에는 수용하여 정책집행에 반영하고, 의견이 합리적이지 않을 경우에는 고객집단을 설득해야 한다. 합리성 여부는 정부나 담당조직의 편의보다는 고객인 국민의 입장에서 판단해야 한다. 판단기준의 폭도 가급적 넓혀서 국민의 편의를 최대한 도모해야 한다.

(7) 정책의 탄력적 운용

정책집행은 상황대처능력을 갖춰야 한다. 정책이 해결하려고 의도했던 문제의 본질이나 내용이 달라지면 정책의 내용이나 수단도 달라져야 한다. 따라서 정책은 상황 변화에 따라 수정되는 연동계획(rolling plan)체제로 운용되어야 한다. 예컨대 5년 단위의 계획이라고 해서 처음에 수립된 정책을 5년 동안 지속하는 것이 아니라, 중대한 상황 변화나 정책이념 또는 상위목표가 수정되었을 경우에는 그에 맞도록 변경해서 집행하는 것이다.

그러나 정책을 지나치게 자주 변경하면 역효과를 초래할 수 있으며, 정책 자체의 안정성과 신뢰성을 잃을 수 있다. 따라서 정책의 안정성도 유지하면서 상황 대응효과를 높일 수 있는 방법을 찾아야 한다.

(8) 정책감사의 실시

정책집행을 확보할 수 있는 마지막 장치는 정책감사를 실시하는 것이다. 정책감사는 집행에 소홀한 사람을 적발하여 처벌하려는 목적이 아니라, 정책집행의 현장에서 당면한 애로요인을 발굴하여 개선의 토대로 삼는 정책감사여야 한다. 정책의 취지나 내용이 현장 상황에 적합하지 않다면 이를 바로잡아 주는 역할도 담당해야 한다.

4) 정책집행의 종결

정책의 존립시한이 도래하면 해당 정책은 당연히 소멸된다. 해당 정책을 담당하는 기구와 각종 자원도 함께 없어진다. 정책의 존립시한 안에 관련되는 정책문제가 소멸되면 해당 정책도 존립근거를 잃는다. 정책문제의 소멸은 정책집행 결과에 의한 소멸과 다른 외부 요인에 의한 소멸이 있다.

한편, 정책의 존립시한이 경과했는데도 해당 정책문제가 소멸되지 않는 경우가 있다. 이 경우에는 적절한 절차를 밟아서 정책의 시한을 연장하거나 다른 정책에 해당 정책의 문제해결을 인계할 수 있다.

4. 합리적 정책평가방법론

1) 정책평가의 의의와 종류

정책평가란 특정한 정책 또는 해당 정책의 구성요소의 값어치(value)를 결정하는 사회과정 또는 정책과정이다(노화준, 1997, p.27).

정책평가의 종류에는 ① 정책이 의미 있는 정책인가를 평가하는 기획평가, ② 정책이 지향하는 방향대로 잘 집행되는지를 중간에 점검하는 과정평가, ③ 정책에서 담고 있는 조치을 잘 집행하였는지를 점검하는 투입실적평가, ④ 정책이 해결하려고 의도했던 정책문제가 소멸되었는지를 점검하는 정책영향평가 등이 있다.

(1) 기획평가

기획평가는 정책의 집행 전에 정책에 대하여 실시한다. 정책결정 자체의 합리성을 검토하는 평가이다. 정책결정자가 아닌 제3의 기관이나 전문가에 의해 추진되는 것이 바람직하다.

기획평가의 기준은 정책대안의 분석·평가기준과 동일하지만, 그중 중요한 요소로 압축하여 실시할 수도 있다. 기획평가의 형태는 다양하지만, 목적은 언제나 동일하다. 정책의 소망성과 실현가능성을 종합적으로 분석·평가·비교하여, 정책의 합리성과 타당성을 판단하는 것이다. 이는 정책결정자가 범할 수 있는 오류가능성을 줄이기 위한 조치이다. 따라서 국가적으로 중요하고 규모가 큰 정책에 대해서는 반드시 기획평가를 정책집행 이전에 실시해야 한다.

기획평가는 정책결정단계에 포함시켜 진행할 수도 있다. 최고 정책결정자가 최종 결정을 하기 전에 정책대안에 대해 외부 전문가의 조언을 듣는 형태이다.

(2) 과정평가

과정평가는 정책이 집행되는 중간의 의미 있는 시점에서 실시한다. 정책집행의 흐름이 몇 개의 마디로 구분될 경우에는 그 마디가 끝나는 시점이 좋다.

과정평가를 통해 얻으려는 정보는 다양하지만, 기본적으로는 정책집행의 성공적 진행 여부에 대한 판단자료이다. 정책집행을 지속할 것인지 아니면 중단할 것인지, 소요 인력이나 예산 등을 추가할 것인지 아니면 유지할 것인지 아니면 축소할 것인지, 정책의 집행기간을 당초대로 유지할 것인지 아니면 변경할 것인지 등에 관한 정보를 얻기 위함이다.

과정평가도 전문기관에 의뢰하여 실시하는 것이 좋다. 내부 인사에 의할 경우에는 친분 등으로 정직한 결과가 도출되기 어려울 수 있기 때문이다.

(3) 투입실적평가

정책의 투입실적평가는 정책집행의 종료 시점에서 실시한다. 정책문제의 해결보다는 정책문제해결을 위한 노력이 충분했는지를 평가하는 것이다.

투입실적에 대한 평가는 대단히 중요한 의미를 갖는다. 정책문제를 해결하기 위해서는 당초에 계획된 자원이나 행위를 제대로 투입해야 되기 때문이다. 그런데, 정책문제해결에 필요한 자원의 투입보다는 정책문제의 해결 여부에만 관심을 기울이는 행태가 많이 발견된다. 그런 행태는 정책성공의 핵심요소를 경시하는 것이다.

(4) 정책영향평가

정책영향평가는 정책문제의 소멸 등 정책이 의도했던 상태를 구현하였는지에 관한 평가이다.

　정책영향평가는 정책종결 이후 일정한 기간이 경과한 시점에서 실시하는 것이 바람직하다. 정책대상집단의 행동은 순간적으로 변하지 않고, 상당한 기간에 걸쳐 서서히 변하는 경우가 많기 때문이다. 정책의 영향력에 대한 정보파악이 시간적으로 긴급할 경우에는 일정한 시간 간격을 두고 여러 차례 실시하는 것이 좋다.

2) 정책평가의 과정

정책평가의 과정은 정책평가의 유형에 따라 약간의 차이가 있을 수 있지만, 기본적으로 [그림 1-8]과 같이 ① 평가계획 수립 → ② 평가자료의 수집과 분석 → ③ 목표의 달성 정도 확인 → ④ 결론의 순서를 거친다.

　여기서 중요한 것은 평가계획이다. 평가의 취지ㆍ종류ㆍ시기, 평가자, 평가지표와 평가표, 평가결과에 대한 조치 등을 정확하게 명시해야 한다. 특히, 평가계획은 정책결정과 동시에 수립되어야 한다. 정책문서의 마지막에 해당 정책에 대한 평가계획을 수록해야 한다. 평가받는 대로 행동하는 인간의 일반적 행태를 고려하는 방식이다. 해당 정책에 관련된 평가지표의 이행 정도를 개인별 업무평가에 반영하고 성과급으로 연결할 경우에는 각 개인의 행동이 정책의 성공요소에 집중된다. 그렇게 되면 정책의 성공률도 높아질 것이다.

　반대로 평가계획을 평가에 임박한 시점에서 수립하면, 그때는 정책집행의 시간이 이미 상당부분 또는 대부분 경과된 상태이기 때문에, 정책평가를 통해 정책집행자의 동기를 유

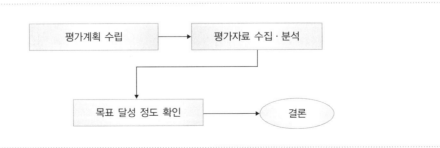

그림 1-8 정책평가의 과정

발할 시간적 여유가 거의 없다. 이미 시간이 지나 버린 시점에서의 평가계획 수립은 요식행위 차원을 크게 벗어나지 못할 것이다.

3) 정책평가의 기준

정책평가의 기준과 지표는 정책의 중간목표(투입목표)나 최종 목표 자체여야 한다. 그 목표의 달성 여부나 정도에 국한하는 것이 합목적적이다. 다른 잡다한 평가요소를 추가한 후 배점을 합산하여 평가점수를 산출할 경우에는 전혀 다른 결론에 이를 수 있다. 목표의 달성 정도가 '부실'한데도 불구하고, 다른 평가요소를 통해 획득한 점수로 '성공'으로 둔갑될 수 있다는 뜻이다.

4) 정책평가의 후속 조치

정책평가를 실시한 이후에는 결과에 상응하는 후속 조치를 취해야 한다.

첫째, 정책성공에 기여한 사람들에게 적절한 보상을 실시해야 한다. 처벌보다는 포상의 자료로 이용할 경우에는 평가의 긍정적 기능이 살아날 수 있다. 이에 대한 정확한 평가를 위한 여건이 조성되고, 평가대상자들이 적극적으로 많은 정보를 제공할 수 있을 것이다.

둘째, 정책성공의 사례를 확산해야 한다. 성공한 정책에 대하여 결정단계에서부터 시작하여 집행단계와 평가단계까지의 정보를 충실하게 정리하여 널리 알리는 것이다. 똑같은 형태의 정책은 없을 수 있지만 비슷한 유형의 정책은 재현될 수 있고, 이 경우에 유용하게 응용될 수 있을 것이다.

셋째, 정책실패를 생산적으로 관리해야 한다. 실패한 정책에 대해서는 유사한 정책실패가 재발하지 않도록 예방하고, 다른 성공을 위한 디딤돌로 활용해야 한다. 이를 위해서는 정책실패를 당사자들이 숨김없이 공개하는 제도를 마련하고, 공개된 자료를 잘 정리하여 공유해야 한다. 특히 실패의 공개를 진작하는 방안을 다각적으로 강구해야 한다. 최선을 다하였음에도 실패한 사람에게는 성공에 준하는 보상을 실시하는 방안까지 강구해야 할 것이다. 아무리 처벌을 하지 않는다 하더라도 실패는 유쾌한 흔적이 아니기 때문이다. 그리하여 누구나 숨기고 싶은 욕망에 사로잡힐 것이기 때문이다. 언젠가는 불이익의 빌미로 활용될 것이라는 걱정에 함몰될 수도 있기 때문이다.

5) 정책평가의 성공요인

(1) 명확한 정책목표

정책목표 자체가 명확하지 않을 경우에는 정확하게 평가할 수 없다. 정확한 평가의 내재적 결함인 것이다. 따라서 목표는 가급적 계량적 형태로 표시되어야 한다. 비계량적 형태로 표현할 수밖에 없는 경우에도 누구에게나 동일하게 인식될 수 있을 정도로 구체화되어야 한다.

(2) 정책수혜집단과 정책평가집단의 일치

정책수혜집단은 정책결정단계에서 분명하게 설정되고, 평가는 해당 수혜집단에 대하여 실시되어야 한다. 정책수혜집단이 아닌 집단을 대상으로 하는 평가는 의미가 전혀 없다.

(3) 올바른 평가자의 선정

평가자는 전문성과 도덕성을 겸비한 사람이어야 한다. 우리나라에서는 분야별 전문가의 규모가 작기 때문에, 도덕성까지 겸비한 다수의 전문가를 구하기 어려운 경우도 있지만, 최대한 노력해야 한다. 만약 국내에서 전문가를 확보할 수 없을 경우에는 해외 전문가에게 의뢰하는 것도 고려할 수 있다. 사안에 따라서는 인터넷을 통한 공개평가를 실시하는 것도 좋은 방법이다.

(4) 피평가자의 저항 극복

평가받는 사람의 저항은 적극적 저항과 소극적 저항으로 나타난다. 적극적 저항은 평가행위 자체를 방해하는 것이고, 소극적 저항은 평가자료 제출을 거부하거나 미온적으로 대응하는 것이다. 피평가자의 저항은 명분과 대화를 통해 극복해야 한다.

(5) 평가에 대한 인식의 개선

'평가는 좋은 것'이라는 인식을 확산시키는 것이 무엇보다 중요하다. 평가를 처벌이 아닌 격려와 동기유발의 도구로 정착시켜야 한다. 자신의 업적을 자랑하고, 인정받는 자리로 승화시켜야 한다. 서로 먼저 평가받겠다는 분위기를 조성해야 한다.

(6) 평가가능성 평가의 실시

모든 유형의 정책평가는 평가 자체의 가능성과 효용성에 대한 평가가 먼저 이루어져야 한다. 그래야만 의미 있는 평가가 가능하다. 평가가능성 평가에는 정책목표의 성취 여부에 대한 평가가능성, 평가실시의 효용성에 대한 평가 등이 포함된다.

5. 과학기술정책이란 무엇인가?

과학기술정책은 과학기술혁신을 촉진하고 '과학적 문화(scientific culture)'를 창달하기 위한 정책이다. 과학기술혁신의 촉진은 과학과 기술을 이용해 이윤을 창출하는 영역이고, 과학적 문화의 창달은 과학정신(합리성·창조성·능률성)을 국민의 문화 속에 이식하고 확산하는 영역이다. 과학기술혁신의 촉진은 물질문명에 중점을 두고, 과학적 문화의 창달은 정신세계를 주목한다.

1) 과학기술정책의 기본 미션 : 해결해야 될 문제군

과학기술이 기여할 영역은 날로 크게 확대되고 있다. 과학기술 중심의 사회로 진행하면 할수록 과학기술에 대한 의존도가 높아간다. 경제성장뿐만 아니라, 질병예방과 치료, 범죄와 테러의 퇴치, 기후변화와 환경오염의 완화, 지역균형발전 등 삶의 질에 관련된 문제해결에 대한 과학기술의 수요가 크게 증가되고 있다.

　[그림 1-9]에서 보는 바와 같이 과학기술에 기반을 두고 해결해야 할 삶의 질 영역은 의료, 환경과 자원, 재난과 재해, 교통과 통신, 주거, 치안, 식품, 문화, 공공서비스, 교육 등 대단히 많다.

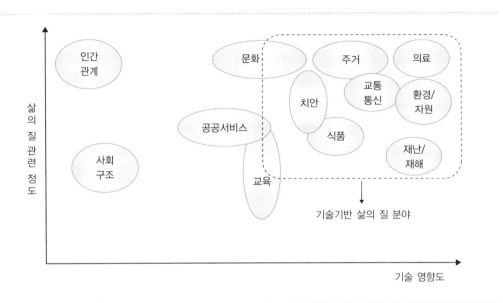

삶의 질 관련 정도 (y축)

기술 영향도 (x축)

인간관계 · 사회구조 · 공공서비스 · 교육 · 문화 · 치안 · 식품 · 주거 · 교통통신 · 의료 · 환경/자원 · 재난/재해

기술기반 삶의 질 분야

그림 1-9 삶의 질과 과학기술의 관계

자료 : 국가과학기술위원회, 2007. 8. 27, 『기술기반 삶의 질 향상 종합대책』, p.13.

'삶의 질'의 유형별 세부내용은 〈표 1-2〉와 같다. 첫째, '건강한 삶'을 위한 의료·식품 분야의 문제는 노인성질환의 치료기술, 성인병에 대한 상시 모니터링기술, 의료진료 신뢰성 향상기술, 신종 감염성질환 대응기술, 정신질환 극복기술, 불임예방과 치료기술, 식품관리기술 등을 통하여 해결할 수 있다. 둘째, '안전한 삶'에 관련된 재난·재해·치안 분야의 문제는 범죄감시와 보안기술, 작업장 안전확보기술, 아동 안전사고 저감기술, 교통사고 저감기술, 기후변화 대응기술 등을 통해 해결할 수 있다. 셋째, '쾌적한 삶'을 위한 주거·환경·자원 분야의 문제는 인간과 환경친화적 주거기술, 대기 질 개선기술, 자연생태계 보전기술, 먹는 물 개선기술, 신·재생에너지기술 등을 통해 해결할 수 있다. 넷째, '편리한 삶'을 향한 공공서비스·교통·통신·교육 분야의 문제들은 장애인·노인 자립지원기술, 교통체증 저감기술, 평생학습 기반구축기술 등에 의해 해결할 수 있다. 다섯째, '즐거운 삶'을 위한 문화 분야의 문제는 감성문화 콘텐츠개발, 가상현실기술 등으로 해결할 수 있다.

이상의 논의에 비추어 볼 때, 과학기술정책의 기본 미션은 분명하다. 국민의 존엄성 증진에 앞장서는 것이다. 「과학기술기본법」 제2조(기본이념)는 "이 법은 과학기술혁신이 인간

┌◉ **표 1-2** 삶의 질 향상에 관련되는 과학기술

삶의 질 유형	관련 분야	관련 과학기술	
건강한 삶	의료 · 식품	• 노인성질환 치료 • 의료진료 신뢰성 향상 • 정신질환 극복 • 식품 관리	• 성인병 상시 모니터링 • 신종 감염성질환 대응 • 불임예방 및 치료
안전한 삶	재난 · 재해 · 치안	• 감시 및 보안 • 아동 안전사고 저감 • 기후변화 대응	• 작업장 안전 확보 • 교통사고 저감
쾌적한 삶	주거 · 환경 · 자원	• 인간 및 환경친화적 주거 • 자연생태계 보전 • 신 · 재생에너지	• 대기 질 개선 • 먹는 물 개선
편리한 삶	공공서비스 · 교통 · 통신 · 교육	• 장애인 · 노인 자립지원 • 평생학습 기반구축	• 교통체증 저감
즐거운 삶	문화	• 감성문화 콘텐츠개발	• 가상현실기술

자료 : 국가과학기술위원회, 2007. 8. 27, 『기술기반 삶의 질 향상 종합대책』, p.14.

의 존엄을 바탕으로 하여 자연환경 및 사회 윤리적 가치와 조화를 이루고 …"라고 규정하고 있다. 따라서 과학기술정책이 대한민국 국민의 행복 증진에 직결되는 기능을 선도적으로 담당해야 하는 것이다.

2) 대한민국 과학기술정책의 위상과 절차적 지향

「과학기술기본법」은 국가 정책에서 과학기술정책이 차지하는 위상과 접근 방식을 분명하게 명시하고 있다. 첫째는 과학기술정책의 중시이다. 정부는 과학기술정책의 수집과 추진을 통하여 과학기술이 국가의 미래전략을 달성하는 중추적인 역할을 할 수 있도록 필요한 자원을 최대한 동원하여 창의적 연구개발과 개방형 과학기술 혁신활동을 적극적으로 지원해야 한다(동법 제5조 제1항).

둘째는 과학기술정책의 절차적 요건에 대한 요구이다. 정부는 정책형성과 정책집행의 과학화와 전자화를 촉진해야 하며, 과학기술정책의 형성과 집행과정에 민간전문가나 관련 단체의 폭넓은 참여는 물론, 일반국민의 다양한 의견을 수렴해야 한다(동법 제5조 제2항 ·

제3항).

3) 과학기술정책의 성격

과학기술정책은 복합적인 성격을 갖고 있다. 첫째, 과학기술이 해결해야 될 문제의 다양성으로 과학기술정책의 내용도 다양하다. 예컨대 경제성장을 지원하는 과학기술정책을 입안하기 위해서는 경제성장의 기본 구도에 대한 지식까지 겸비해야 한다. 질병의 예방과 치료를 지원하는 과학기술정책을 입안하려면 인체의 구조와 기능, 병리학 등에 대한 기초지식이 필요하다. 과학기술정책은 다학제적(multi-disciplinary) 접근의 대표적 영역인 것이다.

둘째, 특정한 단위문제를 해결하는 데 필요한 과학기술이 다양한 경우에는 다수 영역의 과학기술을 투입해야 한다. 서로 다른 영역에서 개발된 과학기술을 융합해야만 특정한 영역의 문제를 효과적으로 해결할 수 있는 것이다.

셋째, 상기와 같은 과학기술의 문제해결 방식으로 과학기술정책의 내용도 복합적이다. 과학기술정책을 성공적으로 결정하고 집행하기 위해서는 관련 영역의 정책과 긴밀하게 교류하고 조정해야 한다. 다른 정책영역과 수평·병렬관계에 있는 것이 아니라, 수직·다층관계를 갖고 있고, 다른 정책과 경쟁관계가 아니라 보완관계에 있는 특성을 갖고 있기 때문이다.

따라서 과학기술정책의 자리매김은 분명하다. 과학기술정책은 [그림 1-10]에서 보는 바와 같이 경제정책·의료정책·환경정책 등과 대립하는 정책이 아니라, 이들 정책에 원동력을 제공하는 정책이다. 최종 성과를 지향하는 정책에 대해 효과적인 시작과 방법을 제공하는 후원적 성격의 정책이다. 따라서 경제정책·의료정책·환경정책 등이 성공하려면 과학기술정책과 조화롭게 연계되어야 한다.

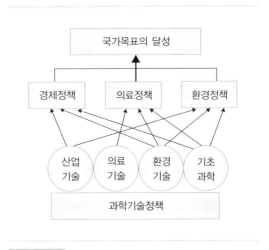

그림 1-10 과학기술정책과 관련 정책의 관계

4) 과학기술정책의 수단

과학기술정책의 수단을 과학기술정책의 목적 중 하나인 기술혁신 촉진을 사례로 살펴보면 [그림 1-11]과 같다. 기술혁신은 기본적으로 새로운 기술의 공급과 기술제품이나 서비스에 대한 시장의 수요가 연결될 때 일어난다. 새로운 기술만 있고 시장 수요가 없을 경우에는 해당 기술제품이나 서비스가 판매되지 아니하여 실패하고 만다. 반면에 기술제품이나 서비스에 대한 시장 수요는 있는데 정작 해당 기술이 없을 경우에는 기술혁신이 진행될 수 없다.

따라서 정부는 기술의 공급 측면과 수요 측면을 모두 진작하는 정책을 입안하고 집행해야 한다. 먼저, 기술의 공급이 이루어질 수 있도록 연구개발에 필요한 기술지식과 기술인력, 정보와 관리능력, 투자재원 등을 보강한다. 또한 이에 연관되는 공기업을 육성하고, 연구기관 등을 설립·지원하며, 과학기술교육을 강화하고, 과학기술정보의 수집·유통체제를 강화한다. 다른 한편으로는, 생산된 제품에 대한 수요가 국내외 시장에서 발생할 수 있

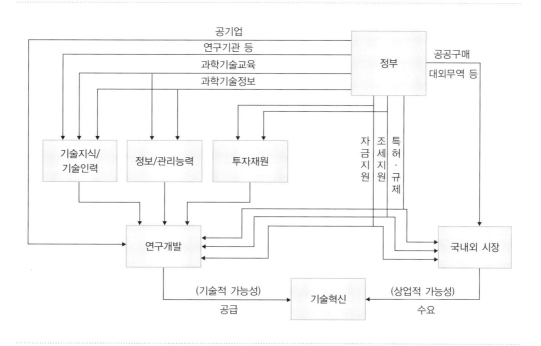

그림 1-11 과학기술정책 수단의 체계

자료 : Rothwell, R. and Zeveld, W., 1981, p.59.

도록 공공구매·대외무역·자금지원·조세지원 등을 실시한다.

5) 과학기술정책의 종합체계

「과학기술기본법」(제4조 제1항·제2항)은 과학기술 진흥시책의 수립을 요구하고 있다. 국가는 과학기술혁신과 이를 통한 경제·사회발전을 위한 종합시책을 수립해야 하고, 지방자치단체는 국가의 시책과 지역적 특성을 고려하여 지방과학기술 진흥시책을 세우고 추진해야 한다.

과학기술 기본계획은 과학기술발전에 관한 중·장기 정책목표와 방향에 따라 세워져야 한다. 국가과학기술위원회가 5년마다 관계중앙행정기관의 과학기술 관련 계획과 시책 등을 종합하여 세운다.(동법 제7조 제1항·제2항)

과학기술 기본계획에 포함되어야 할 사항은 ① 과학기술의 발전목표와 정책의 기본방향, ② 과학기술혁신 관련 산업정책·인력정책 및 지역기술혁신정책 등의 추진방향, ③ 과학기술투자의 확대, ④ 과학기술 연구개발의 추진 및 협동연구개발 촉진, ⑤ 기업·대학 및 연구기관 등의 과학기술혁신 역량 강화, ⑥ 연구성과의 확산, 기술이전 및 실용화, ⑦ 기초과학의 진흥, ⑧ 과학기술교육의 다양화 및 질적 고도화, ⑨ 과학기술인력의 양성 및 활용 증진, ⑩ 과학기술지식과 정보자원의 확충·관리 및 유통체제의 구축, ⑪ 지방과학기술의 진흥, ⑫ 과학기술의 국제화 촉진, ⑬ 남북 간 과학기술 교류협력의 촉진, ⑭ 과학기술문화의 창달 촉진, ⑮ 민간 부문의 기술개발 촉진, ⑯ 연구개발시설·장비 등 과학기술기반의 확충, ⑰ 과학연구단지의 조성 및 지원, ⑱ 지식재산권의 관리 및 보호, ⑲ 국가과학기술 표준분류체계의 확립, ⑳ 기술혁신을 위한 자금의 지원 ㉑ 국가표준 관련 정책의 지원이다(동법 제7조 제3항; 동법 시행령 제4조).

따라서 과학기술정책의 종합 추진 체계도는 [그림 1–12]와 같이 그려질 수 있다. 첫째, 과학기술정책이 해결해야 될 의제는 과학기술혁신의 촉진과 과학적 문화의 창달이다. 둘째, 해당 의제를 해결하기 위한 과학기술 투입요소는 투자, 인력, 정보, 인프라이다. 셋째, 과학기술 투입요소를 바탕으로 추진해야 될 과학기술 활동은 국가중점 과학기술의 선정, 국방과학기술의 개발, 국가연구개발사업의 추진, 연구개발 수행과정의 경쟁과 협동, 과학기술

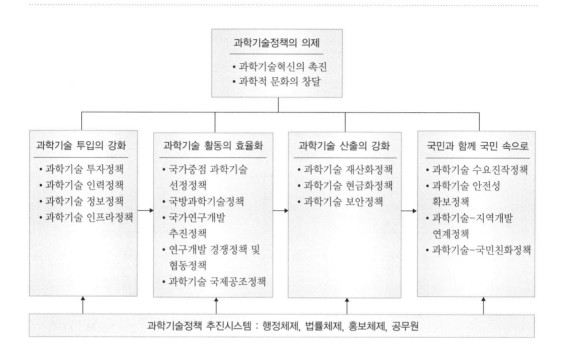

그림 1-12 과학기술정책의 종합추진 체계도

국제공조이다. 넷째, 과학기술 산출에서 핵심적 요소는 과학기술 재산화 · 현금화와 보안이다. 다섯째, 과학기술은 국민과 함께 국민 속으로 깊이 파고 들어가야 한다. 그래야만 인간의 존엄성 향상에 구체적으로 기여할 수 있다. 그것의 중요요소는 과학기술의 수요진작, 안전성 확보, 지역개발과의 연계, 국민과의 친화이다. 마지막으로 정부의 과학기술정책은 그것을 적절하게 추진하는 정책 추진시스템에 의해 뒷받침되어야 한다. 행정체제 · 법률체제 · 홍보체제 · 담당 공무원이다.

과학기술정책의 의제

1 과학기술혁신의 촉진

과학기술정책의 목적 중 하나는 과학기술로 경제를 발전시켜 인간의 존엄성을 향상시키는 것이다. 이를 위해서는 과학기술에 관계하는 주체들이 많은 이윤을 확보할 수 있도록 조장해야 한다. 이윤을 확보해야 만, 과학기술의 연구개발을 확대할 수 있으며, 인간 존엄성의 또 다른 측면인 의료나 환경개선의 재원도 마련할 수 있기 때문이다.

1. 왜 과학기술혁신인가?

[그림 2-1]은 과학기술혁신이 추구하는 결과와 성과를 일목요연하게 보여 주고 있다. 과학기술혁신을 통해 나타나는 결과(output)는 신기술과 신제품이며, 이를 통해 부가가치를 창출하는 것이다. 이런 차원의 과학기술혁신은 연구실이나 기업의 관심영역이다. 국가적 차원의 관심을 갖기 위해서는 다음 단계로 확장되어야 한다. 국가의 중대문제를 해결하는 성과(outcome)를 거두어야 한다. 경제성장, 질병예방 및 치료, 교통·통신의 발달, 주거 개선, 방위력 증진, 테크노 아트의 발전 등이 그 예시적 성과이다. 그러나 그것으로는 아직 부

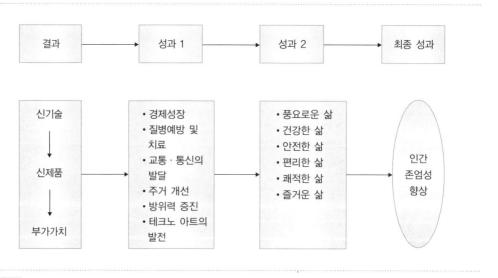

그림 2-1 과학기술혁신이 추구하는 결과와 성과

족하다. 한 차원 더 높은 곳에 과학기술혁신의 진정한 임무가 놓여 있다. 인간의 삶의 질을 향상시키는 경지이다. 풍요로운 삶, 건강한 삶, 안전한 삶, 편리한 삶, 쾌적한 삶, 즐거운 삶을 뒷받침하는 것이다. 최종적으로는 인간존엄성의 향상이다. 과학기술정책이 지향하는 목적 중 하나가 과학기술혁신의 촉진인 이유이다.

「대한민국헌법」은 과학기술의 혁신을 국가의 책무로 규정하고 있다. 「대한민국헌법」 제127조 제1항에 "국가는 과학기술의 혁신과 정보 및 인력의 개발을 통하여 국민경제의 발전에 노력하여야 한다."라고 명기되어 있다.

2. 과학기술혁신의 기본 구도

1) 과학기술혁신의 개념

J. Schumpeter는 경제발전의 원인을 찾는 과정에서 '이노베이션(innovation)'이라는 용어를 사용하였다. 그는 [그림 2-2]에서 보는 바와 같이, 기업가(entrepreneur)가 "① 새로

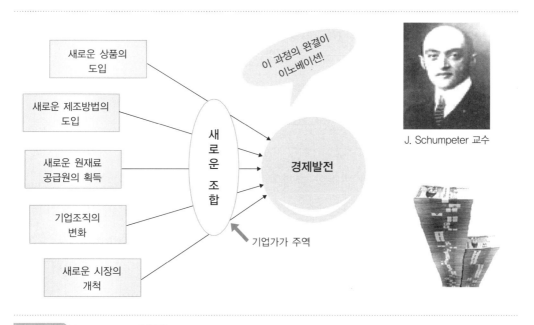

그림 2-2 Schumpeter의 혁신

자료 : Schumpeter, J., 1949, p.66.

운 상품의 도입, ② 새로운 제조방법의 도입, ③ 새로운 원재료 공급원의 획득, ④ 기업조직의 변화, ⑤ 새로운 시장의 개척이라는 다섯 가지 요소를 새로운 형태로 조합하여 경제를 발전시키는 것"을 '이노베이션'이라고 정의하였다(Schumpeter, J., 1949, p.66). 우리는 이 '이노베이션'이라는 말을 혁신이라고 번역하여 사용한다. '묵은 풍속, 관습, 조직, 방법 따위를 완전히 바꾸어서 새롭게 함'을 의미하는 한자어의 革新과는 의미의 차이가 있다. 이노베이션이 경제적 측면에 중점을 두고 있다면, 革新은 정치적 측면을 더 내포하고 있다. 이노베이션이 경제의 발전을 염두에 두고 있다면, 革新은 총체적 개혁을 추구하는 용어이다.

혁신에 대한 Schumpeter의 정의가 우리에게 주는 시사점은 분명하다. 어떤 과학적·기술적 변화가 혁신을 이루었다고 정의하려면, 반드시 경제발전에 기여해야 한다는 점이다. 경제발전에 기여하지 못했다면, 어떤 과학적·기술적 변화에 대해서도 혁신이라는 용어를 사용할 수 없다. 마찬가지로, 과학기술정책도 경제성장에 기여하는 것을 최종목표의 하나로 삼아야 한다.

과학기술정책에서 사용하는 '과학기술혁신'은 Schumpeter의 이노베이션을 바탕으로 한다. '과학과 기술의 혁신(Innovation of Science and Technology)'이 아니라, '과학과 기술에 바탕을 둔 혁신(Scientific and Technological Innovation)'이다.

2) 연구-개발-생산-판매의 고리와 혁신

과학기술혁신은 [그림 2-3]과 같이, 연구-개발-생산-판매의 과정을 거쳐 수혜자에게 이로움을 준다. 물론 과학과 기술의 관계는 반드시 과학에서 기술로 순차적으로(linear model) 이어지는 것은 아니다. 기술에서 과학의 단초를 얻을 수도 있고(non-linear model), 과학적 이론에 바탕을 둔 산업(science-based industry)이 태동하기도 한다. 그러나 틀림없는 것은 과학에 바탕을 둔 기술과 과학기술에 바탕을 둔 제품의 위력이 더 크고, 모든 과학·기술·제품은 생산되고 판매되고 이윤을 얻어야 된다는 점이다.

첫째, 연구(research)는 과학에 대해 실시된다. 과학에 대한 연구활동은 연구실에서 이루어지며, 그 결과는 논문 등의 형태로 산출된다. 둘째, 개발(development)은 기술을 대상

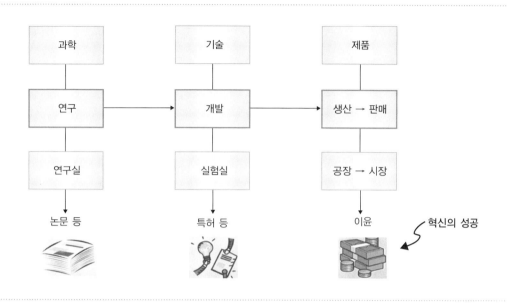

그림 2-3 연구-개발-생산-판매의 바람직한 연결체계

으로 실험실에서 실시된다. 기술의 개발 결과는 법률적으로는 특허의 형태로, 실체적으로는 시제품으로 표출된다. 셋째, 혁신은 제품이나 공정을 대상으로 실시되어 새로운 제품(product innovation)이나 새로운 공정(process innovation)을 산출하며, 그것의 대가로 재화를 얻는다. 따라서 논문이 나오지 않으면 연구단계가 종료되지 않고, 특허나 시제품이 없으면 개발단계가 완료되지 않으며, 생산과 판매를 거쳐 재화(돈)를 얻지 못하면 결국 혁신에 실패하는 것이다. 종합적으로, 연구와 개발이 부가가치 창출에 성공해야만 경제적 의미를 가질 수 있다.

[그림 2-4]에서 보는 바와 같이 연구와 개발이 경제적 이윤에 이르는 과정은 반드시 판매의 단계를 거쳐야 한다. 판매 이후에는 이윤을 얻거나 손해를 보는 두 가지 중 하나에 이르게 된다.

[유형 1]은 연구-개발-생산-판매-이윤의 전 과정을 독자적으로 완성하는 경우이다. 반면에 [유형 2]는 연구에 성공하여 발견(discovery)을 하였으나 개발에 실패하는 경우이다. [유형 3]은 연구가 개발로 연결되어 발명(invention)에는 성공하였으나 생산 이하의 단

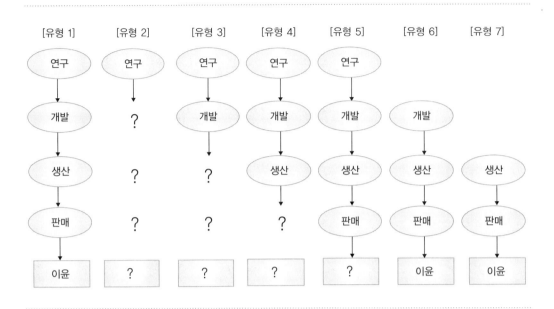

그림 2-4 혁신의 여러 경로

자료 : Joseph, p., 2009.

계로 전이되지 못하여 실패하는 경우이다. [유형 4]는 연구−개발−생산단계까지는 성공하였으나 판매에 실패하는 경우이다. [유형 5]는 연구−개발−생산−판매단계에까지는 이르렀으나, 이윤을 얻는 데 실패하는 경우이다. [유형 6]은 외부의 연구결과를 바탕으로 개발−생산−판매에 성공하고 이윤까지 얻는 경우이다. 마지막으로 [유형 7]은 외부의 연구−개발결과에 바탕을 두고 생산−판매를 거쳐 최종적으로 이윤을 확보하는 경우이다. [유형 1]은 자체에서 전 과정을 완성하는 내생적 기술혁신(endogenous innovation)인 데 비하여, [유형 6]과 [유형 7]은 외부에서 창출된 이론이나 기술을 도입하여 생산 이후의 단계를 진행하는 외생적 기술혁신(exogenous innovation) 또는 개방형 혁신(open innovation)에 해당한다. [유형 1]이 [유형 6] 또는 [유형 7]에 비하여 어렵지만, 경쟁력 있는 기술체계를 구축하여 높은 부가가치를 누릴 수 있고, 유사한 변화에 쉽게 대처할 수 있는 자생력이 높은 유형이라고 말할 수 있다.

한편, 연구와 개발이 생산과 판매로 연결되는 과정은 소요 시간의 문제에 많이 직면한다. 그 과정이 당장에는 완결되지 않더라도, 긴 시간이 흐른 후에 새로운 제품이나 공정에 기여하는 지식도 있다. 그런데 긴 시간을 참아 주지 않는 것이 최근의 세계적 추세이다. 연구-개발-생산-판매-이윤의 전 과정을 신속하게 추진해야 한다.

한편, 우리가 간과해서는 안 될 것이 남아 있다. 의료기술이나 환경기술 등 공공기술도 연구-개발-생산-판매의 '경제적 과정'을 거치지 않으면 최종 수요자에게 전달될 수 없다는 점이다. 의료·환경 등의 공공재는 구매자가 사유재와 다를 뿐이다. 사유재는 시장에서 개인의 자금으로 구입하여 사용하지만, 공공재는 정부 등 공공기관이 국민의 세금으로 구입하여 최종 수요자인 국민에게 전달한다.

3. 과학기술혁신과정의 쟁점

1) 창조와 성공

과학기술의 생명은 창조성이다. 종전에 존재하지 않던 이론이나 발명, 제품 또는 서비스의 가치가 더 크다. 그것은 창조성의 대가이다.

과학기술혁신의 단계별로 창조성의 대가는 다르다. 새로운 발견과 이론만이 논문에 게재를 허락받는다. 창조성이 높은 이론일수록 세계적 명성을 갖는 학술지에 실릴 수 있고, 그런 이론을 발표한 학자가 노벨상 수상과 같은 보상을 받는다. 개발단계에서도 마찬가지이다. 종전에 없던 발명만이 특허권을 부여받으며, 세계적으로 탁월한 발명만이 선진국의 특허권을 확보한다. 또한, 이와 같이 창조적 발명일수록 생산에 투자하려는 기업과 연결되기 쉽고, 다량으로 생산·판매되어 경제적 이윤을 가져온다. 생산단계와 판매단계에서도 창조성은 빛을 발한다. 생산방법의 혁신은 공정혁신(process innovation)이다. 판매도 판매공학(sales engineering)으로 불린다. 그만큼 창조적 발상을 요구한다. 그러나 창조적 과학기술일수록 성공가능성은 낮아진다. 창조적 과학기술혁신의 성공률은 대단히 불확실하다. [그림 2-5]가 통계적 결과를 보여 준다. 소위 '10분의 1 법칙'이다. 아이디어의 10분의 1 정도가 특허출원 등으로 가시화되고, 가시화된 특허출원 등의 10분의 1 정도가 사업계획 등으로 구체화되며, 사업계획 등으로 구체화된 것의 10분의 1 정도가 시장에 진출하며, 시장에 진출한 제품의 10분의 1 정도가 적정규모의 이익을 얻을 수 있다는 것이다. 따라서 "연구개

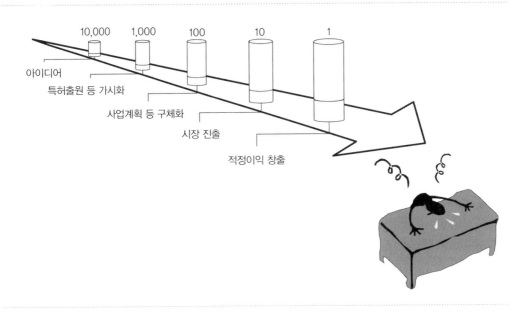

10,000 1,000 100 10 1

아이디어

특허출원 등 가시화

사업계획 등 구체화

시장 진출

적정이익 창출

과학기술혁신의 10분의 1 법칙

발은 빨리 실패해 보아야 한다." 또는 "실패가 과학기술의 가장 소중한 자산이다."라는 말이 일반적으로 통용된다.

그럼 어떻게 해야 할까? '높은 창조성 = 높은 실패가능성'의 공식을 국민으로부터 인정받아야 한다. 이 공식에 대한 지지를 폭넓게 받는 국가는 과학기술혁신을 왕성하게 추진해 선진국이 될 수 있고, 그렇지 못한 국가는 답보 내지는 퇴보의 길로 접어든다. 한국의 과학기술계는 '높은 창조성 + 높은 성공률'을 요구받고 있다. 과학기술혁신에서 대한민국의 활로를 활짝 열고 싶은 국민의 열망에서 비롯된 요구이다.

2) 이성과 감성

과학기술은 합리성을 근간으로 하는 영역이다. 원인과 결과가 분명하고 일관성이 있어야 한다. 동일한 원인은 언제 어디에서나 동일한 결과를 창출하고, 모든 동일한 결과는 언제 어디서나 동일한 원인으로 설명될 수 있어야 한다. 이것이 과학기술의 합리성이다.

그런데 우수한 과학기술에 바탕을 둔 제품이나 서비스만이 많은 이윤을 창출하는 것은 아니다. 이성적 과학기술과 더불어 감성적 디자인이 우수한 제품이 더 많은 매출을 올리고, 결과적으로 혁신에 더 성공하는 경우가 많다. 소비자에게는 과학기술이라는 이성보다는 디자인이라는 감성이 더 큰 호소력을 갖는 경우가 많다는 의미이다. 예를 들면, 청소년이 휴대전화를 고를 때 가장 중요하게 생각하는 요인으로서(복수 응답), 한국은 디자인(70.1%), 일본도 디자인(43.9%), 멕시코도 디자인(63.8%), 중국은 통화 품질(74.1%), 인도는 배터리 수명(53.3%)이었다(동아일보, 2009. 2. 11). 한국과 일본 등에서는 통화 품질과 배터리 수명 등 기술문제가 크게 개선되었기 때문에 디자인으로 관심이 옮겨진 것이다.

철학자 D. Hume(1711~1776)에 의하면, 책임 있는 행동은 이성적 훈련으로 이루어지는 것이 아니고 다른 사람의 고통과 행복에 공감하는 감정적 훈련에서 나온다. 이스라엘 예술과학고등학교의 모델은 Leonardo da Vinci(1452~1519)이다. da Vinci는 뛰어난 과학자이면서 훌륭한 예술가의 전형으로 손꼽힌다. 미국의 자동차회사인 GM의 총괄 디자이너를 역임한 바 있는 Asensio는 "디자인 없이는 브랜드도 기술도 없으며, 기술과 잘 결합된 디자인은 제품 가치를 높여 주고 영혼을 부여한다."라고 설파하였다(매일경제, 2009. 4. 8). 이처럼 과학기술이라는 이성은 예술이라는 감성의 도움을 받아야만 빛을 더 밝게 발할 수 있는 것이다.

특히 예술은 과학기술에 직접적인 영향을 준다. 예술은 익숙한 세상을 익숙한 방법으로 복제하지 않기 때문이다. 기존의 과학기술을 복제해선 가치를 인정받을 수 없는 것과 마찬가지이다. 그중 초현실주의 화가의 작품은 큰 영감을 준다. 예를 들면, 화가 R. Magritte(1898~1967)의 1935년 작 〈붉은 모델〉은 〈발가락 신발〉로 현실화되었으며, 1959년 작 〈피레네의 성〉은 삼성물산의 〈에어 크루즈〉 설계에 영향을 주었다.

한편, 과학기술자들이 어렵고 복잡한 과학적 아이디어를 예술적 기법에 의해 단순하게 시각화하면 상대방에 대한 설득력을 높일 수 있다. Galileo Galilei(1564~1642)가 그랬다고 한다. Galilei는 말이 아닌 다이어그램, 지도, 그림으로 자신의 생각을 보여 줌으로써 표현방법의 혁명을 가져왔다.

이처럼 이성적 과학기술에 감성적 예술이나 디자인을 접목시켜 과학기술의 가치를 높이는 것이 과학기술정책의 중요한 지향점이다.

3) 전문화와 융합화

전문성은 과학기술자의 심장이다. 전문성이 떨어지는 과학기술자는 심장이 없는 것과 다름없다. 살아 있어도 진정 살아 있는 것이 아니다. 과학기술자로서의 생명력을 잃었다는 뜻이다.

전문성은 창조적 사색과 반복적 실행을 통해 쌓는다. 교사이면서 위대한 과학 업적을 남긴 J. H. Fabre(1823~1919)는 자신이 연구한 곤충에 대하여 철학자처럼 사색하고 예술가처럼 관찰하고 시인처럼 느끼고 표현하려 노력했다. 자기 집 개의 뇌로 생각할 수 있기를 바라기도 했고, 모기의 눈으로 세상을 바라볼 수 있기를 원했다. 하나의 주제에 대하여 깊이 파고들었던 것이다.

그런데 최근에 융합이 새로운 의제로 등장했다. 서로 다른 과학기술 분야를 적절하게 섞어서 가치를 키우는 방식이다.

과학기술의 융합화는 ① 정보기술(IT) 기반 융합기술, ② 생명공학기술(BT) 기반 융합기술, ③ 나노기술(NT) 기반 융합기술, ④ 문화기술(CT) 기반 융합기술, ⑤ 환경기술(ET) 기반 융합기술 등의 형태로 나타난다. 또한, [그림 2-6]에서 보는 바와 같이, 정보기술(IT)·생명공학기술(BT) 또는 나노기술(NT)이 자동차산업·전자산업·섬유산업 등 기존산업과 융합하여 기존산업의 부가가치를 크게 높일 수 있다.

※ 기존산업 : 자동차산업, 전자산업, 섬유산업, 철강산업, 건설산업, 농·수·축산업 등

그림 2-6 첨단기술과 기존산업의 융합

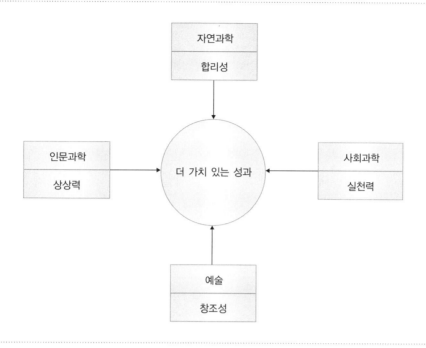

그림 2-7 학문 사이의 융합가능성과 유용성

과학기술의 융합화는 [그림 2-7]에서 보는 바와 같이, 자연과학의 내부에 국한되지 않는다. 새로운 세계를 향하여 인문과학, 예술, 사회과학과 결합한다. 인문과학에서는 상상력을, 예술에서는 창조성을, 사회과학에서는 실천력을 차용할 수 있다. 그리하여 자연과학의 세계를 넓히고, 인간의 현재와 미래 요구에 효과적으로 부응할 수 있다.

과학기술의 전문화와 융합화는 모두 중요하다. 어느 것 하나 버릴 것이 없다. 다만, 앞과 뒤를 가릴 필요는 있다. 과학기술의 융합이 태동한 배경으로 거슬러 올라가면 선후를 쉽게 가릴 수 있을 것이다. 개별 과학기술의 성숙으로 인하여 획기적인 성과를 창출하기 어려운 상황을 우회하기 위하여 과학기술의 융합이 시도되었다. 경제발전에 대한 과학기술의 기여도를 높일 수 있는 방법을 다른 시각에서 찾았던 것이다. 이미 개발된 각 분야의 과학기술을 서로 융합하여 새로운 용도를 찾고, 이를 통하여 기존 제품의 성능을 향상시키거나 공정을 자동화·단순화하는 것이었다. 이러한 혁신 활동은 제품이나 서비스에 대한 새로운 수요를 자극하고, 소비자들은 새로운 기능이나 향상된 성능의 제품을 저렴한 가격에 즐길 수 있게 되었다. 경제규모의 총량도 증가하였다.

따라서 이에 대한 과학기술정책의 방향은 명확하다. 각 과학기술 영역별 전문성심화를 우선해야 한다. 전문화를 통해 얻어진 과학기술을 다른 영역과 융합하는 일은 그 다음 순서 이다. 전문성 있는 단위 과학기술이 활발하게 창출되어야 융합에 동원할 수 있는 과학기술 이 많아지기 때문이다. 그렇지 않으면 융합에 쓰일 과학기술이 한계에 직면할 것이다.

이런 차원에서 볼 때, 대학(특히 학부)에 융합학과를 설치하는 것은 문제의 본질에서 벗 어날 수 있는 접근이다. 교수와 학생의 전문성 심화 측면에서 혼란에 빠질 수 있다. 그렇다 면, 어떻게 해야 될까? 각 분야별 과학기술에 대한 전문성을 키우는 일에 중점을 두어야 한 다. 학생이 능력이 있다면, 2개 이상의 학과에서 수업을 듣는 복수전공을 장려하는 것이 차 라리 낫다. 융합은 연구개발단계에서 추구하는 것이 정석이다. 다양한 분야의 전문가를 하 나의 팀으로 편성하여 복합적 성격의 연구개발을 수행하는 방식이다.

4. 과학기술혁신과 경제의 관계

1) 과학기술혁신의 경제성장 기여도

과학기술혁신의 경제성장 기여도 산출은 신고전학파의 연구 결과에 의해 설명된다. 신고전 학파 학자들은 경제분석에서 토지라는 개념을 제외한다. 선진경제에서는 대체적으로 토지 가 생산에 제약을 초래하지 않는 것으로 보는 것이다. 따라서 생산량(Q)은 자본(K)과 노동 (L)의 결합에 의해 결정된다고 가정한다. 즉, 생산량 증대는 가장 효과적인 생산함수에 따 라 노동과 자본을 증가시킴으로써 얻을 수 있다는 것이다. 그런데 [그림 2-8]에서 보는 바 와 같이, 노동과 자본의 투입을 증가시키지 않은 상태에서도 시간의 흐름에 따라 생산량이 증대되는 경우가 있는데, 이 노동생산성의 차이{$(Q/L)_{t+1} - (Q/L)_t$}를 '기술진보(technical progress)'에 기인한 것으로 설명한다. 이 설명은 기술진보에 대한 두 가지의 가정을 전제 로 한다. 하나는 기술진보가 새로운 자본재에 내재되어 있지 않다는 것이며, 다른 하나는

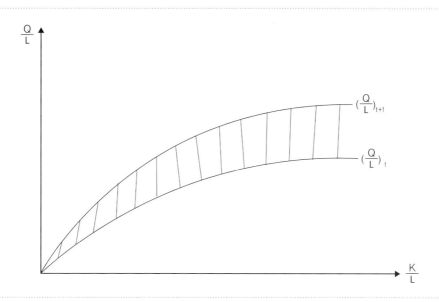

그림 2-8 경제에서의 기술진보

기술진보가 외생적으로 결정되어 다른 어떤 경제 변수에 의해서도 영향을 받지 않는다는 점이다. 이런 가정 아래, 기술진보가 경제성장에서 차지하는 정도가 어느 정도인지를 파악하는 것이 신고전학파 경제학자의 관심거리이다.

신고전학파 경제학자 중에서 R. M. Solow(1957)가 선도적인 노력을 기울였다. 그는 다양한 시점에서의 생산량은 특정수준의 기술과 자본·노동함수에 의해 결정된다는 가정 {$Q=A(t) \cdot f(K, L)$}[1] 아래, 1909~1949년의 미국의 민간 비농업 부문의 자료를 대입하여 각 생산요소의 생산성 기여도를 분석하였다. 그는 분석을 통하여 전체 노동자 1인당 생산성 향상의 87.5%가 기술진보에 기인하였고, 12.5%는 자본 증가에 기인하였다는 결과를 얻었다. Solow는 기술진보에 기인한 정도가 너무나 크기 때문에 '나머지(residual)' 또는 '빈 상자(empty box)'라고도 표현하였지만, 1957년 논문에는 '기술진보'로 표시하여 발표하였다.

신고전학파의 다른 학자인 Massell(1960)은 동일한 방식으로 1919~1955년의 미국 제조업 부문을 분석하여 노동자 1인당 생산성 증가의 90%가 기술진보에 기인하였다는 연구 결

---

1) 여기서 A는 기술진보, t는 시간, K는 자본, L은 노동이다.

과를 발표하였다.

　Solow 교수의 연구 결과에 대해서는 많은 비판이 쏟아졌다. 그중 중요한 것을 살펴보면 다음과 같다(Clark, N., 1985, pp.128~129). 첫째, Solow 교수가 사용한 생산함수는 규모의 경제를 고려하지 않았고, 중립적 기술진보를 가정하였다. 둘째, Solow 교수는 시간의 흐름에 따른 자본 및 노동력의 질적 향상과 경제의 주기적 변동을 고려하지 않았으며, 상대적 가격 변화에 따른 노동의 자본 대체에 주의를 기울이지 않았다. 셋째, 만약 기술진보가 오로지 '신기술(new technology)'로만 제한된다면, 그처럼 큰 규모의 기술진보는 명백하게 받아들일 수 없는 것이라는 비판이었다. 이런 비판적 인식으로 Solow 교수는 논문을 발표한 지 30년이 지난 1987년에야 비로소 노벨경제학상을 수상하게 된다.

　Solow 교수의 논문에 대한 비판을 수용하여 '나머지' 혹은 '빈 상자'를 기술진보 이외의 다른 인자로 분리하려는 시도가 이루어졌다. 그중 가장 영향력 있는 연구가 E. F. Denison(1960)에 의해 수행되었다. Denison은 분배의 한계생산성이론과 Cobb-Douglas 생산함수[2]를 이용하여 1929~1957년 사이의 미국 경제성장에 기여한 다섯 가지 요소를 도출하였다. 그 다섯 가지 요소는 고용량 증가 34%, 자본투입량 증가 15%, 교육 향상 23%, 규모의 경제 9%, 지식 진보 20%였다. 즉 Solow가 기술진보라고 주장했던 '나머지' 부분을 교육 향상, 규모의 경제, 지식진보로 세분하였던 것이다. 그러나 Denison도 Solow처럼 여전히 '나머지'를 지식진보로 추정하였다.

　한편, 우리나라에서도 유사한 연구가 종종 진행된다. 그중 하나가 한국개발연구원(KDI)이 2002년에 실시한 『한국경제의 잠재 성장률 전망 : 2003~2012)』에 나타나 있으며, 우리는 〈표 2-1〉에서 그 주요 내용을 확인할 수 있다. 한국개발연구원은 '나머지'에 해당하는 '총요소생산성 성장률'을 다섯 가지로 세분하였다. ① 기후변동, 노사분규, 공장 가동률 변동 등 불규칙 요인의 기여효과, ② 환경오염방지 지출의 증대효과, ③ 자원재배분의 합리화 효과, ④ 규모의 경제 증대효과, ⑤ 기술진보 및 기타였다. 마지막의 '기술진보 및 기타'는 더 이상 쪼갤 수 없는 '나머지'를 바꾸어 표현한 것이다. 그 결과 경제성장률에 대한 기술진

---

2) Cobb-Douglas 생산함수에서는 '총요소생산성 성장률'이 Solow의 '나머지'에 해당한다.

┌─ **표 2-1** 한국 경제성장에 대한 기술진보의 기여도 변화

구분	1963~1970	1970~1979	1979~1990	1990~2000
경제성장률(A)	8.9%	7.7%	7.3%	5.6%
총요소생산성 성장률(B)	4.6%	3.4%	2.5%	2.6%
기술진보 및 기타(C)	1.6%	1.0%	1.4%	2.2%
기술진보 기여율(C/A)	18.0%	13.0%	19.2%	39.3%

자료 : 한국개발연구원, 2002.

보의 기여도가 1963~1970년에는 연평균 18.0%, 1970~1979년에는 연평균 13.0%, 1979~1990년에는 연평균 19.2%, 1990~2000년에는 연평균 39.3% 기여하였던 것으로 나타났다.

신고전학파의 접근은 미래의 경제성장에 대한 과학기술의 비중을 자리매김할 수 있는 산식으로 응용될 수 있다. 즉 노동과 자본, 그 밖의 다른 요소의 기여도를 추정할 수 있다면, 바람직한 경제성장에 요구되는 기술진보의 기여도를 산출할 수 있을 것이다. 경제성장에 대한 과학기술 기여도의 목표치가 〈표 2-2〉의 공식에 따라 제시될 수 있다.

┌─ **표 2-2** 경제성장률과 기여요소

> **경제성장률(%) =** 노동투입 증가율(%) + 자본투입 증가율(%) + 교육 향상 기여율(%) + 규모의 경제 기여율(%) + 자원배분 합리성 기여율(%) + 기후변동 및 노사분규 관련 효과 기여율(%) + **기술진보 기여율(%)**

※ 상기 경제성장 기여요소는 한국개발연구원(2002)에서 사용한 요소임.

2) 과학기술혁신을 통한 경제도약의 논리

이노베이션의 개념을 도입하고 기업가(entrepreneur)의 역할을 강조하여 경제발전의 원동력을 기술혁신이라고 설명했던 Schumpeter는 세계경기 변화 속에서 기술혁신이 담당했던 역할을 체계적으로 규명하였다. 그는 러시아 경제학자 N. O. Kondratiev(1892~1938)

가 제시한 50년 장기파동설에 입각하여, 각 호황기를 이끌었던 요인을 조사하였다. 그 결과 1820년대 세계경제의 전성기는 섬유기술의 혁신과 증기기관의 발명에 의해, 1870년대 세계경제의 전성기는 철도의 등장과 철강 및 석탄 이용기술의 발전에 의해, 1910년대 세계경제의 전성기는 증기선·가스·전력기술의 혁신에 의해 뒷받침되었다고 설명하였다. 한편, Schumpeter 사후 1970년대 초까지의 세계경제의 전성기는 영국 C. Freeman 교수 등 신슘페터학파 학자에 의해 연구되었는데, 그 원동력은 자동차·전자·석유화학기술이었던 것으로 발표되었다(최석식, 1995, p.74).

그 이후에 많은 학자들이 Schumpeter와 Freeman 등의 연구 결과를 보완했다. 콘드라티에프 장기파동의 호황기(Kondratieff peak) 각각을 보다 자세하게 관찰하고 각 호황기를 가능하게 했던 과학기술도 추가하였다. 종합적 해석은 [그림 2-9]에 제시되어 있는 바와 같다. 1820년대의 제1차 콘드라티에프 호황의 배경에는 방적·석탄·제철기술에 바탕을

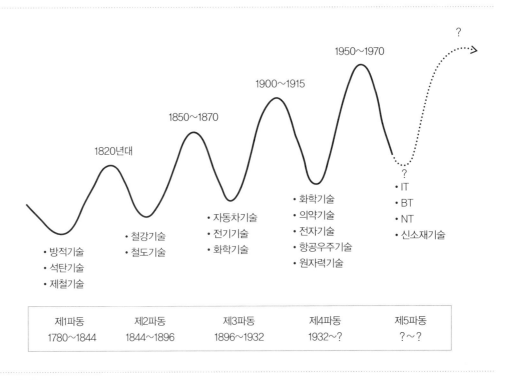

제1파동	제2파동	제3파동	제4파동	제5파동
1780~1844	1844~1896	1896~1932	1932~?	?~?

그림 2-9 세계경기의 변동과 기술혁신

둔 혁신이, 1850~1870년대의 제2차 콘드라티에프 호황은 철강 · 철도기술에 근간을 둔 혁신이, 1900~1915년경의 제3차 콘드라티에프 호황은 자동차 · 전기 · 화학기술이 중심점을 제공해준 혁신이, 1950~1970년대의 제4차 콘드라티에프 호황은 화학 · 의약 · 전자 · 항공우주 · 원자력기술에 입각한 혁신에 의해 각각 이루어졌다.

여기서 우리가 얻을 수 있는 시사점이 있다. 과거 네 차례의 역사가 미래에 재현된다면, 다음 세계경제 호황이 언제쯤 어떤 기술에 의해 주도될 것인가를 주목하고 대처해야 된다는 점이다. 그것이 과학기술정책의 핵심 과제이다. 우선 제5차 콘드라티에프 호황이 도래한다면, 그 시기는 2020~2030년대가 될 것이 유력하다. 호황을 주도할 기술로는 정보통신기술(IT), 생명공학기술(BT), 나노기술(NT) · 신소재기술 등을 꼽을 수 있다. 해당 기술이 미래 유망기술이라는 점에 대부분의 미래학자들이 동조하고 있다.

국가적 차원에서는 더 주목해야 될 역사적 사실이 있다. 각각의 호황기를 주도했던 나라가 선진국 반열에 확고하게 올라섰다는 점이다. 1820년대 제1차 콘드라티에프 호황과 1850~1870년대 제2차 콘드라티에프 호황을 이끌었던 영국은 세계 강대국의 영화를 누렸고, 미국은 1900~1915년경의 제3차 콘드라티에프 호황을 주도하여 강대국의 반열에 올라

그림 2-10 1999년 과학기술부가 준비했던 미래 비전

섰다. 독일과 일본은 1950~1970년대 제4차 콘드라티에프 호황을 이용하여 세계경제의 선진국에 진입했던 것이다.

영국의 낭만파 시인 J. Byron(1788~1824)은 "가장 뛰어난 예언가는 과거다."라고 말했다. 도약의 기회를 모색하는 국가는 향후 도래할 수 있는 50여 년 만의 강대국 도약 기회를 적극 활용해야 한다. 세계경기의 불황기 때 유망한 과학기술을 집중적으로 개발하고, 해당 과학기술에 바탕을 둔 혁신에 주력하여 제5차 콘드라티에프 호황[3]을 주도해야 한다. 대한민국이 그 기회를 활용해야 할 것이다.

2 과학적 문화의 창달

과학기술정책은 문화의 과학화를 지향한다. 과학정신을 가득 담은 고급문화를 형성하는 것이다. 과학적 문화에 젖은 국민은 과학적으로 사고하고 행동하게 될 것이다. 합리적이고 능률적이고 창조적이고 경험적이고 정확하며, 실패에 관대해질 것이다. 이른바 선진형 국민문화가 성숙될 것이다.

1. 과학적 문화의 의의

1) 문화란 무엇인가?

[그림 2-11]의 포스터는 보는 시각에 따라 정반대의 두 가지 메시지를 준다. 왼쪽에서 시작하여 오른쪽으로 이동하면 "사막에 쓰러져 있는 사람이 콜라를 마시면 원기를 회복하여 달려갈 수 있다."라는 의미로 해석된다. 그러나 오른쪽에서 시작하여 왼쪽으로 이동하면 "왕성하게 사막 위를 달리던 사람이 콜라를 마신 후 쓰러진다."라는 의미로 해석된다. 완전히 정반대이다. 그것은 문장을 작성하는 방식의 차이에서 비롯된다. 통상적으로 글씨를 왼쪽에서 오른쪽으로 써 나가는 한국·미국·유럽 등의 국가에서는 전자의 긍정적 해석을 할

---

3) 2008~2010년의 세계적 불경기는 시기와 강도에 있어 제5차 콘드라티에프 호황을 예비하는 최대 불경기로 예단해도 무리하지 않을 정도의 인상을 저자에게 주었다.

그림 2-11 콜라 홍보 포스터
자료 : 크리에이티브 커먼즈 코리아.

것이다. 반면에 글씨를 오른쪽에서 왼쪽으로 써 나가는 중동지역 국가에서는 후자의 부정적 해석을 할 것이다. 따라서 이 포스터를 중동지역에서 광고하면 콜라는 팔리지 않는다. 중동지역에서 콜라를 팔기 위해서는 첫 번째 그림과 세 번째 그림의 위치를 바꿔야 된다. 이와 같은 인식의 차이는 기본적으로 문화에서 비롯되는 것이다.

그러면 문화란 무엇일까? Chris Jenks(1996, pp.25~26)는 분류학적 관점에서 다음 네 가지 유형으로 문화를 정의한다. 첫째, 인식범위로서의 문화이다. 관념, 개별 인간의 목표 또는 열망을 포함하는 차원에서 "정신의 일반 상태"라고 정의한다. 둘째, 구체적이고 집합적인 개념으로서의 문화이다. 문화의 개념을 개인의 의식이 아닌 집합적 생활 영역 속에서 파악하는 입장으로서, "사회의 지적·도덕적 발달 상태"를 문화라고 정의한다. 셋째, 기술적·구체적 범주로서의 문화이다. 특수성·배타성·엘리트주의·전문지식의 의미를 함축하고 있는 접근으로서, "한 사회의 예술과 지적 작업의 총체"를 문화라고 정의한다. 넷째, 사회적 범주로서의 문화이다. 이들은 문화를 "한 종족의 전체 생활방식"이라고 정의한다. 사회학과 인류학의 주요 관심을 끄는 문화의 정의이다.

인류학자와 문화사회학자에 따라 미세한 개념의 차이가 나타난다(김영순·김진희 외, 2008, p.44). 인류학자들은 "지식·신앙·예술·법·도덕·풍속 등 사회의 일원으로서 인간이 획득한 능력과 습관의 총체"(E. B. Tylor), "어떤 공동체의 사회적 관습의 모든 표현"(F. Boas), "동일한 지역에 사는 사람들의 공동체가 하는 일·행동양식·사고방식·감정·

사용하는 도구 · 가치 · 상징의 총체"(R. S. Lynd) 등으로 정의한다. 한편, 문화사회학자들은 문화 생성의 사회적 과정을 강조한다. 예를 들면, "집단 활동을 통해 생성된 상징적 산물"(R. Peterson), "사회적 형태로 산출된 상징적 사물이나 상품"(R. Wuthnow and M. Witten) 등으로 정의한다.

문화는 공유성 · 학습성 · 축적성 · 전체성 · 통합성 · 변동성을 기본 속성으로 한다(김영순 · 김진희 외, 2008, pp.32~37). 첫째, 문화는 사회의 구성원 사이에 공유된다(공유성). 둘째, 문화는 학습되어 전승된다. 사람은 문화를 가지고 태어나는 것이 아니라 문화를 배울 수 있는 능력을 가지고 태어나는 것이다(학습성). 셋째, 문화는 후세로 전달되는 과정에서 새로운 지식과 생활양식으로 축적되어 전승된다(축적성). 넷째, 문화는 다양한 요소의 유기적인 상호작용으로 이루어지며, 한 부분 또는 한 요소의 변동이 다른 부분에 연쇄적으로 영향을 미친다(전체성 · 통합성). 다섯째, 문화는 항상 변화하며, 세대에서 세대로 이어지면서 새롭고 창의적인 내용을 가미한다(변동성). 이때 문화의 변동을 일으키는 가장 중요한 요소는 발명 · 발견 · 전파이다.

한편, 문화는 문화권 안에 거주하는 모든 사람에게 적용되어 그들의 행동을 구속하지만, 그 구성원의 인공물 · 관습 · 상징적 재현 · 규약체계 등에 의해 증식되는 특징을 갖고 있다 (Chris Jenks, 1996, p.134).

이상의 검토 내용을 정책적 시각에서 조명하면, 문화는 교육을 통해 변화된다는 점을 알수 있다. 정부정책이 개입하여 성공할 수 있는 여지를 보여 주는 대목이다.

2) 과학적 문화란 무엇인가?

과학적 문화(scientific culture)는 과학지식의 속성에 바탕을 두고 과학기술활동의 특성을 보유한 문화라고 정의할 수 있다. 과학적 문화의 주요요소를 도출하면 [그림 2-12]와 같다. 첫째, 과학지식의 일반적 속성은 합리성 · 정확성 · 객관성 · 창의성 등이다. 합리성은 원인과 결과의 관계가 언제, 어디서나 동일하게 설명될 수 있는 속성이다. 합리성에 충실하면 일확천금을 바라지 않는다. 원인과 결과의 인과관계에 입각하여 바라는 결과에 부합하는 노력을 하게 된다. 과학의 정확성은 나노미터 단위로 진전되고 있다. 과학의 정확성에 입각한

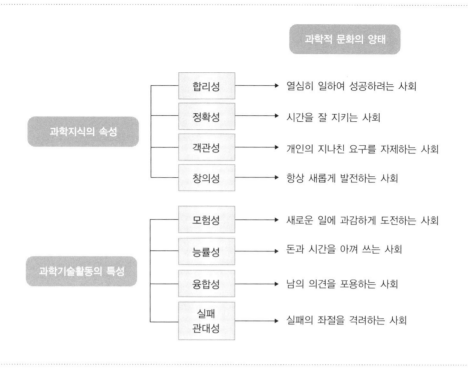

그림 2-12 과학적 문화의 도출체계(예시)

문화는 정밀하게 돌아가는 시계와 같은 사회가 될 것이다. 자신의 역할에 맞는 행동을 정확하게 수행하는 사회일 것이다. 과학의 객관성은 과학자 개인의 주관적 판단을 허용하지 않는다. 모든 과학적 사실은 실험을 통해 입증되고 경험을 통해 보강되어야 한다. 과학지식의 객관성에 체화된 사회는 개인의 주관성을 자제하는 사회로, 극심한 갈등과 분규가 사라질 것이다. 과학의 창의성은 사회에 접목되어 항상 새롭게 발전하는 사회를 건설할 것이다.

둘째, 과학기술활동의 특성은 모험성 · 능률성 · 융합성 · 실패 관대성 등이다. 과학기술활동의 모험성이 사회문화로 자리 잡으면, 우리 사회는 새로운 일에 과감하게 도전하는 역동적인 모습을 띠게 될 것이다. 과학기술활동의 능률성은 인간 생활의 투입−산출에 대한 인식을 고쳐시킬 것이다. 동일한 결과를 산출하는 데 시간과 돈을 적게 들이는 방법이나 동일한 시간과 돈으로 가급적 큰 산출을 도모하는 관행이 뿌리내릴 것이다. 과학기술활동의 융합성은 사회 화합을 촉진하며, 다문화 가정은 물론 외국인과의 조화로운 공동생활에 밑

거름을 제공할 것이다. 실패에 관대한 과학기술활동의 특성이 사회문화에 접목되면, 실패를 위로하고 실패한 사람에게 재도전의 기회를 주는 분위기가 다양하게 형성될 것이다. 그렇게 되면 좌절 없는 사회, 슬픔 없는 사회가 될 것이다.

3) 과학적 문화의 역할

과학적 문화의 요소는 [그림 2-13]에서 보는 바와 같이, 풍요로운 삶, 건강한 삶, 안전한 삶, 편리한 삶, 쾌적한 삶, 즐거운 삶의 실현에 기여한다. 이것이 중간 성과이다. 예를 들면, 과학적 문화의 합리성·창의성·모험성·능률성은 풍요로운 삶에 기여한다. 정확성·융합성·실패 관대성은 건강한 삶에 기여한다. 합리성·정확성·객관성은 안전한 삶에 기여한다. 정확성·객관성은 편리한 삶에 기여한다. 합리성·정확성·융합성은 쾌적한 삶에 기여한다. 마지막으로 창의성·모험성·실패 관대성은 즐거운 삶에 기여한다.

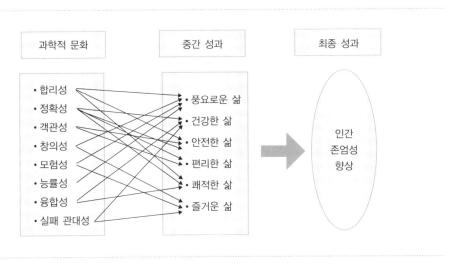

그림 2-13 과학적 문화의 성과

2. 한국 문화의 정체성과 과학적 문화

한국 문화의 정신적 정체성에 대하여 박영순(2006, pp.59~60)은 다음과 같이 요약한다. ① 유교적 사고방식이 주류를 이룬다. ② 이성과 논리보다는 감성과 인정에 의해 판단하고 결정하는 경향이 있다. ③ 성급하다. ④ 법을 만능으로 생각하지 않는다. ⑤ 종교에 대해 개방적인 태도를 가지고 있으나, 뿌리 깊은 민간신앙과 무속이 기저에 있다. ⑥ 조상을 공경하고 효를 주요 덕목으로 생각한다. ⑦ 개인보다는 가족을, 나라보다는 우리 회사를 더 중시한다. ⑧ 집단을 만들고, 집단에 소속되는 것을 좋아한다. ⑨ 남이 잘 되는 것에 대해 시기심이 많다. ⑩ 민주주의를 숭상하고 정의를 사랑하기는 하나, 개인적 의리를 더 중시하는 경향도 있다. ⑪ 학문과 예술을 존중하고 자연을 무척 좋아하는데, 특히 산을 소중히 여긴다. ⑫ 때로는 낙관적·비관적이고 때로는 인내하거나 참지 못한다. 이상의 열두 가지 항목으로 판단할 때, 한국 문화는 과학적 문화와는 거리가 멀어 보인다.

그림 2-14 주요 국민의 인터넷 키워드

자료 : 구글코리아.

　그러나, 박영순(2006, pp.82~83)은 한국인의 가치관이 변하고 있다고 주장한다. 그 내용은 다음과 같다. ① 유교적 윤리도덕의 약화, ② 직업의 평등의식화, ③ 경제력 선호, ④ 명예와 권력 추구, ⑤ 개성 중시, ⑥ 남녀평등화, ⑦ 의식 개방화, ⑧ 판단기준의 세계화, ⑨ 남의 사고방식이나 신앙·취향에 대한 너그러움과 다양성의 인정이다. 이러한 변화 내용에 비추어 볼 때, 한국인의 과학적 문화형성이 진행되고 있는 것으로 볼 수 있다.

　한편, 구글코리아가 2009년에 조사한 각 국민의 인터넷 주요 키워드([그림 2-14])에서 한국인은 급한 성격·일 중독·친절함으로 요약된 바 있다. 프랑스인은 멋진 패션감각, 영국인은 비전과 헌신, 독일인은 열린 마음과 관대함, 미국인은 강건함과 후함, 일본인은 장수와 물질 추구, 중국인은 배움에 대한 열정으로 특징지었다. 영국인과 독일인의 키워드에서 과학적 문화가 묻어남을 느낄 수 있다.

　그런데 우리의 관습 일부에서 작지만 귀한 과학적 문화를 발견할 수 있다(정동찬, 2010. 7. 23). 첫째, 선조들은 늦가을에 감나무에서 감을 수확할 때 감나무마다 2~3개씩의 감을 남겨두었는데 지금도 어렵지 않게 볼 수 있는 광경이다. 소위 '까치 밥'이다. 까치의 먹이로 남겨 둔 감이다. 이것은 자연(동물)과 공존하려는 우리의 오래된 관습이다. 과학적 문화라고 평가받을 수 있다.

　둘째, 우리 선조들은 아기를 낳으면 [그림 2-15]와 같은 '금줄'을 대문에 걸어 외부인의

그림 2-15 금줄

출입을 막았다. 금줄을 거는 기간은 21일(3×7＝21) 또는 49일(7×7＝49)이었다. 아들을 낳았을 때에는 왼쪽 방향으로 꼰 새끼줄에 고추 · 숯 · 소나무 가지를 꼽았다. 이 세 가지 물체는 모두 정화물질이다. 고추는 천연방부물질인 캡사이신 성분을 함유하고 있고, 숯은 천연정화물질이며, 소나무 가지에는 천연살균 · 방부물질인 피톤치드 성분이 포함되어 있다. 이것도 의미 있는 과학적 문화임에 틀림없다.

3. 과학적 문화의 창달 전략

과학적 문화를 효과적으로 형성하기 위해서는 '과학적 교양인'의 확대에 중점을 두어야 한다. 과학적 교양인은 과학기술에 관한 지식을 두루 갖추고 과학적 문화를 향유하는 사람이다. 과학적 문화를 알고 실천하며 이를 통해 국가의 건강한 발전을 선도하는 사람이다.

　과학적 교양인은 과학 지식인을 뛰어넘는 개념이다. 과학적 교양인은 [그림 2-16]의 과학적 교양을 보유한 사람이다. 과학기술 지식을 바탕으로 품위를 갖춘 사람인 것이다. 과학적 교양인은 특정 과학기술 영역의 전문가일 필요까지는 없다. 사회생활에 필요한 수준이면 된다. 과학적 교양인이 갖춰야 할 품위는 과학기술과 과학기술활동의 특성인 합리성 · 정확성 · 객관성 · 창의성 · 모험성 · 능률성 · 융합성 · 실패 관대성 등이다.

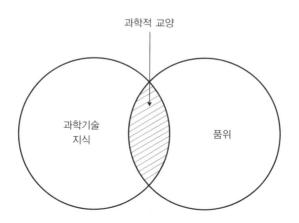

그림 2-16 과학적 교양의 형성

과학기술 투입의 강화

1 과학기술 투자정책

과학기술 투자에 관련된 핵심 의제는 최소의 투자로 최대의 성과를 거두는 것이다. 투자의 조건인 수익성(투자를 통해 수익을 얻을 가능성), 안정성(투자한 원금의 회수가능성), 유동성(투자한 자금의 현금화 편리성)을 충족시켜야 한다. 그러나 과학기술 투자에는 한 가지를 덧붙여야 한다. 기다림이다.

1. 과학기술 투자정책의 기본 맥락

과학기술 투자정책은 [그림 3-1]에서 보는 바와 같이, 투자의 적정규모를 정하는 것에서부터 시작한다. 일단 투자규모가 설정되면 재원을 확보하는 단계로 넘어간다. 투자재원이 확보되면, 여러 가지 과학기술사업 중에서 실제로 예산을 배분하여 지원할 사업을 선정한다. 만약 투자재원이 충분하지 않을 경우에는 대상사업을 감축한다. 선정된 과학기술사업에 대한 예산집행이 끝나면 성과를 평가하여 차기 예산배분에 반영한다. 이런 과정이 원활하게 진행되어야만 과학기술사업이 성공할 수 있고, 과학기술정책도 성공할 수 있다.

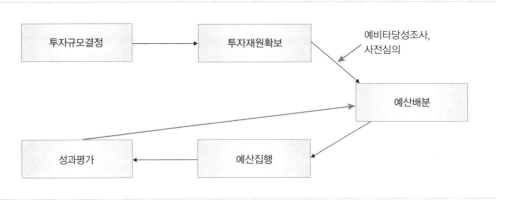

그림 3-1 과학기술 투자정책의 흐름도

2. 과학기술 투자규모의 결정방법

미래의 과학기술 투자규모를 결정하는 방법에는 ① 계량경제학적 추계법, ② 국제비교 추계법, ③ 개별소요적산 추계법, ④ 정치적 결단 등 여러 가지가 있다. 이 방법은 서로 보완의 차원에서 함께 사용된다.

1) 계량경제학적 추계법

계량경제학적 추계법은 제2부 제1절에서 살펴본 신고전학파의 경제성장공식을 활용하는 것이다. Solow의 논리에 따라 한국개발연구원에서 사용한 공식은 〈표 3-1〉과 같다. 따라서 〈표 3-1〉에서 일정 기간을 전제로 목표 경제성장률을 정하고, 다른 항목의 기여도가 각각 제시된다면 〈나머지〉인 기술진보효과의 기여도를 산출할 수 있다. 그 후 기술진보효과를 산출하는 데 필요한 과학기술의 투자규모를 도출할 수 있다.

　각 항목별 목표치를 설정할 수 있을 경우, 이론적으로 이용할 수 있는 방법이다. 신고전학파 경제학자들의 문제풀이 방식을 역으로 접근하는 형태이기 때문이다.

⊂⊏ **표 3-1** 과학기술 투자규모 결정의 합리적 모형

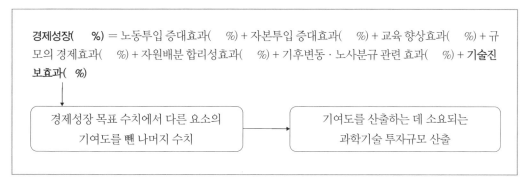

2) 국제비교 추계법

국제비교 추계법은 자기 나라와 유사한 발전 경로를 거친 선진국의 과거 특정 시점의 과학기술 투자규모를 기준으로 결정하는 방법이다. 예를 들면, 1인당 국민소득이 동일한 시점에

서의 ① 국내총생산(GDP) 대비 연구개발 투자비율, ② 국민 1인당 연구개발비 규모, ③ 연구자 1인당 연구개발비 규모 등을 자기 나라에 적용하여 과학기술 투자의 총규모를 산출한다.

이 방법은 다른 선진국과 자기 나라의 발전 경로를 동일한 것으로 가정한다는 점에서 오류의 가능성이 잠재되어 있다. 세상에 완전히 똑같은 형태로 발전하는 나라는 없기 때문이다. 또한, 과거의 추세가 미래에도 지속된다고 보장할 수 없는 점도 한계이다. 변화의 형태나 방식이 시간에 따라 달라지기 때문이다. 따라서 독립적으로 사용될 수 없고, 다른 방법과 보완적으로 사용될 수 있다.

3) 개별소요적산 추계법

개별소요적산 추계법은 논리적으로 가장 명확한 방법이다. 미리 계획된 프로그램이나 프로젝트에 필요한 과학기술 투자규모를 사전에 빠짐없이 합산하여 국가 전체의 과학기술 투자규모를 산출하는 방법이다.

이 방법은 예측 범위가 좁고 가까운 미래의 과학기술 투자를 산출하는 데에는 유용하지만, 국가 전체적 차원의 과학기술 투자규모를 산출하는 데에는 어려움을 겪을 수 있다. 광범위한 부문의 투자 소요를 빠짐없이 수년 전에 정확하게 추정하기 어렵기 때문이다.

4) 정치적 결단

정치적 결단은 국가원수가 통치권적 차원에서 결정하는 방법이다. 여러 가지 과학적 근거에 바탕을 둘 수 있지만, 겉으로 제시되는 것은 과학기술 투자에 관련된 기간과 과학기술 투자 수치이다.

우리나라에도 사례가 있다. 제13대 노태우 대통령은 대통령 선거공약에서 "2000년대까지 GNP의 5%를 과학기술개발에 투자하겠다."라고 밝혔다. 제15대 김대중 대통령과 제16대 노무현 대통령은 "연구개발 예산을 매년 10% 이상 늘리겠다." 또는 "연구개발 예산의 증가율을 일반회계의 증가율보다 높이겠다."라는 의지를 표현하고 실천하였다. 제17대 이명박 대통령은 대통령 선거공약에서 "2012년까지 GDP의 5%를 과학기술에 투자하겠다."라고 제시하였다.

3. 과학기술 투자재원의 확충

1) 정부 과학기술 투자재원의 확충

(1) 일반적으로 가능한 재원

정부가 재원을 확보하는 방법에는 ① 일반적 재정수입(국세, 지방세, 관세, 국유재산 운용 수입 등), ② 목적세 세입, ③ 국채 발행 수입, ④ 복권 발행 수입, ⑤ 입장료, 수수료 수입 등 이 있다.

① **일반적 재정수입에서 확보하는 방법** : 세무당국이 징수한 세금으로 재정당국이 편성하는 연도별 예산에 소요 금액을 계상하여 확보하는 방법이다. 가장 보편적인 방법이며, 대부분 의 국가사업이 이 방법을 따른다. 그러나 이 방법에 의해 소요 예산을 충분히 확보할 수 없 는 경우에는 매우 제한적으로 다른 방법을 강구한다.

② **목적세 징수방법** : 목적세는 특정한 목적의 필요 경비에 충당하기 위하여 징수하는 조세 이다. 목적세는 용도가 구체적이기 때문에 납세자의 이해를 구하기 쉬운 반면에, 해당 목적 이외에는 사용할 수 없는 경직성을 갖고 있다.

우리나라에는 교육세, 농어촌특별세, 교통 · 에너지 · 환경세 등의 목적세가 징수되고 있 다. 첫째, 교육세는 「교육세법」에 따라 교육의 질적 향상을 도모하기 위해 필요한 교육재원 을 확보하기 위해 징수된다. 징수대상은 금융 · 보험업자 수입의 0.5%, 개별소비세의 15% 또는 30%, 교통 · 에너지 · 환경세의 15%, 주세의 10% 또는 30% 등이다. 교육세는 「지방재 정법」에 따라 각 시 · 도 교육감이 교육비특별회계에 계상하여 사용한다.

둘째, 농어촌특별세는 「농어촌특별세법」에 의하여 농어업의 경쟁력 강화와 농어촌 산업 기반시설의 확충 및 농어촌 지역개발사업에 필요한 재원을 확보하기 위하여 징수된다. 징 수대상은 조세감면액의 10% 또는 20%, 개별소비세액의 10% 또는 30%, 주권 양도가액의 0.15%, 취득세액의 10%, 레저세액의 20%, 종합부동산세액의 20% 등이다. 농어촌특별세는 농어촌특별세관리특별회계에 계상하여 사용된다.

셋째, 교통·에너지·환경세는 「교통·에너지·환경세법」에 따라 도로·도시철도 등 교통시설의 확충과 대중교통 육성을 위한 사업, 에너지와 자원 관련 사업, 환경의 보전과 개선을 위한 사업에 필요한 재원을 확보하기 위해 징수된다. 징수대상은 2011년 1월 1일 현재 휘발유와 이와 유사한 대체유류는 리터당 475원, 경유와 이와 유사한 대체유류는 리터당 340원이다.

③ **국채 발행방법** : 우리나라에서 국채는 공공자금관리기금의 부담으로 기획재정부 장관이 일괄적으로 발행한다. 다만, 다른 법률에 특별한 규정이 있는 경우에는 그 법률에 따라 일반회계와 특별회계, 공공자금관리기금 이외의 다른 기금 또는 특별 계정의 부담으로 기획재정부 장관이 발행한다(「국채법」 제3조 제1항).

④ **복권 발행방법** : 우리나라의 복권 발행은 「복권 및 복권기금법」에 의해 관리되고 있다. 이 법은 종전에 각 법률에 따라 발행되던 각종 복권을 통합한 것이다. 복권 발행 수입의 35%를 종전의 복권 관련 기금에 배정한다(동법 제23조 제1항 제1호).

⑤ **입장료, 수수료 징수방법** : 국가의 관람시설에 입장하는 사람에게서 징수하는 입장료, 국가의 특별한 서비스의 대가로 징수하는 수수료를 사용하는 방법이다.

(2) 과학기술 투자재원의 경우

「과학기술기본법」 제21조는 ① 정부는 과학기술발전을 촉진하는 데 필요한 재원을 지속적이고 안정적으로 마련하기 위하여 최대한 노력해야 한다. ② 정부는 필요한 재원을 마련하기 위하여 정부 연구개발 투자의 목표치와 추진계획을 과학기술기본계획에 반영해야 한다. ③ 지방자치단체의 장은 매년 소관 지방자치단체 예산에서 연구개발 예산의 비율이 지속적으로 높아지도록 노력해야 한다고 규정하고 있다.

과학기술 투자재원은 거의 대부분 일반 재정수입에 의해 충당되고 있으며, 부분적으로는 1990년대 초부터 발행된 기술복권 또는 통합복권으로부터 재원을 마련하고 있다. 참여정부에서는 차세대 성장동력 기술개발 재원을 마련하기 위하여 과학기술진흥기금의 부담으로 총 4,767억 원(2006년 2,187억 원, 2007년 2,580억 원)의 국채를 발행한 바 있다.

2) 공공기관 연구개발 투자재원의 확충

국가과학기술위원회는 ① 정부투자기관, ② 국가가 시행하는 대규모 사업 중 첨단과학기술의 응용 정도가 매우 높고 산업적 · 경제적 파급효과가 뚜렷한 사업의 계획수립자 또는 시행자로서 국가과학기술위원회에서 정하는 기관에 대하여 매년 연구개발 투자규모를 정하고, 이를 해당 사업에 관련된 연구개발 분야에 투자하도록 권고할 수 있다(「과학기술기본법」 제9조의7 제4호; 동법 시행령 제28조). 이 권고는 1993년에 시작되었다.

또한, 정부는 정부투자기관으로 하여금 관련 기술개발비의 일부를 해당 기관의 목적 수행에 필요한 기술개발과 관련된 기초과학연구에 투자하도록 국가과학기술위원회의 심의를 거쳐 권고할 수 있다(「기초과학연구 진흥법」 제16조). 이 권고는 1998년에 시작되었다.

정부는 2011년도 연구개발 투자를 연구개발기능 · 사업이 있는 〈표 3-2〉의 15개 기관에 권고하였고, 이 중 연구개발투자액이 100억 이상인 11개 기관에 대하여는 기초연구투자도 함께 권고하였다.

표 3-2 2010년도 연구개발 투자권고대상 공공기관

• 한국조폐공사	• 한국농어촌공사	• 한국가스공사	• 한국전력공사
• 한국광물자원공사	• 대한석탄공사	• 한국석유공사	• 한국지역난방공사
• 한국가스안전공사	• 한국전기안전공사	• 한국토지주택공사	• 한국수력원자력
• 한국도로공사	• 한국수자원공사	• 한국철도공사	주식회사

※ 기초연구 투자권고 제외기관 : 한국전기안전공사, 대한석탄공사, 한국광물자원공사, 한국가스안전공사.

3) 민간 기술개발 투자재원의 확충

(1) 정부의 재정지원

정부는 각종 국가연구개발사업에 대한 민간기업의 참여를 촉진하기 위하여 일정 비율의 연구개발비를 지원할 수 있다. 기업의 연구개발 투자를 유발하기 위한 성격의 연구개발비 이다.

민간기업에 대한 정부의 연구개발비 지원은 기업의 규모에 따라 다르다. 대기업의 경우 에는 전체 소요 연구개발비의 50% 이내이며, 중소기업이나 벤처기업에 대해서는 전체 소 요 연구개발비의 75% 이내이다.

그러나 민간기업에 대한 연구개발비 지원은 완전 무상은 아니다. 일정한 경우에는 소정 의 기술료를 납부해야 한다.

(2) 조세지원제도

① **연구개발비에 대한 세액공제제도** : 연구개발비 세액공제제도는 「조세특례제한법」 제10조 의 규정에 의한 '연구 · 인력개발비에 대한 세액공제제도'의 일부이다.

정부는 내국인이 각 과세연도에 지출한 연구개발비 중 '신성장 동력 연구개발비'와 '원 천기술 연구개발비'는 2012년 12월 31일까지 발생한 경우에 한하여 각각 해당 연구개발비 의 20%(중소기업은 30%)를 해당 과세연도의 소득세 또는 법인세에서 공제한다.

해당 기업은 '신성장 동력 연구개발비'와 '원천기술 연구개발비'를 제외한 연구개발비 의 경우에는 총액발생기준과 증가발생기준 중에서 한 가지를 선택할 수 있다. 이를 기업의 규모별로 구분하여 설명하면 다음과 같다. 첫째, 중소기업의 경우에는 총액발생기준으로는 해당 연도 발생액×25%, 증가발생기준으로는 (해당 연도 발생액－과거 4년간 연평균 발생 액)×50%이다. 둘째, 중소기업 이외에는 총액발생기준으로는 해당 연도 발생액×3~6%,[4] 증가발생기준으로는 (해당 연도 발생액－과거 4년간 연평균 발생액)×40%이다. 셋째, 중 소기업에서 중소기업 이외의 기업으로 성장한 기업의 경우에는 총액발생기준에 5년간의

---

4) 구체적 비율은 100분의 3 + 해당 과세연도의 수입금액에서 연구 · 인력개발비가 차지하는 비율 × 2분의 1이 며, 100분의 6을 한도로 한다.

경과조치를 적용한다. 즉, 중소기업에 해당하지 않게 된 최초 3년 동안에는 해당 연도 발생액×15%, 다음 2년 동안에는 해당 연도 발생액×10%이다. 다만, 증가발생기준은 중소기업이외의 경우와 같다.

이 총액발생기준과 증가발생기준 중 택일하는 방법은 '신성장 동력 연구개발비'와 '원천기술 연구개발비'에 대하여도 본인이 원할 경우에 적용할 수 있다. 연구 및 인력개발비에 대한 세액은 5년간 이월하여 공제할 수 있다(「조세특례제한법」 제10조).

세액공제를 받을 수 있는 연구개발비는 자체연구개발비, 위탁 및 공동연구개발비, 직무발명보상금, 기술정보비 또는 도입기술의 소화개량비, 고유 디자인개발비, 기술지도비 등이다(동법 시행규칙 별표6).

② **연구설비투자 세액공제제도** : 이 제도는 '연구 및 인력개발을 위한 설비투자에 대한 세액공제제도'의 일부이다. 정부는 2012년 12월 31일까지 내국인이 투자하는 연구시험용 시설에 대해서는 직업훈련용 시설 및 신기술 기업화 사업용 자산과의 합계액의 10%를 소득세또는 법인세에서 공제한다. 5년간 이월공제가 허용된다. 다만, 다른 조세 감면과 중복 적용은 배제한다(동법 제11조).

③ **연구개발 준비금 손금산입제도** : 이 제도는 '연구·인력개발 준비금 손금산입제도'의 일부이다. 연구개발에 필요한 비용에 충당하기 위하여 준비금을 적립한 때에는 인력개발 자금과 합쳐 매출액의 3% 범위에서 전액을 즉시 손금에 산입할 수 있는 제도이다. 이때, 해당기업은 손금에 산입한 금액 중 연구개발 등으로 사용한 금액을 3년 동안 균등 분할하여 익금에 환입하며, 사용하고 남은 금액은 3년이 되는 날이 속하는 과세연도의 익금에 환입한다. 사용하지 못한 금액에 대해서는 이자에 상당하는 금액을 가산세로 납부해야 한다(동법제9조). 이 제도는 세금에 상당하는 금액을 3년간 무이자로 융자해 주는 효과를 나타낸다.

④ **산업기술 연구·개발 물품의 관세감면제도** : 정부는 기업부설연구소 또는 연구개발 전담부서를 설치하고 있는 기업, 연구전담 요원 3인 이상을 상시 확보하고 있는 산업기술연구조합이 i) 산업기술의 연구·개발을 위하여 수입하는 물품[5](「관세법 시행규칙」 별표1에 명시

---

5) 2011년 1월 1일 현재 257개 물품이다.

된 물품)과 그 수리를 목적으로 수입하는 부분품, ii) 시약과 견품, iii) 연구·개발 대상물품을 수리하기 위하여 사용하는 부분품·원재료에 대하여 해당 관세의 80%를 감면한다(「관세법」 제90조 제1항 제5호; 동법 시행규칙 제37조 제3항 내지 제5항).

⑤ **기업부설연구소용 부동산에 대한 지방세면제제도** : 정부는 기업부설연구소 용도로 직접 사용하기 위하여 취득하는 부동산(부속 토지는 건축물 바닥면적의 7배 이내)에 대하여 취득세와 등록세를 면제하며, 사용 중인 부동산에 대하여는 재산세를 면제한다. 다만, 부설연구소는 토지 또는 건축물을 취득한 후 4년 이내에 소정의 기준을 갖춘 연구소여야 한다. 또한, 연구소 설치 후 4년 이내에 정당한 사유 없이 연구소를 폐쇄하거나 다른 용도로 사용하는 경우에는 그 해당 부분에 대하여 면제된 취득세와 등록세를 추징한다(「지방세법」 제282조; 동법 시행령 제228조).

4) 세계무역기구의 산업기술 연구개발 보조금 규제

세계무역기구(WTO)에서는 무역의 공정성 확보 차원에서 기업에 대한 과도한 정부 연구개발비 지원을 규제한다. 내용은 「보조금 및 상계수단에 관한 협정(Agreement on Subsidies and Countervailing Measures)」에 담겨 있다.

세계무역기구에서 허용하는 연구개발보조금은 두 가지이다. 새로운 지식 발견을 목적으로 하는 '산업기술 기초연구(industrial research aimed at discovery of new knowledge)'에 대한 정부 보조금 비율은 총 연구비의 75% 이하이다. '경쟁 이전단계의 개발연구(precompetitive development activities)'에 대한 정부 보조금 비율은 50% 이하이다. 상기 두 가지 형태의 연구가 혼합된 경우에는 두 가지의 단순평균인 62.5% 이하이다. 해당 연구사업이 수행되는 전체 기간을 대상으로 산정된다.

한편, 보조금의 내용에 대해서도 상세하게 규정하고 있다. 규제대상 보조금에 포함되는 것은 정부의 출연금과 보조금, 융자와 주식 참여, 채무보증 등 신용제공, 기술개발 조세감면 등 회수되지 않은 재정수입을 모두 합산하여 산출한다. 보조금의 지급 주체는 정부에 한정되지 않고 모든 형태의 공공기관을 포함한다. 보조금을 지급받는 기관은 기업뿐만 아니라,

기업과 계약을 맺어 산업기술의 연구개발을 수행하는 대학이나 연구기관까지 포함한다.

그러나 산업기술연구가 아닌 대학과 연구기관의 '순수기초연구(fundamental research activities)'에 대해서는 아무런 제약이 없기 때문에, 정부에서 100%까지 지원할 수 있다.

4. 과학기술 투자재원의 관리

1) 일반적인 관리체제

정부의 각종 세입이나 수입이 관리되는 유형에는 ① 일반회계, ② 특별회계, ③ 기금의 세 가지가 있다.

첫째, 일반회계는 조세 수입 등을 주요 세입으로 하여 국가의 일반적인 세출에 충당하기 위하여 설치한다(「국가재정법」 제4조 제2항).

둘째, 특별회계는 ① 국가에서 특정한 사업을 운영하고자 할 때, ② 특정한 자금을 보유하여 운용하고자 할 때, ③ 특정한 세입으로 특정한 세출에 충당함으로써 일반회계와 구분하여 계리할 필요가 있을 때에 법률로 설치한다(동법 제4조 제3항). 또한 일반회계나 기존의 특별회계·기금보다 새로운 특별회계로 사업을 수행하는 것이 더 효과적일 경우에 한하여 특별회계를 추가적으로 신설할 수 있다(동법 시행령 제14조 제2항).

셋째, 기금은 국가가 특정한 목적을 위하여 특정한 자금을 신축적으로 운용할 필요가 있을 때에 한하여 법률로 설치한다. 기금은 세입세출예산에 의하지 아니하고 운용할 수 있다(동법 제5조). 기금을 설치하고자 할 때 충족시켜야 할 요건은 ① 부담금 등 기금의 재원이 목적사업과 긴밀하게 연계되어 있을 것, ② 사업의 특성으로 인하여 신축적인 사업추진이 필요할 것, ③ 중·장기적으로 안정적인 재원조달과 사업추진이 가능할 것, ④ 일반회계나 기존의 특별회계·기금보다 새로운 기금으로 사업을 수행하는 것이 더 효과적일 경우에 한하여 기금을 신설할 수 있다(동시행령 제14조 제2항).

한편, 특별회계와 기금을 상호 연계하여 관리하는 모형은 [그림 3-2]와 같다. 가장 효율적인 운용 모형이다. 그러나 반드시 특별회계와 기금을 연계하여 설치할 필요는 없다. 특별회계만 설치할 수도 있고, 기금만 설치할 수도 있다.

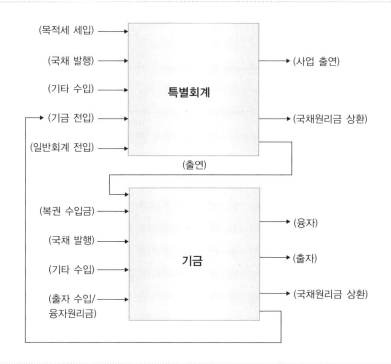

그림 3-2 특별회계와 기금의 연계운용 모형

자료 : 최석식, 1988, p.214.

2) 과학기술진흥기금의 운영

교육과학기술부는 「과학기술기본법」 제22조의 규정에 의하여 과학기술진흥기금을 설치하여 운용하고 있다. 기금의 목적은 과학기술의 진흥과 과학기술 문화의 창달을 효율적으로 지원하는 데 있다.

과학기술진흥기금의 재원은 ① 정부의 출연금과 융자금, ② 정부가 아닌 자의 출연금, ③ 기금 운용 수익금, ④ 복권 수입 배당금, ⑤ 공공자금관리기금으로부터의 예수금, ⑥ 기금에서 지원하는 국가연구개발사업에서 발생하는 기술료의 일부이다.

교육과학기술부 장관은 과학기술진흥기금을 한국연구재단에 위탁하여 운용하고 있다.

5. 과학기술 투자재원의 배분

과학기술 투자재원의 배분은 과학기술 예산의 편성과 같은 개념이다. 예산의 편성에는 크게 두 가지 방식이 있다. 한 가지는 하향식 편성법이고, 다른 하나는 상향식 편성법이다. 하향식 편성법은 분야별·기능별 또는 담당 기관 단위로 총액을 배분하고, 각 분야 또는 단위의 책임자가 다시 하위 단위에 각각의 총액을 배분하며, 다시 하위 단위로 순차적으로 배분하는 방식이다. 이 방식은 권한 분산식이다. 사업 현장의 예산 요구에 부합되는 방식이다.

다른 한 가지는 상향식 편성법이다. 이것은 일정한 예산편성 기준에 따라 최하위 단위 기관에서 각각의 사업에 소요되는 예산을 요구하고, 이것을 차상위 기관에서 검토하여 재편성하고, 최종적으로 예산당국에서 전체를 종합하여 가용 예산의 규모에 맞춰 사업별 예산을 편성하는 방식이다. 이것은 권한 집중식이다. 전체 예산을 특정한 목표 지향적으로 편성하는 데 유리하다. 다만, 예산 운용의 자율성과 현장적합성이 미흡하다.

1) 과학기술예산의 편성

과학기술예산의 편성은 「국가재정법」에 의한 국가 예산의 편성절차와 궤를 같이한다. 국가 예산 편성의 일반절차를 따라 진행하는 과정에서 국가과학기술위원회의 검토·심의를 받는 것이 과학기술 이외의 분야와 다른 점이다.

첫째, 각 중앙행정기관의 장은 다음다음 연도 국가연구개발사업의 투자 우선순위에 대한 의견을 매년 10월 31일까지 국가과학기술위원회와 기획재정부 장관에게 제출해야 한다(「과학기술기본법」 제12조의2 제1항). 투자 우선순위에 대한 의견에는 해당 중앙행정기관의 중점 투자방향, 주요 정책부문별 우선순위, 관련 제도의 개선방향 등이 포함되어야 한다(동법 시행령 제21조 제1항).

둘째, 각 중앙행정기관의 장은 5년 이상이 소요되는 신규사업과 국가연구개발사업 중기계획서를 매년 1월 31일까지 국가과학기술위원회에 제출한다(동법 동조 제2항).

셋째, 국가과학기술위원회는 정부 연구개발의 방향과 기준을 정하여 매년 4월 15일까지 기획재정부 장관과 관계 중앙행정기관의 장에게 알린다(동법 제12조의2 제3항). 이것은 과학기술 분야의 예산편성지침이다.

넷째, 관계 중앙행정기관의 장은 기획재정부 장관에게 제출하는 예산요구서 중 국가연구개발사업 관련 예산요구서를 매년 6월 30일까지 국가과학기술위원회에 제출한다(「과학기술기본법」 제12조의2 제4항).

다섯째, 국가과학기술위원회는 관계 중앙행정기관의 장이 제출한 국가연구개발사업의 투자 우선순위에 대한 의견, 국가연구개발사업 관련 중기사업계획서와 예산요구서에 대하여 ① 국가연구개발사업의 목표와 추진방향, ② 국가연구개발사업의 분야별·사업별 투자 우선순위, ③ 국가연구개발사업 예산의 배분방향과 주요 국가연구개발사업 예산의 배분·조정 내역, ④ 유사하거나 중복되는 국가연구개발사업 간의 조정·연계, ⑤ 대형 국가연구개발사업의 투자적격성, 중점 추진방향, 개선방향, ⑥ 다수 부처 관련 국가연구개발사업의 부처별 역할 분담, ⑦ 기초과학연구와 지방과학기술진흥에 관한 사항, ⑧ 그 밖에 국가연구개발사업의 투자효율성을 높이기 위하여 필요한 사항을 각각 검토·심의하고 그 결과를 매년 7월 31일까지 기획재정부 장관에게 알려야 한다(동조 제5항).

국가과학기술위원회에서는 ① 신규 사업, ② 다수 부처에 관련되는 사업, 유사·중복 사업 등 사업간 연계 강화 또는 구조조정이 필요한 사업, ③ 국정과제 관련 사업과 국가 현안 사업, ④ 전년 대비 예산 증감이 큰 사업, ⑤ 국가과학기술위원회·국회·감사원 등에서 문제점이 지적된 사업 등에 중점을 두어 심의한다.

여섯째, 기획재정부 장관은 정부재정규모 조정 등 특별한 경우를 제외하고는 국가과학기술위원회의 검토·심의 결과를 반영하여 다음 연도 예산을 편성해야 한다(동조 제7항).

2) 계속비제도

연구개발사업은 대부분 여러 해에 걸쳐 진행된다. 따라서 소요 예산을 매년 검토하여 편성하려면, 연구개발사업의 계획적 추진에 어려움을 겪을 수 있다. 이에 대한 방안으로 두 가지 제도가 있다. 계속비제도와 계속과제 선정이다.

계속비제도는 정부와 국회 사이의 예산안 제출과 편성에 관한 제도이다. 완성에 수년이 걸리는 연구개발사업 중 필요하다고 인정되는 연구개발사업에 대해서는 정부가 연구개발비의 총액과 연부액(연도별 금액)을 정하여 미리 국회의 의결을 얻은 후 매 연도별로 해당 금액을 지출할 수 있다. 기간은 5년 이내를 원칙으로 하되, 국회의 의결을 얻어 연장할 수 있다(「국가재정법」 제23조).

한편, 중앙행정기관의 장은 장기간에 걸쳐 추진할 필요가 있다고 인정하는 연구개발과제는 10년 이내의 범위에서 계속과제로 선정할 수 있다(「국가연구개발사업의 관리 등에 관한 규정」 제7조 제8항).

② 과학기술 인력정책

과학기술은 지식과 기능의 형태로 인간의 두뇌와 손에 의하여 창조되고 또 그곳에 체화되어 전수된다. 창조적이고 열정적인 과학기술 인력의 존재는 과학기술의 발전은 물론, 과학기술에 바탕을 둔 모든 변화의 출발점이다.

1. 과학기술 인력정책의 기본 구상

1) 과학기술 인력정책의 과제

과학기술 인력정책의 과제는 [그림 3-3]에서 보는 바와 같이, ① 미래 수요를 정확하게 예측하여 ② 수요에 맞도록 우수한 학생을 선발하고 ③ 그들에게 우수한 교육을 실시하여 ④ 우수한 인재로 양성 및 배출하고 ⑤ 그들의 취업을 지원하고 ⑥ 우수한 근무여건을 제공하는 동시에 ⑦ 파격적인 사기진작 방안을 강구하여 ⑧ 우수한 연구성과를 창출하도록 지원한 후 ⑨ 우수한 성과에 대하여 파격적인 인센티브를 제공하고 ⑩ 행복한 은퇴생활을 보장함으로써 ⑪ 우수한 학생이 과학기술계로 유입하는 선순환을 반복하는 것이다.

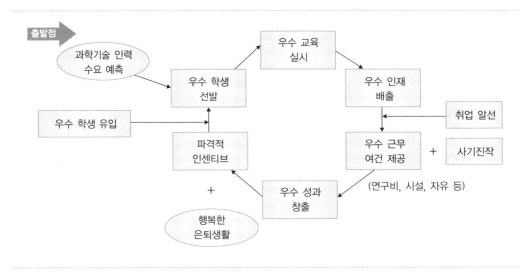

그림 3-3 과학기술 인력정책의 순환적 과제

2) 과학기술 인력 시장의 구조

과학기술의 인력 수요에 부응하는 공급정책을 구상할 때 고려해야 될 요소가 있다. 과학기술 인력의 총수요, 순수요(필요공급량), 동일계통 취업비율, 교육기관의 학생정원 책정 등이다.

수요 예측된 과학기술 인력의 규모가 모두 새로 공급되어야 할 규모는 아니다. 새로 공급되어야 할 인력의 규모는 수요 예측된 과학기술의 인력규모에서 기존의 인력규모를 공제하고, 전직·퇴직·사망·해외이주 등 이탈자를 추가해야 한다. 이것이 순수요이다. 이 순수요는 증가수요와 보충수요의 합이다. 순수요는 공급 측면에서 보면 필요공급량이다. 아래 식에서 NS_t는 t년도에 공급해야 될 과학기술 인력의 수이며, 전년도에 비하여 증가된 수요(I_t)와 현 년도에 탈락될 규모(F_t)로 구성된다.

$$NS_t = I_t + F_t \quad \text{단, } I_t = D_t - D_{t-1}, \quad F_t = D_{t-1} \times f$$

여기서, NS : 과학기술 인력의 필요공급량(=순수요)

I : 과학기술 인력의 신규 추가 수요

F : 탈락되는 과학기술 인력

D : 과학기술 인력의 수요

f : 탈락률

t : 연도

총수요 · 순수요 · 탈락의 관계는 [그림 3-4]에 나타나 있다. 또한, 순수요 인력을 어떤 방식으로 공급할 것인가도 [그림 3-4]에서 찾아볼 수 있다.

한편, 과학기술 인력의 수요를 공급목표로 연결할 때에는 주의해야 될 사항이 있다. 앞에서 살펴본 필요공급량과 대학의 전공 분야 입학정원과의 관계이다. 전공 분야 졸업자 중에서 다른 분야로 취업하여 '나가는 인원'이 있는가 하면, 다른 전공 분야에서 취업하여 '들어오는 인원'도 있다. 또한 해외에서 유입되는 인원도 있다. 따라서 세 가지의 경우를 분석하여 미래 특정 시점의 소요 인원을 위한 입학정원을 미리 책정해야 한다.

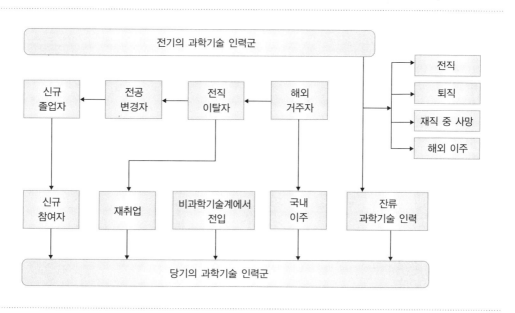

그림 3-4 과학기술 인력시장의 구도

자료 : National Science Board, 1987, p.68.

3) 과학기술 인력정책의 기본 틀

과학기술 인력정책은 기본적으로 과학기술 인력시장에 대한 정부의 개입이다. 직업선택(전직과 이직 포함)의 자유가 보장된 자유민주주의 국가에서는 과학기술자가 될 것인지 여부와 어떤 분야의 과학기술자가 될 것인지의 여부가 모두 기본적으로 개인의 자율적 선택의 영역에 속한다. 그러나 과학기술 인력시장이 정상적으로 작동하지 않고 그것이 국가 전체에 중대한 악영향을 미칠 것으로 예상될 경우에는 정부가 개입할 수 있다. 개입 여부와 정도, 개입방향은 국가체제나 이념 등에 따라 크게 다르다.

과학기술 인력시장에 대한 정부 개입은 적정한 방법과 수준이어야 한다. 과소 개입은 당면 문제를 해결할 수 없고, 과잉 개입은 국민의 자유억압으로 오해받을 수 있다.

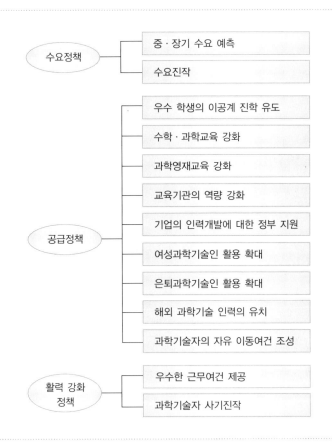

그림 3-5 과학기술 인력정책의 주요내용

정부의 가장 바람직한 역할은 [그림 3-5]와 같다. 수요 측면에서는 중·장기 수요 예측과 수요진작이다. 공급 측면에서는 우수 학생의 이공계 진학 유도, 수학·과학교육의 강화, 과학영재교육의 강화, 교육기관의 역량 강화, 기업의 인력개발에 대한 정부 지원, 여성과학기술인 활용 확대, 은퇴과학기술인 활용 확대, 해외 과학기술 인력의 유치, 과학기술자의 자유로운 이동여건 조성이다.

과학기술 인력의 활력 강화 측면에서는 우수한 근무여건을 제공하고 사기진작 방안을 강구하는 것이다.

4) 정부 정책의 기본 방향

우리나라의 「과학기술기본법」(제23조 제1항)은 정부의 기본 임무를 명시하고 있다. 즉, 정부는 과학기술의 변화와 발전에 대응할 수 있도록 창의력 있고 다양한 재능을 가진 과학기술 인력자원을 양성·개발하고 과학기술인의 활동여건을 개선하기 위하여 ① 과학기술 인력의 중·장기 수요·공급 전망의 수립, ② 과학기술 인력의 양성·공급계획 수립, ③ 과학기술인력에 대한 기술훈련과 재교육의 촉진, ④ 과학기술교육의 질적 강화방안 수립, ⑤ 고급 과학기술 인력 양성을 위한 고등교육기관의 확충에 필요한 조치를 취해야 한다.

또한 「국가과학기술 경쟁력강화를 위한 이공계지원특별법」(제4조·제5조)은 세부적인 방향을 제시하고 있다. 즉, 정부는 5년마다 이공계 인력을 육성·지원하는 기본계획을 수립하고 연도별 시행계획을 수립하여 추진해야 하는데, 기본계획에 포함해야 할 사항으로 ① 이공계 인력의 육성·지원 및 전주기적 활용체제의 구축, ② 이공계 인력의 공직 진출 기회 확대와 처우개선, ③ 연구개발과 기술이전 성과에 대한 지원, ④ 이공계 인력의 기업·대학·연구기관·정부·지방자치단체 상호간의 교류 확대, ⑤ 이공계 인력의 정보체계의 구축 및 활용, ⑥ 이공계 대학, 대학원 교육의 질적 향상과 산·학·연의 연계체제 강화, ⑦ 이공계 인력의 수급전망, ⑧ 신진 우수 이공계 인력의 연구활동 지원, ⑨ 우수 이공계 인력의 해외연수와 우수 이공계 인력의 유치를 명시하고 있다(동법 제4조 제3항; 동법 시행령 제3조 제5항).

2. 과학기술 인력의 수요진작정책

1) 과학기술 인력의 수요 전망

(1) 과학기술 인력의 양적 수요 전망

과학기술 인력의 수요를 전망하는 방법에는 여러 가지가 있다. 대표적인 방법론에는 ① 회귀분석 추계법, ② 계량경제학적 추계법, ③ 국제비교 추계법, ④ 설문 추계법 등이 있다.

첫째, 회귀분석 추계법은 미래의 수요가 과거의 추세대로 변화될 것이라는 가정에 따라 과거의 기간별 증가율을 미래의 특정 기간에 적용하여 추계하는 방법이다. 가장 단순한 방법이다. 급격한 변화가 없는 국가나 성장 둔화상태로 접어든 국가에서 비교적 가능한 방법이지만, 급속하게 발전하는 국가에는 부합하기 어렵다.

둘째, 계량경제학적 추계법은 예측하려는 미래 시점의 재화와 서비스의 총량 변화를 먼저 예측하고, 그를 위한 인력 수요를 추출하는 방법이다. 가장 과학적 접근이다. 그러나 전제가 되는 미래의 경제·사회발전에 대한 예측이 정확하지 않거나 그런 예측이 사전에 이루어지지 않을 경우에는 부담이 될 수 있다. 또한, 경제·사회발전과 과학기술 인재의 함수관계, 더 나아가 분야별 과학기술 인재의 구성에 대한 불확실성으로 한계에 직면할 수 있다.

셋째, 국제비교 추계법은 자기 나라와 발전과정이 유사한 선진국을 모델로 접근하는 방법이다. 예를 들면 선진국과 국민 1인당 소득이 유사한 시기의 인구 1천 명당 과학기술 인력의 규모를 파악하여 자국에 적용하는 방식이다. 비교적 용이한 방법이다. 그러나 자국의 발전경로와 유사한 선진국을 찾기 어려울 때에는 실행하기 어렵다.

넷째, 설문 추계법은 과학기술 인력 사용자의 채용의사를 설문에 따라 조사하여 집계하는 방법이다. 일반적으로 많이 사용하는 방식이다. 그러나 전수조사가 어렵고, 설문 답변자의 자료와 성실성에 전적으로 의존해야 되는 단점이 있다.

이상에서 살펴본 바와 같이 과학기술 인력 수요를 정확하게 예측하는 단일한 방법은 없으며, 모두 한계를 갖고 있다. 따라서 예측 시점의 상황에 가장 부합한 방법을 모두 동원하는 것이 바람직하다. 설문조사나 통계에서 확보한 숫자를 기본 자료로 삼되, 다른 나라의 사례를 참고하고 전문가의 경험과 직관까지를 투영하여 추계해야 한다.

⊂⊏ **표 3-3** 과학기술 인력 공급·수요 전망(2005~2014)

(단위 : 천명)

	전문학사		학사		석사		박사	
	공급	수요	공급	수요	공급	수요	공급	수요
이학	32.7	24.8	115.9	75.9	26.7	25.4	12.7	13.0
공학	217.5	112.6	425.6	352.4	116.3	109.4	22.0	31.0
농림수산학	0.9	1.6	7.3	13.7	2.6	2.1	1.8	2.7
의약학	107.8	55.0	110.1	114.6	28.1	13.0	14.5	8.7
합계	358.9	194.0	658.9	556.6	173.7	149.8	50.9	55.4

자료 : 교육과학기술부.

한편 교육과학기술부에서 발표한 과학기술 인력 중장기 공급·수요 전망(2005~2014)
은 〈표 3-3〉과 같다.

(2) 과학기술 인력의 질적 수요 전망

과학기술 인력의 질적 수요는 과학기술과 관련 활동의 변화 양상에 밀접한 관련을 갖는다.
[그림 3-6]에서 보는 바와 같이, 미래의 과학기술 변화 양상은 고도화·정밀화, 복합화·시
스템화, 과학과 기술의 접근·공명, 변화의 신속화, 과학기술과 인간 및 사회의 조화 등이
될 것으로 예상된다. 연구개발 활동의 추세에서는 연구개발사업의 대규모화와 연구개발의
국제화가 강조될 전망이다. 또한 기술혁신의 양상은 기술혁신 과정의 유기화·동태화, 기
술혁신활동의 정보화 방향으로 진행될 것으로 예상된다.

이에 따른 과학기술 인력의 질적 수요는 [그림 3-6]에서 보는 바와 같다. 첫째, 과학기술
인력의 '지적 요소'는 고도의 전문성, 다분야의 복합지식, 새로운 기술의 습득과 구사능
력, 혁신적 창의력, 변화의 신속한 식별과 대응능력, 풍부한 정보능력으로 압축될 수 있다.
둘째, 과학기술 인력에 필요한 '정의적 요소'는 왕성한 책임감, 집착력, 적극적 협력성과
지구적 차원의 사고력이다. 셋째, 과학기술인이 갖추어야 할 '가치적 요소'는 인간과 도덕
지향성, 미래지향성이다. 마지막으로 과학기술인에게 요구되는 '경험적 요소'는 풍부한
경험이다.

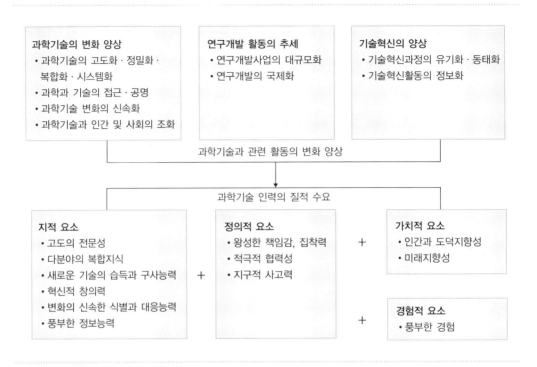

그림 3-6 과학기술 인력의 질적 수요 도출체계도

자료 : 최석식, 1989, p.178.

2) 과학기술 인력의 수요진작 방안

정부는 과학기술자를 위한 일자리를 창출하는 정책을 적극적으로 강구해야 한다. 과학기술자의 일자리 창출은 크게 세 가지 방향에서 접근할 수 있다. 첫째 정부와 공공기관이 직접 고용인의 입장에서 과학기술자를 대규모로 채용하는 것이고, 둘째 민간기업 등이 과학기술자를 대규모로 채용할 수 있도록 유인하는 것이며, 셋째 특정한 사업에 대한 과학기술 인력의 고용을 확대하는 것이다.

(1) 정부의 과학기술자 고용규모 확대

정부의 과학기술자 고용규모 확대정책은 정부와 지방자치단체의 공무원 중 과학기술자(이공계 졸업자)의 비율을 높이는 방법과 정부 산하기관의 직원 중 과학기술자의 비중을 높이는 두 가지 방법으로 추진한다.

첫째, 정부와 지방자치단체는 이공계 공무원의 임용 실적을 매년 국가과학기술위원회에 보고해야 한다(「국가과학기술 경쟁력강화를 위한 이공계지원특별법」 제13조). 둘째, 정부 산하기관이 신규 연구원을 채용할 때 여성과학기술인 채용목표제를 실시한다.

(2) 민간기업 등의 과학기술인 고용 확대 유도

민간기업의 과학기술인 채용을 확대하기 위하여 정부가 취할 수 있는 정책 수단은 기업이나 민간연구소의 인건비 부담을 줄여 주는 인센티브 혜택이다.

동법 제16조에 그 근거가 마련되어 있다. 즉, 국가와 지방자치단체는 중소기업이나 벤처기업이 미취업 이공계 석·박사학위 취득자나 기술사를 채용하는 경우에 예산의 범위 안에서 재정지원을 하거나 조세를 감면할 수 있다. 정부는 이공계 인력의 취업이나 재취업을 알선하기 위하여 이공계인력중개센터를 설치·운영할 수 있으며(동법 제22조), 이공계인력중개센터는 i) 이공계 분야 관련 직종별 취업정보의 수집·분석·제공·상담, ii) 미취업 이공계 인력과 구인업체의 실시간 구인·구직 정보 제공, iii) 취업 촉진을 위한 경력 관리, iv) 관련 시책 개발을 위한 조사·연구업무를 담당한다(동법 시행령 제25조 제2항). 정부가 산업계의 인력 수요를 진작하기 위하여 실시하는 대표적 제도는 다음과 같다.

① **연구전담요원 연구활동비 소득세비과세제도** : 중소·벤처기업의 기업부설연구소에서 연구활동에 직접 종사하는 자가 받는 연구보조비 또는 연구활동비 중 월 20만 원 이내의 금액에 대해서는 소득세를 부과하지 않는다(「소득세법 시행령」 제12조 제12호).

② **고급 연구인력 고용지원제도** : 기업부설연구소 또는 연구전담부서를 보유하고 종업원 수가 5인 이상인 기업으로서, 신청기간 중 미취업 상태인 이공계 석·박사 또는 대기업 퇴직 기술인력을 연구인력으로 채용한 중소기업에 대하여 최대 3명까지 인건비의 40~60%를 지원한다(중소기업청 주관).

③ **중소기업 전문인력 활용 장려금지원제도** : 제조업 또는 지식기반 서비스업을 영위하는 기업(중소기업 우선)이 제품개발기술자 등 전문인력을 신규로 채용하거나 대기업으로부터

지원받아 사용하는 경우에는 채용일로부터 1년간 일정 금액을 지원한다(노동부 주관).

④ **전문연구요원제도** : 현역입영대상자(석사 학위자) 또는 보충역(학사 학위자)이 병무청장이 선정한 연구기관에서 3년간 근무하면 병역의무를 마친 것으로 보는 제도이다. 기업체 연구기관의 경우, 대기업은 자연계 분야 석사 이상의 학위를 가진 연구전담요원 5인 이상을 확보한 기업이어야 하며, 중소기업은 자연계 분야 석사 이상의 학위를 가진 연구전담요원 2인 이상을 확보해야 한다. 또한, 대기업과 중소기업 모두 연구개발 활동을 수행할 수 있는 독립 연구시설을 반드시 보유해야 한다. 당초 이 제도는 과학기술자를 위하여 도입하였지만, 기업의 입장에서는 비교적 저렴한 인건비로 고급 인력을 3년간 사용할 수 있기 때문에 간접적인 수요창출정책의 하나이다.

⑤ **산업기능요원제도** : 병역 자원의 일부를 중소제조업체에 기술·기능인력으로 지원하고, 이들이 일정기간(현역 34개월, 보충역 26개월) 근무하면 군복무를 필한 것으로 보는 제도이다. 대상 기업은 광·공업 및 에너지 분야의 업종을 영위하는 중소기업으로서 상시근로자가 공업 분야는 15인 이상, 광업 분야는 10인 이상인 중소기업이다. 산업기능요원제도는 실질적으로 중소기업의 인력난을 해소하기 위한 것으로서 비교적 저렴한 인건비로 양질의 산업기능요원을 활용할 수 있도록 지원하기 때문에 수요창출정책의 하나이다.

⑥ **연구개발서비스업 육성** : 정부는 이공계 인력의 수요진작을 위하여 일정한 요건을 갖춘 연구개발서비스업을 적극 육성하고 있다. 연구개발서비스업이란 영리를 목적으로 이공계 분야의 연구와 개발을 독립적으로 수행하거나 위탁 개발하는 '연구개발업' 또는 영리를 목적으로 기술정보제공, 컨설팅, 시험·분석 등을 통하여 이공계 분야의 연구와 개발을 지원하는 '연구개발지원업'이다(「국가과학기술 경쟁력강화를 위한 이공계지원특별법」제2조 제4호).

정부는 연구개발서비스업에 대하여 i) 국·공립연구기관, 대학, 정부출연연구기관이 보유한 기술정보·전문연구인력·연구시설과 연구장비, ii) 연구개발서비스업의 기반 조성, iii) 국가연구개발사업의 참여 기회 확대, iv) 전문 인력의 양성과 활용 등을 지원할 수 있다(동법 제18조; 동법 시행령 제17조 제4항). 또한 연구개발서비스업의 효율적 육성을 위하여 자격제도(연구기획평가사)를 도입하였다(「국가과학기술 경쟁력강화를 위한 이공계지원특별법」제19조). 연구기획평가사는 교육과학기술부 장관이 정하는 자격시험에 합격하고 실무수습을 받아야 하며(동법 시행령 제19조·제20조), 교육과학기술부 장관은 대학이나 정부출연연구기관 등을 지정하여 연구기획평가사 양성과정을 운영하게 할 수 있다(동법 시행령 제21조).

⑦ **기술사 등의 활용 장려** : 기술사는 해당 기술 분야에서 고도의 전문지식과 실무경험에 입각한 능력을 보유한 최고 등급의 현장기술자이다. 기술사의 직무는 과학기술에 관한 전문적 응용능력을 필요로 하는 사항에 대하여 계획·연구·설계·분석·조사·시험·시공·감리·평가·진단·시험운전·사업관리·기술판단(기술감정 포함)·기술중재 또는 이에 관한 기술자문과 기술지도이다(「기술사법」제3조).

동법 제1조는 "이 법은 기술사의 직무수행과 그 관리에 관한 사항을 규정함으로써 산업기술 분야에서의 기술사 활용을 장려하고,…"라고 명기함으로써 기술사 업무의 수요 증대를 의도하였다. 동법 제3조 제2항에서는 "정부, 지방자치단체 및 정부투자기관은 기술사 직무와 관련된 공공사업을 발주하는 경우에는 기술사를 사업에 우선적으로 참여하게 할 수 있다."라고 규정하고 있다.

동법 제6조는 기술사사무소 개설을 허용하였다. 교육과학기술부 장관에게 등록하는 기술사는 변호사사무소나 회계사사무소와 같은 개인 또는 합동 사무소를 개설할 수 있다. 이는 기술사가 엔지니어링 회사에 고용되는 것이 아니라, 개인 또는 합동으로 별도의 영업을 할 수 있도록 길을 터놓은 것이다.

한편, 우리나라에는 2010년 현재 국가·민간 자격제도를 합하여 약 1,600여 종의 자격제도가 운영되고 있다. 이러한 자격 취득자는 취업에서 우대를 받아 취업문호를 넓힌다.

(3) 연구개발사업을 통한 과학기술인 고용 창출

정부는 국가연구개발사업을 확대하여 과학기술 인력의 고용을 창출할 수 있다. 연구개발비가 늘어나면 그만큼 신규 인력의 수요가 발생하기 때문이다. 그러나 일시적 대응책으로 비정규직 연구원을 양산하는 단점도 초래한다.

이에 대한 법적 근거는 「국가과학기술 경쟁력강화를 위한 이공계지원특별법」 제15조와 동법 시행령 제14조에 명시되어 있다. 정부는 이공계 석사학위 또는 박사학위를 취득한 후 5년이 지나지 아니한 사람으로서 6월 이상 미취업 상태에 있는 이공계 인력을 대상으로 취업과 연계하는 연구개발사업을 시행할 수 있으며, 연수에 소요되는 경비의 전부 또는 일부를 지원할 수 있다.

3. 과학기술 인력의 공급 및 활용정책

1) 우수 학생의 이공계 진학 유도

우수 학생을 이공계로 진학하도록 유도하는 진정한 방법은 과학기술직업의 매력을 향상시키는 것이다. 과학기술직업에 대한 매력을 향상시키면 우수한 인재들이 이를 선호하게 된다. 이런 방식은 과학기술자 고용의 총규모를 직접 늘리는 변화를 초래하지는 않지만, 우수한 인재의 영입을 통하여 과학기술자 집단의 질적 수준을 고도화시키고, 그들이 우수한 성과를 창출하면 산업을 발전시키고 일자리를 창출하는 과정을 통하여 우수한 과학기술자의 고용 증대를 유발할 수 있다.

과학기술직업에 대한 매력을 향상시킬 수 있는 방법은 [그림 3-7]과 같이, 소득의 고액

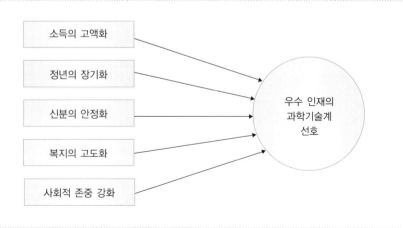

그림 3-7 우수 인재 과학기술계 영입 조건

화, 정년의 장기화, 신분의 안정화, 복지의 고도화, 사회적 존중 강화 등이 있다.

　정부는 우수한 학생의 이공계 진학을 촉진하기 위하여 유망 전공분야 등에 관한 정보를 재학생에게 제공해야 하며(「국가과학기술 경쟁력강화를 위한 이공계지원특별법」제8조), 우수한 재학생에 대하여는 연구 장려금(학생 등록금 이상의 금액)이나 생활비의 융자 지원을 할 수 있다(동법 제9조). 이때 우수한 학생의 범주는 ① 성적이 우수한 재학생으로서 해당 대학의 장이 추천한 학생, ② 국제적으로 인정받는 학술지에 논문을 게재한 학생, ③ 우수한 논문을 발표하여 관련 학회로부터 상을 받은 학생, ④ 국내·외 과학기술논문대회 또는 과학기술경진대회에서 우수한 논문 또는 발명·제안 등을 제출하여 상을 받은 학생이다(동법 시행령 제8조 제1항).

　이와 더불어, 정부는 핵심 이공계 인력에 대하여 매년 연구 장려금이나 생활보조금을 지급할 수 있는데(동법 제20조), 선정 대상자는 ① 과학 분야 노벨상과 수학 분야 필즈상 등 국제적으로 인정되는 과학기술 분야의 상을 받은 사람, ② 과학기술훈장을 받거나 대통령표창을 받은 사람, ③ 신기술개발과 개량으로 경제·사회발전에 획기적으로 기여한 사람, ④ 세계 저명학술지에 논문을 게재하거나 인용되는 등 학문적 업적이 현저한 사람, ⑤ 과학기술 관련 저술활동이나 강연을 통하여 과학기술의 저변 확대에 크게 기여한 사람 등이다. 연구 및 기술개발 성과와 개인별 국가공헌도에 따라 등급별로 지급한다(동시행령 제22조).

　우리나라에서는 2003년부터 매년 150여 명의 '대통령과학장학생'을 선발하여 대학 재학 중 학자금 전액을 국고에서 지원하고 있으며, 이와 별도로 '이공계국가장학생' 제도를 운영하고 있다.

2) STEAM교육 및 전공 기초역량 강화

우수한 인재는 기초가 탄탄해야 한다. 우수한 인재는 급변하는 과학기술을 신속하게 따라잡고, 새로운 물결을 선도할 수 있어야 한다. 교육기관에서는 다양하게 변하는 과학기술의 면면을 소상하게 교육할 수 없기 때문에 기초역량을 확고하게 갖춰주는 길을 선택해야 한다. 변화에 대한 창의적이고 신속한 적응능력은 다름 아닌 기초역량에서 발현하기 때문이다.

　이런 차원에서 초·중·고등학교에서는 STEAM(Science, Technology, Engineering,

Art, Mathematics)교육을 철저히 실시해야 한다. 이것은 자연계 지망 학생에게만 국한되어서는 안 된다. 인문·사회 분야 등 비자연계 학생에게도 필수적이다. 인문·사회 영역에 큰 영향을 미치는 과학기술을 이해하지 못하면 결국 인문·사회 현상도 정확하게 해석할 수 없기 때문이다.

여기서 간과할 수 없는 것이 STEAM교과서의 중요성이다. 내용이 알차면서도 쉽고 재미있는 교과서가 필요하다. 정부에서는 과학기술부가 교육인적자원부와 공동으로 고등학교 1학년용 과학교과서를 개발하여 2008학년도부터 보급한 바 있다. 뒤를 이어 초등학교 3~4학년용 수학·과학교과서, 초등학교 5~6학년용 수학·과학교과서, 중학교 1학년용 과학교과서 등을 차례로 개발하여 보급하였다.

대학의 학부교육은 전공학문의 기초역량을 갖추는 데 주력해야 한다. 대학 졸업생에 대한 기업불만의 핵심은 해당 졸업생에 대한 교육기간이 길다는 점이기 때문이다. 그렇다고 해서 기업에서 요구되는 실무능력을 대학에서 모두 만족스럽게 갖춰주기는 어렵다. 오히려 기업에서 필요한 기술을 빠르게 습득할 수 있는 기반을 쌓아 주는 것이 대학의 역할이다. 정부는 이런 역할분담체계에 대해 각 주체를 이해시키고, 대학 등의 기초교육 강화를 위한 지원을 확대해야 한다.

우리나라에서는 공학교육의 혁신을 위해 공학교육혁신센터 지원사업, 공학교육인증제도 등이 시행되고 있다.

3) 과학영재교육의 강화

과학기술은 창의적 인재의 역할이 크게 부각되는 영역이다. 탁월한 인재의 아이디어가 과학기술의 새로운 세계를 연다. 따라서 이들에 대한 체계적인 발굴과 육성이 필요하다.

과학영재교육에서 과학영역에 중점을 둘 것인지, 아니면 상상력의 보고인 인문학이나 창의력의 원천인 예술 분야의 교육을 병행할 것인지는 깊이 고민해야 할 문제이다. 어떤 방법을 선택하든지 한 가지 분명한 것은 과학 분야에 지나치게 치중하여 예술이나 인문학에서 얻을 수 있는 장점을 제도적으로 차단해서는 안 된다는 점이다.

우리나라는 교육단계별로 매우 다양한 과학영재교육체제를 갖추고 있다. 초등학교와 중

그림 3-8 한국과학영재학교 전경

학교단계에서는 과학신동프로그램, 과학영재교육원, 과학영재반, 청소년 과학탐구반 등을 운영한다. 고등학교단계에서는 과학영재학교(2003~2011년 4개교)와 과학고등학교(시·도별 1개교 수준)를 운영하고 있다. 이와 별도로 2009학년도부터는 과학 중점 고등학교를 지정하여 과학교육을 강화하고 있으며, 기술계의 마이스터고등학교를 2008년 10월부터 전국에 문을 열었다. 또한, 수학·물리·화학·생물·정보·천문 분야의 국제올림피아드에 우수 학생이 참여할 수 있도록 지원하고 입상자에게는 대학 학자금 등의 포상을 실시한다.

과학영재교육에 대한 우리나라의 과제는 각각의 설립 목적에 충실한 과학영재교육을 실시하는 것이다. 당초 과학고등학교의 설립 목적이 과학영재교육이었는데, 그 위에 과학영재학교를 설립해야만 했던 우리의 멀지 않은 역사를 상기해야 할 것이다.

「과학기술기본법」제25조와 동법 시행령 제39조에는 과학영재에 대한 정부의 기본 방침이 천명되어 있다. 교육과학기술부 장관은 과학영재의 조기 발굴과 체계적 육성을 위하여 ① 과학영재의 발굴·육성목표와 추진방향, ② 과학영재교육기관의 설치 또는 지정·활용, ③ 과학영재교육기관 간 연계운영체제의 구축방안, ④ 과학영재육성 관련 프로그램의 개발에 관한 사항을 포함하는 '과학영재의 발굴 및 육성계획'을 관계 중앙행정기관의 장의 의견을 들어 수립하고, 이를 「영재교육진흥법」의 영재교육종합계획에 반영해야 한다.

4) 교육기관의 역량 강화

학생들의 STEAM(Science, Technology, Engineering, Art, Mathematics) 과목과 전공 분야의 기초를 튼튼하게 교육하기 위해서는 각급 교육기관이 바로 서야 한다. 우수한 교직원과 우수한 교육시설로 우수한 교육과정을 운영해야 한다. 정부는 학교의 교직원, 교육시설, 교육과정에 대한 지원을 확대해야 한다. 국·공립학교뿐만 아니라 사립학교까지 포함해야 한다.

한편, 정부는 교육기관에 대한 감독을 엄격하게 실시해야 한다. 양질의 교육서비스를 받아야 할 국민의 권리는 의무교육단계인 초등학교와 중학교에 국한되지 않기 때문이다. 고등학교와 대학교에 대해서도 정부가 감독권을 행사하여 교육 소비자인 국민의 권리를 보호해야 한다. 교육은 교육 공급자와 수요자 사이의 사적인 계약 관계로 남겨둘 수 없는 영역이기 때문이다. 특히 적정한 조건을 갖추지 못한 교육기관은 과감하게 퇴출시켜야 한다. 해당 교육기관의 운영권을 다른 사람에게 이관하는 것에 그치지 않고, 아예 폐교하는 방안까지 강구해야 한다.

정부는 과학기술 인력의 공급에 중대한 차질이 생기거나 그럴 우려가 있을 경우에는 별도의 대학을 설립하는 등의 방안을 강구한다.

첫째, 기존의 교육기관에 의존할 수 없을 경우에는 특수목적의 교육기관을 설립할 수 있다. 과학기술처가 설립했던 한국과학기술원(초기에는 한국과학원)과 광주과학기술원[1]이 단적인 사례이다. 우리나라에 시급히 필요한 고급과학기술 인력을 기존 대학에서 공급할 수 없는 틈을 메우기 위한 특별 대책이었다. 그 후 과학기술부는 과학기술연합대학원대학을 설립하고, 교육과학기술부는 대구경북과학기술연구원에 학사 기능을 추가하였다.

둘째, 특정 학과의 설립을 지원하는 것도 전형적 사례이다. 국가적으로는 소중하지만, 교육기관의 기존 방식으로는 설치할 수 없는 학과에 대하여 특별한 인센티브를 부여하는 방법이다. 대체로 신청 대학 중에서 우수한 계획을 제안한 대학교를 선정하여 운영비의 일부를 국고에서 지원한다. 이 경우에 지원 방식을 변경하는 것도 좋을 것이다. 적합한 대학교

---

1) 광주과학기술원은 1995년 3월에 개교되었으며, 기본방향은 특성화·국제화·전국화였다.

에 운영비의 일부를 지원하여 시작하는 방식이 아니라, 일정기간 경과 후에 우수한 성과를 거둔 대학교에 보상금을 지급하는 방식으로의 전환이다. 이렇게 하면, 좋은 성과를 거두기가 용이하고, 가능성 있는 후발 대학의 도전의욕을 자극할 수 있을 것이다. 이는 학교별 특성화에도 기여할 수 있는 방안이다.

셋째, 지방대학을 적극 육성해야 한다. 지방대학은 지방의 발전을 선도할 책무를 갖고 있기 때문에, 지역의 균형 발전 차원에서도 지방대학에 대한 특별 지원을 실시하는 것이 바람직하다. 특별 지원은 교육비와 연구비 모두에 해당한다. 지방 소재 대학에 대한 지원방안에는 수도권 이외 지역의 대학을 일률적으로 우대하는 방안과 지방과학기술 혁신역량이 열악한 지방을 더 우대하는 방안이 있다. 지역 균형 발전의 시각에서 보면 후자가 적합하다.

끝으로, 국내 교육기관에 의한 과학기술 인력의 양성이 원활하지 못할 경우에는 해외 유수기관에 교육을 의뢰하는 방법도 유효하다. 국비유학제도이다. 이제 우리나라의 교육기관이 많이 발전하여 해외 유학의 수요가 크지는 않지만, 특수 분야의 인력이나 박사 후 연수는 해외 대학이나 연구기관을 활용하는 것이 바람직하다.

5) 기업의 인력개발에 대한 정부 지원

정부는 기업의 자율적인 인력 양성 기능을 강화하기 위하여 조세지원제도를 운영하고 있다. 대표적인 제도는 다음과 같다.

(1) 인력개발비 세액공제제도

이 제도는 '연구·인력개발비 세액공제제도'의 일부이다. 내국인이 인력개발을 위하여 사용한 비용 중 일부를 연구개발비와 함께 세액공제해 주는 제도이다. 우선, 해당 인력개발비는 위탁훈련비, 사내직업능력개발훈련비, 국가기술자격검정응시 경비, 중소기업에 대한 인력개발·기술지도 경비, 생산성 향상을 위한 인력개발, 사내기술대학 운영비 등이다. 공제세액의 방법은 총액발생기준과 증가발생기준 중에서 한 방법을 선택할 수 있다. 첫째, 중소기업의 경우에는 총액발생기준으로는 해당 연도 발생액×25%, 증가발생기준으로는 (해당 연도 발생액－과거 4년간 연평균 발생액)×50%이다. 둘째, 중소기업 이외에는 총액발생기준으로는 해당 연도 발생액×3~6%, 증가발생기준으로는 (해당 연도 발생액−과거 4년간 연평균 발생액)×40%이다. 셋째, 중소기업에서 중소기업 이외의 기업으로 성장한 기업의 경우에는 총액발생기준에 5년간의 경과조치를 적용한다. 즉, 중소기업에 해당하지 아니하게 된 최초 3년 동안에는 해당 연도 발생액×15%, 다음 2년 동안에는 해당 연도 발생액×10%이다. 다만, 증가발생 기준은 중소기업 이외의 경우와 같다. 연구·인력개발비 세액은 5년간 이월 공제할 수 있다(「조세특례제한법」 제10조).

(2) 인력개발 설비투자 세액공제제도

이 제도는 '연구 및 인력개발을 위한 설비투자에 대한 세액공제제도'의 일부이다. 내국인이 인력개발을 위한 시설에 투자한 경우에는 연구시험용 시설 및 신기술 기업화 사업용 자산과 합한 금액의 10%를 소득세 또는 법인세에서 공제해 주는 제도이다. 5년간 이월공제가 허용된다. 다만, 다른 조세 감면과 중복 적용은 배제한다(동법 제11조).

(3) 인력개발 준비금 손금산입제도

이 제도는 '연구·인력개발 준비금 손금산입제도'의 일부이다. 인력개발에 필요한 비용에 충당하기 위하여 준비금을 적립한 때에는 연구개발 자금과 합쳐 매출액의 3% 범위에서 전액을 즉시 손금에 산입할 수 있는 제도이다. 한편, 손금에 산입한 금액 중 인력개발 등으로 사용한 금액은 3년 동안 균등 분할하여 익금에 환입하며, 사용하고 남은 금액은 3년이 되는 날이 속하는 과세연도에 익금에 환입한다. 이 경우에 사용하지 못한 금액에 대해서는 이자 상당의 가산세를 납부해야 한다. 이 제도는 세금에 상당하는 금액을 3년간 무이자로 융자해 주는 효과를 나타낸다(동법 제9조).

6) 여성과학기술인의 활용 확대

「과학기술기본법」 제24조와 동법 시행령 제38조는 여성과학기술 인력의 양성과 활용에 대한 기본 방향을 명시하고 있다. 즉, 정부는 국가과학기술 역량을 높이기 위하여 여성과학기술인의 양성과 활용방안을 마련하고, 여성과학기술인이 자질과 능력을 충분히 발휘할 수

그림 3-9 전국 여성과학기술인지원센터 홈페이지

있도록 필요한 지원시책을 세우고 추진해야 한다.

여성과학기술인 양성·활용방안에 포함해야 할 사항은 ① 여성과학기술인의 경쟁력 향상에 관련되는 연구개발사업의 기획·추진에 관한 사항, ② 여성과학기술인의 사기진작에 관한 사항, ③ 여성과학기술인의 고용 확대에 관한 사항, ④ 여성과학기술단체의 육성에 관한 사항, ⑤ 여성과학기술인의 양성·활용기관의 지원에 관한 사항, ⑥ 그 밖에 여성과학기술인의 양성·활용에 관한 중요 사항이다.

한편, 「여성과학기술인 육성 및 지원에 관한 법률」은 5년 단위의 기본계획과 연도별 시행계획을 세워 체계적으로 접근하도록 규정하고 있다. 특히 여학생의 이공계 진학과 진출 촉진, 이공계 대학 등의 여학생 비율의 적정 유지, 이공계 여학생에 대한 지원, 여성과학기술인에 대한 지원, 합리적 범위 안에서 여성과학기술인에 대한 채용목표 비율과 직급별 승진목표 비율 설정, 여성과학기술 담당직원의 지정, 재취업 등 교육훈련, 여성과학기술인 지원센터의 설치 등에 대해 상세하게 규정하고 있다.

　그중 여성과학기술인지원센터가 실질적으로 중요한 업무를 진행하는데, 센터의 업무는 ① 여성과학기술인의 육성·지원정책 개발을 위한 조사·연구, ② 여성과학기술인을 위한 교육·훈련·연수·상담, ③ 과학기술 관련 직종의 취업 정보 등의 제공, ④ 그 밖에 여성 과학기술인과 여성과학기술인단체의 활동 지원이다. 국가와 지방자치단체는 지원센터의 설치와 운영에 드는 경비의 전부나 일부를 지원할 수 있다(「여성과학기술인 육성 및 지원에 관한 법률」 제14조 제2항·제3항).

　또한, 여성과학기술인 채용목표제는 정부출연연구기관, 국·공립연구기관, 정부투자기관 부설연구기관 등을 대상으로 실시하고 있으며, 신규 채용 연구원 중 여성의 비율목표를 제시하고, 이의 달성 여부를 기관평가에 반영하는 방식으로 추진한다. 이 제도는 '국민의 정부'에서 착수되었다.

7) 은퇴 과학기술인의 활용 확대

은퇴 과학기술인은 소중한 과학기술 인력자원이다. 전문경력인사 활용제도,[2] 중소기업 기술지도제도(techno doctor), 과학기술정보수집제도(ReSeat프로그램 : Retired Scientists and Engineers for Advancement of Technology) 등이 운용되고 있지만, 그 폭이 넓지 못하여 그들을 충분히 활용하는 데 미흡하다.

　은퇴 과학기술인 활용제도는 과학기술 인력문제뿐만 아니라 노인문제의 해결까지 가능하기 때문에 각별한 노력을 기울여야 한다.

8) 해외 과학기술 인력의 유치·활용

정부는 국내에 현저히 부족한 분야의 과학기술자를 해외에서 유치하도록 지원할 수 있다. 전반적·무차별적 차원이 아니라, 분야별로 최상급 인재를 구하는 방법으로 실시하는 것이다.

---

2) 이 제도는 1994년에 도입하였으며, 당초에는 주로 1급 이상의 공무원 및 이에 준하는 인사들이 퇴직 후 그들이 보유한 경륜을 비수도권 대학의 학생들에게 전수하도록 기획되었다.

우리나라는 세계에서 매우 유리한 여건을 보유하고 있다. 해외 주요 국가에 약 700만 명의 동포를 갖고 있다. 중국에 약 270만 명, 미국에 약 220만 명, 일본에 약 90만 명이 살고 있으며, 이 밖에도 유럽·러시아·남미·호주 등 세계 각지에 분포되어 있다. 세계 각국에 가장 골고루 분포되어 거주하고 있는 민족이 다름 아닌 우리 한민족인 것이다. 이 것은 과거 일본의 강압지배에서 비롯된 인원을 포함하고 있어 우리 역사의 슬픈 그늘이지 만, 지금은 우리에게 대단한 기회를 제공해 주고 있다. 여기에서 과학기술 도약의 승기를 잡을 필요가 있는 것이다. 이를 위해 1999년 7월부터 가동된 것이 '한민족 과학기술자 네트워크(KOSEN)'이다.

국내의 과학기술 사업에 필요한 인재는 언제든지 해외에서 영입하고, 필요한 기간 동안 아무 불편 없이 국내에 거주할 수 있도록 주거·자녀교육·의료·문화생활 등의 분야에서 적극 지원해야 한다. 정부는 외국인 기술자의 국내 유치 활용을 촉진하기 위하여 외국인 기술자에 대한 소득세 감면제도를 운영하고 있다. 정부출연연구기관이나 기업에 근로를 제공하고 받는 소득에 대하여 최초 2년 동안 소득세의 50%를 감면해 주는 제도이다. 다만, 2011년 12월 31일 이전에 근로가 시작되어야 한다(「조세제한특례법」 제18조 제1항). 이 제도를 이용할 경우에는 정부출연연구기관 등에서 지급해야 될 인건비의 부담이 그만큼 줄어들어 외국 과학기술자의 활용을 촉진한다.

정부는 이외에도 '세계수준의 연구중심대학 육성사업(WCU)' '세계수준의 연구소 육성사업(WCI)' '글로벌 연구실 사업' 등을 추진하고 있다.

9) 과학기술자의 자유 이동여건 조성

과학기술자들이 원하는 교육기관이나 연구기관으로 자유롭게 이동하도록 여건을 조성해야 한다. 그렇게 하면, 과학기술자의 수요와 공급 사이의 마찰이 줄어들고, 수요와 공급 사이의 원활한 연계가 촉진될 수 있다. 기존의 과학기술자를 통하여 신규 수요를 신속하게 충족시킬 수 있는 방법이다.

과학기술자의 자유로운 이동성(mobility) 증진은 프로젝트 중심의 활동을 강화한다. 프로젝트를 중심으로 과학기술자의 이합집산이 이루어질 수 있다. 그렇게 되면, 과학기술프로젝트를 위한 드림팀의 구성이 용이하며, 그만큼 과학기술 프로젝트의 성공률이 높아질 것이다.

과학기술자의 자유로운 이동을 위해서는 기관별 정규직과 비정규직의 구분이 없어져야 하며, 신분이나 급여의 차이가 없어져야 한다. '과학기술자 이력관리제도'를 활용하면 과학기술자에 대한 확인이 용이하여 신뢰 풍토를 진작할 수 있다. 거기에 과학기술자의 경력, 업적, 능력이 담겨 있기 때문이다.

4. 과학기술 인력의 사기진작정책

1) 기본 입장의 정립

과학기술자의 "사기가 진작되어 있다."는 것은 "불만이 없다."는 것에서 출발한다. 불만이 없어지면, 연구개발에 전념할 의욕이 높아진다. 따라서 사기진작이라는 추상적 상태를 직접 겨냥하는 것보다는 불만의 원인을 파악하여 해결하는 것이 실체적 접근이다. 또 한 가지 중요한 것은 불만의 개별화 현상이다. 비교적 공통의 불만도 있지만, 따져보면 그 정도는 개별적으로 다양하다. 개개인의 사기를 진작시키기 위해서는 개개인의 불만을 해소해야 한다. 개개인의 불만은 개개인과의 합의를 통해 해결책을 마련해야 한다.

따라서, 과학기술자와 정부는 [그림 3-10]의 기본적인 틀에 합의해야 한다.

그림 3-10 과학기술자와 정부의 바람직한 기본 합의 틀

첫째, 연구개발비 등 연구개발에 필요한 투입요소는 과학기술자가 원하는 방향으로 충족시켜 주는 것이 합리적이다. 이것은 정부의 몫이다. 연구개발비 등의 투입요소를 충실하게 제공하지 않은 상태에서 과도한 성과를 과학기술자에게 요구하는 것은 이치에 맞지 않다. 둘째, 연구개발 활동은 전적으로 과학기술자의 몫이다. 과학기술자가 원하는 방식대로 수행하도록 정부는 일임해야 한다. 셋째, 연구개발 성과는 과학기술자의 의무이다. 정부와 사전에 합의된 성과를 산출해야 한다. 과학기술자는 약속을 반드시 지켜야 한다. 약속한 성과를 산출하지 못한 과학기술자는 어떤 불만도 표출해선 안 된다. 넷째, 정부는 우수한 성과를 창출한 과학기술자의 업적에 대하여 보상을 실시한다.

이상과 같은 원칙 아래 과학기술자와 정부가 구체적 사안별로 협의를 진행하면, 서로에 대한 불만이 줄어들고, 양측이 만족하는 상태를 찾아갈 수 있을 것이다.

2) 사기진작의 구성 대안

과학기술자의 사기진작을 위한 예우는 기본 예우와 업적 예우로 구분하여 설정하는 것이 합리적이다. 국가발전과 국민생활 향상에 과학기술의 역할이 크기 때문에, 과학기술을 개발하는 과학기술자에 대한 기본 예우 수준이 높아야 되는 것은 당연하다. 그중 중요한 것은 급여, 정년, 주택, 자녀학교, 문화시설 등이다.

그림 3-11 과학기술자 예우의 구성

기본 예우를 뛰어넘는 예우는 업적에 대한 보상 차원에서 주어지는 것이 합리적이다. 다른 분야의 인재들과의 비교에서도 공평하다. 과학기술자이기 때문에 무조건 과다한 예우를 요구하거나 부여하는 것은 사회적 형평성에 부합하지 않는다. 우수한 업적을 창출한 과학기술자에 대한 인센티브에는 성과급 제공, 사회적 명예 부여, 휴가 등의 레저생활 기회 부여, 연구연가 등 능력향상 기회부여, 연구비 증액 등이 있을 것이다.

기본 예우와 업적 예우의 내용 구성과 전체 비중 등은 과학기술자와 정부가 합의하여 정한다. 기본적으로 과학기술자의 국가적 중요성을 감안해야 하지만, 권리와 의무에 충실한 방향으로 설정되어야 한다.

3) 주요 사기진작 시책

(1) 경제적 안정성 강화

과학기술자의 보수가 다른 직종에 비하여 기본적으로 많아야 한다. 과학기술자의 재직 중 업적에 대한 보상은 퇴직 이후에도 보장되어야 한다. 우리나라에서는 기술료 수입의 50%를 해당 연구팀 참여자에게 배분하는데, 퇴직 이후에도 그 혜택을 받도록 제도화되어 있다.

(2) 정년의 연장·장기화

2011년 1월 1일 현재 정부출연연구기관 연구원의 정년은 61세, 국립대학 교수의 정년은 65세이다. 대부분의 과학기술자들이 아직 왕성하게 활동할 수 있는 시기이다. 정년을 늘려서 능력 있는 과학기술자들이 계속해서 과학기술 활동을 할 수 있도록 기회를 제공해야 한다. 우리나라의 정부출연연구기관에서는 계약에 의한 '정년 후 연장근무제도[3]'를 시행하고 있다. 그러나 보다 바람직한 상태는 정년이 사전에 정해지지 않는 '무정년제'이다. 능력이 있

---

[3] 이 제도는 2003년도 과학기술부 업무계획 보고회로 거슬러 올라간다. 당시 과학기술부에서는 정부출연연구기관 연구원의 '무정년제도'를 시행하겠다고 보고하였다. 능력 있는 과학기술자에게는 나이에 상관없이 계속 연구할 기회를 부여하려는 취지였다. 그러나 청와대와 외부 배석자로부터 반대가 쏟아졌다. 정부의 개혁방향에 어긋난다는 것이었다. 당시 과학기술부에서는 정부출연연구기관 연구원의 사기진작 필요성에 대하여 노무현 대통령께 진지하게 건의하였다. 그러자 노무현 대통령께서 '정년 후 연장계약제'라는 명칭을 현장에서 붙여주셨다. 능력 있는 연구원에게는 정년 이후에도 계약에 의해 계속 근무할 기회를 부여하라는 의미였다.

는 한계연령까지 과학기술자의 활동기회를 부여하는 것이다.

(3) 과학기술자에게 명예를 부여하는 방안

과학기술자에게 명예를 부여하는 방안에는 상을 수여하는 것과 명예의 전당에 헌정하는 방안, 사회적 우대 등의 방안이 있다. 우리나라는 과학기술자를 위한 별도의 '과학기술 훈·포장(창조장, 혁신장, 웅비장, 도약장, 진보장, 포장)' 제도를 운영하고 있다. 또한 대한민국 최고과학기술인상, 과학상, 공학상, 젊은 과학자상,[4] 젊은 공학자상, 여성과학기술인상, 이달의 과학기술자상, 이달의 엔지니어상[5] 등 다양한 시상제도가 있다. 그중 대한민국 최고과학기술인상은 2003년부터 시상하였는데, 상금이 1인당 3억 원이다. 이것은 우리나라 최고 액수의 상금을 다름 아닌 과학기술자에게 시상함으로써 과학기술자의 위상과 사기를 높이려는 취지를 담고 있다. 과학기술인 명예의 전당은 2002년에 만들어졌으며(서울국립과학관 → 과천국립과학관), 2010년까지 총 27명을 헌정하였다.

과학기술자에 대한 사회적 우대의 한 방법으로는 일정 수의 과학기술자를 주요 정당의 전국구 국회의원으로 등원시키는 것이다. 상원과 하원으로 구성되어 있는 국가에서는 상원의원으로 등원시키는 사례가 있다.

(4) 후생복지시설 및 제도

과학기술자가 재직 중에는 물론, 퇴직 이후에도 마음 놓고 편안하게 이용할 수 있는 고급 후생복지시설도 대단히 중요하다. 과학기술자를 위한 문화시설 · 체육시설 · 휴양시설 · 육아보육시설과 퇴직 이후에 생활안정을 위한 제도적 지원도 여기에 해당한다.

우리나라의 현황을 보면, 과학기술자의 후생복지를 위한 종합적이고 체계적인 제도는 없다. 대덕연구개발특구 안에 있는 퍼블릭 골프장 · 수영장 · 어린이 보육시설 등과 과학기술인공제회가 있다.

---

4) 40세 미만의 과학자에게 수여하며, 부상은 매년 3천만 원씩 5년간 연구비를 지급한다.
5) 매월 대기업 소속 엔지니어 1인과 중소기업 소속 엔지니어 1인에게 수여되며, 산업현장의 엔지니어를 격려하기 위해 도입된 제도이다.

그림 3-12 대덕연구개발특구 어린이집

　그중 과학기술인공제회는 2002년 12월 26일 제정된 「과학기술인공제회법」에 의하여 설립되었다. 과학기술인공제회의 회원 자격은 정부출연연구기관, 기업부설연구소, 산업기술연구조합, 엔지니어링업체 등의 임직원으로서, 회원이 되고자 하는 자는 가입신청서를 제출하고 최초의 부담금을 납입해야 한다(동법 제6조). 과학기술인공제회의 자본금은 회원 또는 사용자의 부담금, 정부 또는 지방자치단체의 보조금과 출연금, 그 밖의 자의 출연금이다(동법 제17조). 과학기술인공제회가 과학기술인을 위해 수행하는 주요 사업은 퇴직연금급여 사업, 공제급여 사업, 복지후생 사업 등이다(동법 제16조).

3 과학기술 정보정책

　과학기술 정보는 창의적이고 효율적인 과학기술 활동의 혈액이다. 이미 발견된 과학기술에 대한 정보를 알고 있으면 '인정받지 못할 발견'에 쏟을 열정을 아낄 수 있다. 이미 정리된 자료를 활용하면 시간과 자원을 절약할 수 있고, 다른 학자들의 연구결과를 검토하는 과정에서 창의적인 아이디어의 단서를 얻을 수 있다. 이처럼 과학기술 정보는 창의성 시간 전쟁에서 승자가 될 수 있는 강력한 무기이다.

1. 과학기술 정보정책의 의의

1) 과학기술 정보는 무엇인가?

과학기술 정보는 과학기술에 관련된 정보를 총칭하는 말이다. 과학기술뿐만 아니라 연구개발과제, 연구원, 연구개발 시설에 관한 정보 등을 망라한다.

과학기술 정보의 중심을 이루는 연구개발과제 정보는 연구개발목표 정보, 연구개발투입 정보, 연구개발산출물 정보로 나눌 수 있다. 첫째, 연구개발목표 정보는 전략기술 · 전략목표 · 개발일정 등으로 구성된다. 둘째, 연구개발투입 정보는 연구개발비 · 연구개발팀 · 연구개발시설 · 연구개발정보망 등이다. 셋째, 연구개발산출물 정보는 연구보고서 · 논문 · 특허 · 노하우 · 파일럿 플랜트 · 시제품 등이다.

과학기술 정보는 여러 가지 유형으로 분류될 수 있다. 첫째, 존재 양태에 따라 문헌 정보 · 영상 정보 · 구두 정보로 분류된다. 둘째, 공개 여부에 따라 공개 정보와 미공개 정보로 나누어진다. 셋째, 공식화 여부에 따라 공식 정보와 비공식 정보로 분류된다.

과학기술 정보의 생명력은 정보의 중요성 · 정확성 · 완전성 · 적시성 등이다. 그중 정보의 중요성은 정보의 가치에 관한 사항이다. 정보의 적시성은 시간을 놓치지 않아야 됨을 강조한다. 초고속 무선 인터넷과 스마트 폰 등을 이용한 유비쿼터스(ubiquitous) 정보 전달은 정보의 적시성을 크게 향상시킨다.

과학기술 정보의 가치를 높이려면 정리 · 유통 · 활용 · 보호에 역점을 두어야 한다. 첫째, 정보를 의미 있게 정리해야 한다. 핵심사항과 배경 및 참고사항으로 구분하여 정리해야 한다. 이렇게 정리된 정보는 활용하기에 매우 편리하다. 둘째, 정보의 효율적인 유통체제를 구축해야 한다. 셋째, 기존의 정보에서 새로운 아이디어 · 전략 · 모델 · 패러다임 등을 이끌어내야 한다. 넷째, 정보의 분실 · 파괴 · 도난 · 훼손 등을 막아야 한다.

2) 과학기술 정보정책의 과제

과학기술 정보정책의 목표는 과학기술 정보의 원활한 흐름을 촉진하는 것이다. 포괄범위는 국내의 연구개발정보가 막힘없이 흐르도록 시스템을 구축하는 데 그치는 것이 아니라, 해

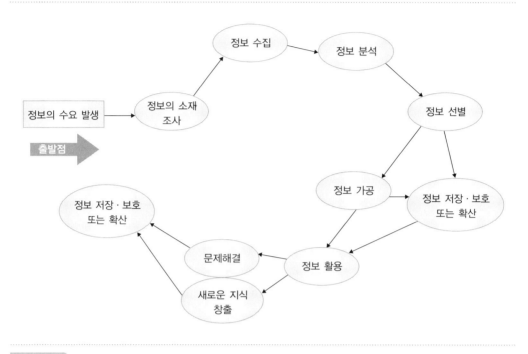

그림 3-13 과학기술자에 의한 과학기술 정보작업의 흐름도

외 과학기술 정보에 신속하게 접근할 수 있도록 해주어야 한다.

과학기술 정보정책은 [그림 3-13]에서 보는 바와 같이, 수요자인 과학기술자의 시각에서 출발해야 한다. 과학기술자가 활동을 하는 데 필요한 정보의 소재파악단계부터 도움을 주어야 한다. 이어서 정보의 수집단계, 분석단계, 가공단계, 저장단계, 확산단계에서도 필요한 지원을 할 수 있어야 한다.

과학기술 정보를 수집하여 분석·선별한 후 데이터베이스(DB)화하여 저장한 이후에 가장 심혈을 기울여야 할 사항은, 해당 데이터베이스를 실시간으로 현재화(updating)하는 것이다. 막대한 자금과 인력을 투입하여 완벽하게 제작된 데이터베이스가 2~3년이 지난 후 효용성을 발휘하지 못하는 근본이유는 현재화 작업을 지체한 때문이다. 데이터베이스는 제작하는 것 못지않게 중요한 것이 바로 현재화 작업이라는 점을 염두에 두어야 한다.

이와 더불어 데이터베이스에 대한 검색이 용이해야 한다. 동일한 자료에 대해서도 가급적 많은 검색어를 지정해야 한다. 그래야만 해당 자료에 대한 적확한 지식이 없는 사람도 용이하게 검색할 수 있기 때문이다.

「과학기술기본법」(제26조)는 과학기술 정보에 대한 정부의 임무를 명시하고 있다. 첫째, 정부는 과학기술과 국가연구개발사업 관련 지식과 정보의 생산·유통·관리·활용을 촉진할 수 있도록 ① 지식·정보의 수집·분석·가공과 데이터베이스 구축, ② 지식·정보망의 구축·운영, ③ 지식·정보의 관리, 유통기관 육성 등에 관한 시책을 세우고 추진해야한다. 둘째, 정부는 과학기술과 국가연구개발사업 관련 지식·정보가 원활하게 관리·유통될 수 있도록 지식재산권 보호제도 등 지식가치를 평가하고 보호하는 데에 필요한 시책을세우고 추진해야 한다.

2. 과학기술 정보 요소의 강화정책

1) 과학기술 정보시스템의 하드웨어의 강화

과학기술 정보시스템의 하드웨어는 과학기술 정보의 전달경로이다. 과학기술이 무엇을 통하여 정보 수요자에게 전달될 수 있느냐이다.

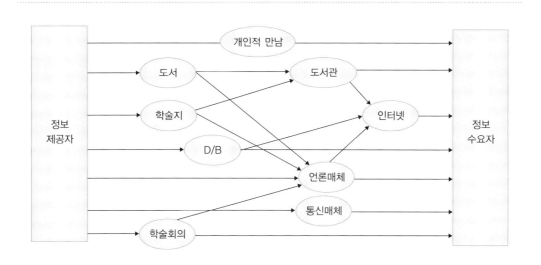

그림 3-14 과학기술 정보전달의 매개물과 매개체

과학기술 정보가 전달되는 경로는 [그림 3-14]와 같이 매우 다양하다. 가장 기본적인 매개물은 도서, 학술지와 구두전달이다. 이들은 도서관, 인터넷, 언론매체, 통신매체, 학술회의, 개인적 만남 등을 통해 확산된다. 이러한 과학기술 정보의 매개물과 매개공간을 확대하는 것이 과학기술 정보정책의 우선적 과제이다.

과학기술 정보의 원활한 가공과 유통을 지원해 주는 하드웨어는 초고속 통신망과 고성능 컴퓨터이다. 첫째, 초고속 통신망은 정보의 전달 용량과 속도를 좌우한다. 우리나라에서는 연구전산망(KREONet : Korea Research Environment Open Network)을 구성하여 운영하고 있다. 대전에 소재한 한국과학기술정보연구원에 본부를 두고, 서울 · 대덕 · 광주 · 부산 · 대구 · 포항 · 강릉 · 창원 · 오창 등지에 지역지원센터를 설치하여 상호 연계하여 운영하고 있다. 또한 KREONet은 GLORIAD-KR과 연계되어 홍콩과 미국의 거점을 거쳐 전 세계의 연구전산망과 연계되어 있다.

둘째, 컴퓨터의 용량이 정보처리의 양과 속도를 결정한다. 2009년에 한국과학기술정보연구원에 설치한 슈퍼컴퓨터 4호기는 0.27페타 플롭스의 성능을 갖고 있다. 2010년 6월 기준으로 세계 15위 수준이다.

2) 과학기술 정보시스템의 소프트웨어 강화

과학기술 정보정책의 또 하나의 축은 하드웨어를 활용할 수 있는 소프트웨어이다. 과학기술 정보를 하드웨어에 담아 가공 후 보급하고, 그 밖에도 여러 가지 활동을 할 수 있는 시스템이다. 언제, 어디서나 가장 최신의 정보를 한눈에 볼 수 있도록 일목요연하게 정리하는 방식을 개발하거나, 원하는 과학기술 정보가 있는 곳을 만드는 것도 여기에 포함된다.

우리나라에서 구축한 과학기술 정보시스템은 국가과학기술종합정보시스템, 전문연구정보센터, 한국연구재단의 정보시스템, 각 분야별 전담기관의 시스템 등이 있다.

(1) 국가과학기술종합정보시스템(NTIS)[6]

국가과학기술종합정보시스템(NTIS : National Science & Technology Information

---

6) 국가과학기술종합정보시스템은 법률상의 명칭이며, 실제로는 국가과학기술지식정보서비스로 표기되고 있다.

System)은 2005년 7월 국가과학기술위원회에 구축계획이 보고되면서 본격적으로 추진되었다. 목표는 과학기술 정보를 언제, 어디서나, 쉽고 편리하게 이용할 수 있는 정보환경을 국가차원에서 구축하는 것이었다. 최종 비전은 국가연구개발 투자의 효율성과 생산성 제고를 통하여 혁신주도형 선진경제로의 도약에 기여하는 것이었다.

NTIS의 4대 구축전략은 ① 고객 요구에 맞추어 정보를 제공하는 수요자 맞춤형시스템, ② 한번의 로그인으로 모든 정보에 접근하는 One-stop체계, ③ 정보 생산과 활용의 효율을

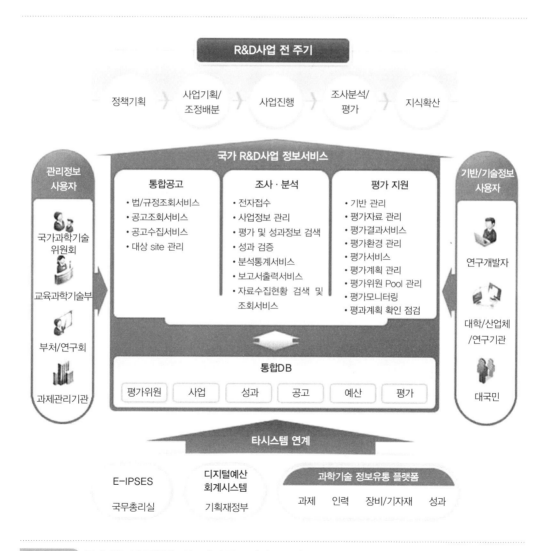

그림 3-15 국가과학기술종합정보시스템의 주요 서비스 구성도

높이는 표준화시스템, ④ 분산된 정보와 시스템을 상호 연결하는 운영체제(플랫폼)를 기반으로 하는 시스템 간의 연계·통합이다.

NTIS의 5대 핵심기능은 ① 국가기술 혁신전략 수립 지원, ② 과학기술 혁신정책과 국가연구개발사업의 종합조정 지원, ③ 산·학·연 혁신주체의 연구개발 수행 지원, ④ 국가연구개발사업 성과관리와 확산·산업화 지원, ⑤ 산·학·연 간의 협력과 지역혁신 클러스터 지원이다. 과학기술 혁신활동의 전 주기를 지원하는 것으로 설정되었다.

2010년 현재 국가과학기술정보시스템에서 검색할 수 있는 정보는 사업 관리, 인력, 장비와 기자재, 성과, 국가연구개발사업 현황, 지역연구개발 정보, 과학기술통계, 기술·산업 정보 등이다. 국가과학기술종합정보시스템의 주요 서비스 구성도는 [그림 3-15]와 같다.

한편, 국가연구개발사업에 관한 주요 정보는 언제든지 NTIS에 연결하도록 제도화되어 있다. 예를 들면, 중앙행정기관의 장은 연구개발과제의 정보, 평가위원과 평가 결과, 연구성과, 실패한 연구개발과제 정보 등 모든 연구개발정보에 관한 전문기관의 정보관리시스템을 NTIS에 연계해야 한다(「국가연구개발사업의 관리 등에 관한 규정」 제25조 제4항).

(2) 전문연구정보센터

정부는 기초연구에 필수적인 전문연구정보를 수집·가공하여 가치 있는 연구정보를 생성하고, 이를 연구자들이 공동 활용할 수 있도록 1995년부터 전문연구정보센터를 선정하여 지원하고 있다. 중앙센터와 분야별 센터를 두고 있는데, 중앙센터는 전문연구정보 활용사업의 중·장기 발전전략을 수립하고 분야별 센터의 체계적 통합관리를 추진한다. 분야별 센터는 특성을 고려한 연구동향, 연구자원 정보 DB 구축, 특성화 콘텐츠 개발과 서비스, 연구자 네트워크 활성화 등을 지원한다. 중앙센터는 매 3년마다 평가하여 계속 지원 여부를 결정하고, 분야별 센터는 5년까지 지원한다.

전문연구정보센터의 대표적 성과는 ① 연구성과·연구동향과 연구자원 정보 DB 구축, ② 특성화 콘텐츠 개발·구축과 서비스 실시, ③ 멀티미디어 콘텐츠 구축과 정보 제공, ④ 연구자를 위한 웹진과 뉴스레터 발행, ⑤ 전문 분야 네트워크 구성과 커뮤니티 채널 확보, ⑥ 전문연구정보 DB서비스 실시 등이다.

(3) 전문기관의 정보시스템

분야별 전문기관은 개별적 정보시스템을 구축하여 이용에 제공하고 있다. 한국연구재단의 경우에는 기초연구사업 지원과제 목록을 전자매뉴얼로 공개하고 있으며, 한국학술지 인용 색인과 국가연구업적 통합정보시스템을 구축하여 서비스하고 있다.

(4) 국가연구개발정보관리위원회 운영

정부는 국가연구개발사업의 연구개발정보를 체계적으로 관리하기 위하여 교육과학기술부 소속으로 '국가연구개발정보관리위원회'를 두고 있다. 이 위원회는 ① 국가연구개발사업 연구개발정보 관리계획의 수립과 시행, ② 국가과학기술종합정보시스템(NTIS)의 정책방향과 종합계획, ③ 그 밖에 국가연구개발사업 연구개발정보의 관리에 필요한 사항을 심의한다(「국가연구개발사업의 관리 등에 관한 규정」 제26조).

3. 과학기술 정보보호정책

정보화 시대가 진전될수록 타인의 과학기술 정보를 몰래 빼가거나 훼손시키는 사례가 크게 늘고 있다. 아무리 우수한 과학기술을 개발하더라도 해킹당하면 타인에게 그 자리를 내주고 만다. 따라서 새로운 과학기술의 앞선 개발과 더불어 정보망 등을 통한 도난을 방지하는 것이 대단히 중요하다.

과학기술 정보를 완벽하게 보호하기 위해서는 첫째, 우수한 보안제품을 구매하여 설치해야 한다. 강력한 방화벽을 설치하는 것이다. 둘째, 정보보호에 관한 기본적 소양과 능력을 강화해야 한다. 정부는 2011년부터 사용하는 중학교 2학년 기술·가정교과서에 정보보안 관련 내용을 보강하였다. 중점내용은 정보통신기술의 발달에 따른 부작용과 피해를 막는 방법, 해킹과 개인정보 유출을 막기 위한 노력, 사이버 공격의 비윤리성 교육, 정보통신 예절교육 등이다. 마지막으로, 과학기술자와 과학기술공무원 각자가 자기 영역의 과학기술 정보의 보호에 필요한 노력을 일상적으로 기울여야 한다.

참고로 안철수연구소가 소개한 정보보호 10대 요령은 ① 자신이 가입한 사이트 패스워드 변경, ② 주민번호 유출시 명의도용 차단서비스 이용, ③ 계좌번호 유출시 보이스 피싱에 주의, ④ 자주 사용하지 않는 웹 사이트는 회원 탈퇴, ⑤ 해킹 피해자 모임은 믿을 수 있는 곳에만 가입, ⑥ PC방 등에서는 인터넷 쇼핑이나 금융거래 자제, ⑦ 윈도 운영체제는 최신 보안패치 적용, ⑧ 웹 사이트 접속시 사이트 보안프로그램 이용, ⑨ 엑티브X프로그램은 신뢰할 수 있는 기관만 설치, ⑩ 메신저 사용시 첨부파일을 함부로 실행하지 않는다(매일경제, 2008. 9. 9).

4 과학기술 인프라정책

다수의 과학기술자가 공동으로 사용할 수 있는 인프라시설은 실로 대단히 중요한 역할을 수행한다. 과학기술 활동을 체계적으로 뒷받침하는 차원의 소프트 인프라도 소중하다. 과학기술 인프라가 충실하게 제공될수록 개별 연구기관이나 연구자의 연구개발비 부담이 줄어들고 연구개발 성과도 높아진다.

1. 과학기술 인프라는 무엇인가?

일반적으로 인프라(infrastructure)는 특정한 생산주체에 속하여 사적인 생산 활동에 직접적으로 참여하는 것이 아니라, 국민경제 전체의 기반이 되어 모든 경제주체의 활동에 필요한 기초서비스를 제공함으로써 생산과 경제 활동을 간접적으로 지원하는 자본이나 시설을 말한다(왕세종, 2005, p.5).

인프라는 시설 측면, 수요 측면, 투자 측면, 영향력 측면에서 각각 특징을 갖고 있다(왕세종, 2005, p.7). 첫째, 시설 측면에서는 대규모이면서도 불가분의 특성을 보유하고 있다. 따라서 투자의 회임기간이 길고 경제성이 낮을 가능성이 있다. 둘째, 수요 측면에서는 저장과 연기가 상당히 어려운 반면에 가격과 소득에 대한 탄력성이 매우 낮다. 셋째, 투자 측면에서는 투자 효과의 직접적인 측정과 평가가 곤란하며, 시장기능의 실패로 정부의 개입이 필연적으로 요구된다. 넷째, 영향력 측면에서는 장기적 효과가 기대되어 외부경제를 창출하며, 수혜의 대상과 범위가 매우 넓다.

─⊂ஈ **표 3-4** 주요 과학기술 인프라

하드 인프라	소프트 인프라
• 과학기술 연구단지 • 과학기술 연구기관 • 대형 연구시설 및 장비 등	• 사이버 협동연구시스템 • 연구실 안전시스템 • 국가표준 • 과학기술 시민단체 • 과학기술계 연구문화 등

인프라는 하드 인프라와 소프트 인프라로 분류된다. 하드 인프라는 도로 · 철도 · 항만 · 공항 · 전기 · 전화 · 가스 · 상하수도 · 병원 · 공원 · 학교 · 공공주택 등이며, 소프트 인프라는 사회의 틀 · 제도 · 사고방식 · 아이디어 등이다(김성득, 2003, p.28). 한편, 인프라는 물리적 인프라와 사회적 인프라로도 분류된다. 물리적 인프라는 도로 · 항만 · 통신망 · 상하수도 · 전기 등을 말하며, 사회적 인프라는 대학 · 연구소 · 금융기관 · 교육훈련기관 · 지방정부 등을 말한다.

과학기술 인프라는 〈표 3-4〉에서 보는 바와 같다. 하드 인프라에는 과학기술 연구단지, 과학기술 연구기관, 대형 연구시설 및 장비 등이 있다. 소프트 인프라에는 사이버 협동연구시스템, 연구실 안전시스템, 국가표준, 과학기술 시민단체, 과학기술계 연구문화 등이 있다.

2. 과학기술 연구단지

과학기술 연구단지는 입주기관 사이의 협력을 통해 각종 위험과 비용을 분담하고, 기술과 경영 노하우를 공유하기 위하여 조성한다. 입주기관이 공동으로 추진할 수 있는 일은 연구개발, 교육 · 훈련, 정보교류, 창업보육, 시험생산, 사업화 등이다.

1) 과학기술 연구단지의 발전 사례

과학기술 연구단지의 핵심기관은 대학과 연구소이지만, 대학이 중심이 되어 발전하는 유형과 연구소가 중심이 되어 발전하는 유형으로 나눌 수 있다.

대학이 중심이 되어 발전하는 대표적인 사례는 미국의 실리콘밸리이다. 실리콘밸리는 스탠포드대학교에서 태동하였다. 스탠포드대학교의 우수한 졸업생이 다른 지역으로 떠나는 것을 방지하기 위하여 Fred Terman 공과대학장이 Hewlett과 Packard에게 모교 근처에서 창업할 것을 권유했고, 인근의 차고에서 실리콘밸리 제1호 기업 휴렛패커드(HP)를 창업하였던 것이다. 휴렛패커드의 뒤를 이어 많은 벤처기업이 창업되었고, 세계 최대의 전자산업단지를 형성하기에 이르렀다.

연구소가 중심이 되어 발전한 대표적인 사례는 프랑스의 소피아앙티폴리스이다. 프랑스 정부는 1972년 지중해 연안의 휴양지인 니스에 과학도시를 건설하였다. 휴양지에 과학도시를 건설하면 우수한 과학기술자가 편안한 마음으로 연구에 전념할 수 있을 것으로 생각했었다. 그러나 입주기관이 예상만큼 많지 않았다. 이에 프랑스 정부는 석유 관련 국책연구소를 정책적으로 입주시켜 소피아앙티폴리스의 확장에 시동을 걸었다. 거기에 더하여 대대적인 인센티브를 제시하였다. 연구개발비용의 30%를 비용으로 처리하여 세금을 감면해 주고, 입주하는 벤처기업의 법인세를 창업 초기 3년 동안 100% 면제, 그 후 2년 동안 50% 감면해 주기로 방침을 정하였다. 또한 입주기업에 대해서는 연구개발비의 60%를 저리로 융자해 주겠다는 방안을 발표하였다. 이와 같은 파격적인 혜택을 통하여 에어프랑스 전산센터를 유치하는 데 성공하였으며, 그 후에 글로벌 기업이 대대적으로 입주하는 성과를 거두었다.

우리나라의 대덕연구단지는 기본 패턴이 소피아앙티폴리스와 흡사하다. 정부는 1972년에 대덕연구단지 건설에 착수하여 정부출연연구기관을 대대적으로 입주시킨 후 기업연구소를 입주시켰고, 30년만인 2002년에 공식적으로 완공하였다. 그러나 기술혁신이 예상대로 활발하지 아니하여 2005년에는 벤처생태계 조성을 중심으로 하는 대덕연구개발특구로 재편하였다.

반면에 광주첨단과학산업단지는 실리콘밸리와 비교적 유사한 경로를 밟고 있다. 광주첨단과학산업단지는 1995년에 개교한 광주과학기술원을 중심으로 대기업 공장과 정부 연구기관 등을 입주시켜 발전하고 있다.

2) 과학기술 연구단지에 대한 우리나라의 지원제도

우리나라 정부는 산업계·학계·연구계가 한곳에 모여 서로 유기적으로 연계하는 데 따른 효율을 높이고, 국내외 첨단 벤처기업을 유치하거나 육성하기 위하여 과학연구단지를 만들거나 조성을 지원할 수 있으며, 특히 예산의 범위 안에서 지방자치단체가 주관하는 과학연구단지 조성사업에 든 비용의 전부 또는 일부를 지원할 수 있게 하였다(「과학기술기본법」 제29조 제1항·제2항).

보다 상세하게 살펴보면 다음과 같다. 첫째, 과학연구단지는 국가과학연구단지와 지방과학연구단지로 구분하되, 각각 「산업입지 및 개발에 관한 법률」에서 정하는 국가산업단지 또는 지방산업단지의 지정·개발 절차에 따라 조성한다(동법 시행령 제43조 제1항). 둘째, 교육과학기술부 장관은 정부출연연구기관, 대학, 국·공립연구기관, 기업부설연구소 및 산업기술연구조합 중 2개 이상의 기관이 입주한 지역을 중심으로 관계 중앙행정기관의 장과 협의하여 과학연구단지로 지정할 수 있다(동조 제2항). 셋째, 지정된 과학연구단지는 국가연구개발사업, 민간기술개발지원, 과학기술인 상호교류, 과학기술진흥기금, 과학기술 및 국가연구개발사업 관련 지식·정보의 관리·유통체제, 연구개발시설 및 장비의 고도화 등에서 우선적인 지원을 받을 수 있다(동조 제3항). 넷째, 지방자치단체의 장이 과학연구단지 조성에 소요되는 예산을 지원받기 위해서는 매년 4월 30일까지 ① 과학연구단지 개발계획서, ② 사업 소요명세서, ③ 그 밖에 지원금 예산요구에 필요한 사항에 관한 서류를 첨부하여 교육과학기술부에 신청해야 한다(동조 제5항).

2011년 1월 현재 지방과학연구단지는 광주, 전북, 강릉, 오창, 부산, 대구, 전남, 구미에 지정되어 있다.

3) 연구개발특구의 지정 및 육성

연구개발특구는 「대덕연구개발특구 등의 육성에 관한 특별법」에 의하여 지정·육성되는 과학기술산업단지이다. 연구개발특구란 "연구개발을 통한 신기술의 창출 및 연구개발 성과의 확산과 사업화 촉진을 위하여 조성된 지역"을 말한다(동법 제2조 제1호).

　　대덕연구개발특구는 「대덕연구개발특구 등의 육성에 관한 특별법」에 의하여 대전광역시 유성구·대덕구와 인근지역으로 정해졌다. 다른 지역이 연구개발특구로 지정되기 위해서는 ① 국가연구개발사업을 수행하는 대학, 연구소와 기업이 집적·연계되어 있을 것, ② 연구개발 성과의 사업화와 벤처기업의 창업을 하기에 충분한 여건을 갖추고 있을 것, ③ 과학기술혁신에 대한 기여도가 다른 지역보다 우수할 것, ④ 외국대학·외국연구기관·외국인투자기업의 유치여건이 조성되어 있을 것 등의 요건을 갖추어야 한다(동법 제4조 제3항). 특히 연구기관과 대학에 대해서는 보다 상세한 규정이 있는데, 연구기관은 국립연구기관 또는 정부출연연구기관(분원 포함) 3개 이상을 포함하여 40개 이상이어야 하고, 대학은 이공계 학부를 둔 3개 이상이어야 한다(동법 시행령 제5조 제1호). 2011년 1월에 광주연구개발특구와 대구연구개발특구가 추가 지정되었다.

　　연구개발특구의 조성과 입주에는 여러 가지 혜택이 부여된다. 첫째, 특구개발사업의 시행자에 대하여는 개발이익환수에 따른 개발부담금, 농지보전부담금, 대체초지조성비, 대체산림자원조성비, 생태계보전협력금, 공유수면의 점용료·사용료, 환경개선부담금을 감면받을 수 있다(동법 제14조 제2항). 둘째, 특구연구개발사업의 시행자, 연구소기업과 첨단기술기업은 조세지원을 받을 수 있다(동조 제1항). 셋째, 특구에서 연구개발 성과를 사업화하기 위하여 필요한 공동연구·기술개발 가운데 지식경제부 장관이 공정거래위원회와 협의한 사항에 대해서는 「독점규제 및 공정거래에 관한 법률」의 적용 특례를 인정받는다(동법 제16조). 넷째, 핵심 분야별로 전문 연구생산집적지를 육성하고(동법 제18조), 특구 안과 밖의 대학·연구소·기업이 기술 분야별 연구모임을 구성하여 교류협력을 추진하도록 지원한다(동법 제21조). 다섯째, 특구에 한정적으로 적용되는 특구연구개발사업을 추진할 수 있다(동법 제12조). 여섯째, 특구 안에 있는 외국인을 위하여 외국인학교의 설립과 운영을 지원하고(동법 제22조), 외국인 진료병원을 지정해야 한다(동법 제23조).

　　지식경제부 장관은 연구개발특구를 효율적으로 운영하기 위하여 5년마다 연구개발특구육성종합계획을 세워야 한다(동법 제6조). 이외에도 연구개발특구위원회, 연구개발특구기획단과 연구개발특구지원본부를 각각 둔다.

4) 국제과학비즈니스벨트의 조성

국제과학비즈니스벨트는 이명박정부의 대선공약으로 추진되는 사업이다. 비전은 기초과학의 획기적 진흥을 통해서 신성장 동력을 창출하고 세계 일류국가를 창조하는 것이다. 이를 위한 목표는 세계적 수준의 기초과학 연구거점 구축, 과학과 비즈니스의 융합을 통한 미래산업 창출, 저탄소 녹색성장 성공모델 구현이다.

이러한 비전과 목표를 달성하기 위한 주요 사업은 ① 세계적 수준의 기초과학연구원 설립·운영, ② 중이온 가속기 설치, ③ 지속성장 도시 조성을 위한 비즈니스 기반구축, ④ 과학과 문화예술이 융합된 국제적 도시환경 조성, ⑤ 기초과학 거점 조성과 지역연구거점과의 네트워크화이다.

정부는 이를 위하여 2011년 1월 「국제과학비지니스벨트 조성 및 지원에 관한 특별법」을 제정하여 시행하고 있다.

3. 과학기술 연구기관

1) 과학기술 분야 정부출연연구기관

정부출연연구기관은 정부가 설립과 운영비의 전부 또는 일부를 출연하는 연구기관이다. 과학기술 분야 정부출연연구기관은 정부가 출연하고 과학기술 분야 연구를 주된 목적으로 하는 기관이다(「과학기술분야 정부출연연구기관 등의 설립·운영 및 육성에 관한 법률」 제2조 제1호). 정부는 국가연구개발사업을 효율적으로 수행하기 위하여 정부가 설립과 운영에 소요되는 경비를 출연하는 연구기관, 연구지원기관 및 교육·연구기관 등을 적극 육성해야 한다(「과학기술기본법」 제32조 제1항).

정부출연연구기관은 연구와 경영에서 독립성과 자율성이 보장된다(「과학기술분야 정부출연연구기관 등의 설립·운영 및 육성에 관한 법률」 제10조). 또한, 정부출연연구기관을 지원·육성하고 체계적으로 관리하기 위하여 연구 분야별로 기초기술 분야에 대해서는 기초기술연구회를, 산업기술 분야에 대해서는 산업기술연구회를 각각 설립·운영하며, 연구

표 3-5 과학기술 분야 정부출연연구기관 현황

기초기술연구회	산업기술연구회
• 한국과학기술연구원 • 한국생명공학연구원 • 한국기초과학지원연구원 　−국가핵융합연구소 　−국가수리과학연구소 • 한국천문연구원 • 한국한의학연구원 • 한국과학기술정보연구원 • 한국표준과학연구원 • 한국항공우주연구원 • 한국원자력연구원 • 한국해양연구원 　−극지연구소	• 한국생산기술연구원 • 한국전자통신연구원 　−국가보안기술연구소 • 한국건설기술연구원 • 한국철도기술연구원 • 한국식품연구원 • 한국지질자원연구원 • 한국기계연구원 　−재료연구소 • 한국에너지기술연구원 • 한국전기연구원 • 한국화학연구원 　−안전성평가연구소

회는 소관 연구기관을 지도·관리한다(「과학기술분야 정부출연연구기관 등의 설립·운영 및 육성에 관한 법률」 제18조 제1항, 제19조). 각 연구회에는 이사회를 두어 ① 연구회와 소관 연구기관의 예산·결산·사업계획의 승인에 관한 사항, ② 소관 연구기관의 원장·감사의 임면에 관한 사항, ③ 소관 연구기관의 경영목표의 승인에 관한 사항, ④ 소관 연구기관의 기능조정·정비에 관한 사항, ⑤ 소관 연구기관의 연구실적·경영내용에 대한 평가에 관한 사항, ⑥ 소관 연구기관 간의 협동연구를 위하여 필요한 조치에 관한 사항, ⑦ 국가과학기술 분야의 혁신과 경쟁력 강화를 위한 정책의 제안에 관한 사항, ⑧ 그 밖에 정관이 정하는 사항을 결정한다(동법 제24조 제1항).

　정부출연연구기관은 1966년 한국과학기술연구소(KIST)를 시작으로 각 전문 분야별로 설치·운영되고 있다. 정부출연연구기관은 대학과 기업연구소의 연구개발기능이 활발하기 이전에는 국가 전체의 연구개발을 대부분 수행하는 중추기관이었다. 그러나 기업과 대학의 연구개발 활동이 확대됨에 따라 정부출연연구기관은 국책연구개발사업의 중심점 역할과 관련 분야별 산·학·연 연구개발 네트워크의 구심점으로서의 역할을 주로 수행하고 있다.

　2011년 1월 1일 현재 39개 기관이 〈표 3-5〉와 같이 기초기술연구회와 산업기술연구회로 편재되어 있으며, 관계 중앙행정기관 직할기관으로 자리매김하고 있는 기관도 다수 있다.

한편, 정부는 정부출연연구기관에 대해서는 평가를 실시한다. 관계 중앙행정기관의 장은 소관 정부출연연구기관에 대한 평가를 실시하고 그 결과를 국가과학기술위원회에 제출해야 한다. 다만, 연구회 소관 정부출연연구기관에 대한 평가 결과는 연구회가 제출한다(「과학기술기본법」 제32조 제2항). 평가내용은 ① 기관의 임무와 장기발전목표의 전략성, ② 연구와 사업수행의 전문성, ③ 기관 운영의 효율성, ④ 연구와 사업수행 결과의 우수성, ⑤ 그 밖에 국가과학기술위원회가 필요하다고 인정하는 사항이다. 관계 중앙행정기관의 장은 평가 결과를 관련 정책과 사업에 적극 반영해야 한다(동법 시행령 제48조).

2) 과학기술 비영리법인

과학기술 비영리법인은 정부가 직접 설립한 연구기관이 아니라, 「민법」의 규정에 따라 민간이 정부의 허가를 얻어 설립한 과학기술 비영리법인이다. 동법 제32조는 "학술, 종교, 자선, 기예, 사교 기타 영리 아닌 사업을 목적으로 하는 사단 또는 재단은 주무관청의 허가를 얻어 이를 법인으로 할 수 있다."라고 규정하고 있는데, 과학기술 비영리법인은 학술을 목적으로 한다.

정부는 과학기술의 진흥과 학술 활동을 지원할 목적으로 설립된 비영리법인 또는 단체에 대하여 사업 추진에 필요한 경비의 전부 또는 일부를 출연하거나 보조할 수 있다(「과학기술기본법」 제33조).

정부가 육성대상으로 삼고 있는 과학기술 비영리법인은 한국엔지니어링진흥협회, 한국기술사회, 한국과학기술한림원, 한국과학기술단체총연합회, 한국산업기술진흥협회이다(동법 시행령 제49조).

이외에도 상근 임직원이 2인 이상이면서 과학기술 진흥실적이나 학술 활동 실적이 있는 법인 또는 단체로서 ① 법인 또는 단체의 명칭·대표자·주소, ② 법인 또는 단체의 목적 사업, 그 밖에 허가받은 내용, ③ 과학기술진흥과 학술활동의 현황·계획, ④ 육성대상 법인 또는 단체로의 지정 필요성을 기재한 신청서를 교육과학기술부 장관에게 제출하여 지정을 받은 법인 또는 단체도 정부의 육성대상기관이다. 그 대표적 사례는 한국계면공학연구소이다.

3) 기업부설연구소

기업부설연구소는 민간기업이 연구개발을 실시하기 위하여 설립한 연구소이다. 기업부설연구소는 해당 기업의 부서의 위상을 갖고 있지만, 국가과학기술의 발전에 대단히 중요한 역할을 담당하기 때문에 정부가 설립·운영과 연구를 적극 지원한다.

정부가 각종 지원을 실시하는 기업부설연구소는 연구전담요원이 10인 이상으로서, 교육과학기술부 장관으로부터 인정을 받아야 한다.[7] 그러나 중소기업의 부설연구소는 5인 이상 (2009년 7월 1일~2011년 6월 30일에는 3인 이상), 연구개발형 중소기업이나 벤처기업 부설연구소의 경우에는 2인 이상(창업 5년 이내의 경우), 국외에 있는 기업부설연구소는 5인 이상이다 (「기술개발촉진법 시행령」 제15조 제1항).

이러한 기업부설연구소에 대해서는 여러 가지의 혜택을 부여한다. 첫째, 특정연구개발사업 등 정부의 각종 연구개발사업에 참여할 수 있는 자격을 부여한다. 둘째, 연구소용 부동산에 대한 취득세·등록세·재산세를 면제한다. 셋째, 기업부설연구소의 연구개발에 사용하기 위하여 수입하는 소정의 연구개발물품에 대해서는 관세액의 80%를 감면한다. 넷째, 병역지정업체(연구기관)로 선정되면 전문연구요원을 배정받을 수 있다. 전문연구요원을 배정받기 위해서는 자연계 분야 석사 이상 학위를 가진 연구전담요원을 대기업연구소는 5인 이상, 중소기업은 2인 이상 확보하고, 각각 일정한 연구시설을 확보해야 한다.

4. 대형 연구시설 및 장비

과학기술이 대형화·복합화·첨단화되면서 연구개발 경쟁력은 그 나라가 보유한 연구시설과 장비의 성능에 직결되고 있다. 이에 따라 관련 분야에 대한 정부의 역할도 강화되고 있다. 정부의 주요 역할은 ① 전략적으로 육성하려는 특정 연구에 필요한 대형 연구시설과 장비 지원, ② 세계 최초 또는 최고 성능을 가진 첨단 연구장비의 개발 지원, ③ 연구장비의 시설화·집적화를 통한 공동 활용 극대화 등에 모아지고 있다.

---

7) 교육과학기술부에서는 한국산업기술진흥협회에 위탁하여 관리하고 있다.

「과학기술기본법」은 연구개발시설 및 장비의 고도화를 정부의 기본 임무로 명시하고 있다. 즉, 정부는 효율적이고 균형 있는 연구개발을 추진하기 위하여 필요한 연구개발시설과 장비 등을 늘리고, 이를 현대화하기 위한 시책을 세우고 추진해야 한다(동법 제28조). 또한 관계 중앙행정기관의 장은 연구개발시설과 장비에 대한 수요를 주기적으로 조사해야 하며, 그 수요를 국가연구개발사업의 중·장기계획에 반영해야 한다. 즉, 국가연구개발사업의 중·장기계획은 ① 관련 연구개발사업에 필요한 연구시설과 장비의 확보방안, ② 연구개발시설과 장비의 운영·공동활용계획, ③ 연구개발시설과 장비의 고도화방안을 포함하여야 한다(동법 시행령 제42조 제1항·제3항). 이와 아울러, 교육과학기술부 장관은 국가 전체의 차원에서 연구개발시설과 장비의 확보·고도화·공동활용계획을 수립하고 국가과학기술위원회에 보고해야 한다(동시행령 제42조 제5항).

정부는 대형·고가 연구장비의 공동활용 제공을 위하여 다양한 시책을 전개하고 있다. 첫째, 정부는 1988년 8월 한국기초과학지원연구원을 설립하였다. 한국기초과학지원연구원은 대덕연구개발특구 안에 본부를 두고 있으며, 전국의 주요 거점에 분소나 출장소를 설치하여 해당 지역의 기초과학 연구장비를 지원하고 있다. 분소나 출장소가 설치되어 있는 지역은 서울, 부산, 대구, 광주, 전주, 춘천, 순천, 강릉, 제주 등이다. 한국기초과학지원연구원의 구체적인 주요기능은 ① 국가적 대형 공동 연구장비의 개발·설치·운영, ② 범국가적 연구장비 정보 수집과 분석, ③ 첨단 연구장비 이용자의 교육과 전문인력 양성 등이다.

둘째, 국가연구시설과 장비의 전략적 확충과 공동활용 촉진을 위하여 2009년 8월 교육과학기술부는 '국가연구시설장비진흥센터'를 설립하였다. 또한 중소기업청에서는 대학이나 연구기관의 고가 연구장비를 중소기업에서 활용할 수 있도록 예산을 지원하는 '연구장비 공동이용 클러스터 사업'을 운영하고 있다.

셋째, 국가연구개발사업의 주관연구기관의 장은 국가연구개발사업을 통하여 취득한 연구시설장비 중 3천만 원 이상이거나 3천만 원 미만이라도 공동활용이 가능한 연구시설·장비를 취득 후 30일 이내에 국가과학기술종합정보시스템(NTIS)에 등록하여 관리해야 한다. 연구시설·장비의 유휴·저활용, 불용, 폐기, 소유권 이전 등 변동사항이 발생하였을 때에는 그 변동사항을 국가과학기술종합정보시스템에 등록해야 한다(「국가연구개발사업의 관

그림 3-16 핵융합연구로 KSTAR의 조립 전 모습

리 등에 관한 규정」 제25조 제5항). 또한 중앙행정기관의 장은 주관연구기관의 연구장비 도입에 관한 사항을 심의하기 위하여 '연구장비도입 심사평가단'을 구성·운영한다(동규정 제25조 제7항).

넷째, 이외에도 각 연구기관이나 대학별로 범국가적 차원에서 공동활용할 수 있는 고가시설을 보유하고 있다. 국가핵융합연구소의 핵융합연구로(KSTAR), 포항공과대학교의 방사광가속기, 한국원자력연구원의 하나로 연구용 원자로, 나노종합팹센터와 나노소자특화팹센터 등이 대표적 사례이다.

5. 사이버 협동연구시스템

사이버 협동연구시스템(e-science)은 최첨단 정보화 시대에 나타난 새로운 인프라이다. 원격지에 설치된 연구장비를 현지에 방문하지 않고 자신의 연구실 컴퓨터 모니터를 통하여

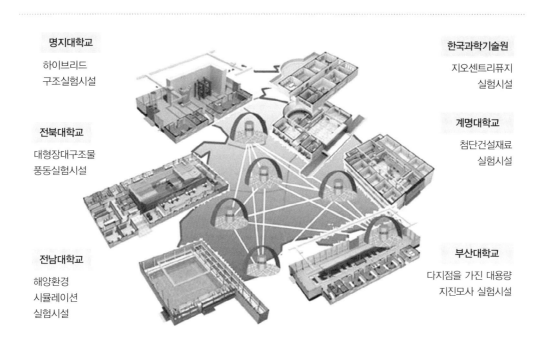

명지대학교

하이브리드
구조실험시설

한국과학기술원

지오센트리퓨지
실험시설

전북대학교

대형장대구조물
풍동실험시설

계명대학교

첨단건설재료
실험시설

전남대학교

해양환경
시뮬레이션
실험시설

부산대학교

다지점을 가진 대용량
지진모사 실험시설

그림 3-17 분산공유형 건설연구 인프라 구축 체계도

이용할 수 있게 해준다. 기본 장비는 초고속 대용량 통신망과 슈퍼컴퓨터이고, 각 분야별로 적절한 모델을 개발하여 공유한다. 사이버 협동연구시스템은 연구개발의 성공률을 높이는 동시에 연구개발비와 시간을 줄여 줌으로써 연구개발의 생산성을 획기적으로 향상시킨다.

사이버 협동연구시스템은 연구개발 데이터를 통합하여 공유하는 유형, 장비를 공유하고 통합하는 유형, 협동연구개발을 추진하는 유형 등 다양하다. 그렇지만 궁극적으로는 통합된 협동연구개발을 지향한다.

사이버 협동연구시스템의 국내 사례 중 하나는 '분산공유형 건설연구 인프라'이다. 이 사업은 우리나라의 대학·연구소·기업이 교육·연구·기술개발·설계를 위해 공동으로 운영하고 사용함으로써 국가 전체의 연구역량을 향상시키려는 목적을 갖고 있으며, 1단계 인프라가 2009년부터 가동에 들어갔다. 보다 자세히 살펴보면, [그림 3-17]에 나타나 있는 것처럼 ① 건설기술의 교육과 연구에 필수인 대형실험시설을 전국의 6개 대학에 분산하여 건설하고, ② 전국적으로 분산구축된 연구시설을 초고속 정보통신망으로 네트워킹하여 원격가동이 가능한 시스템으로 구축하고, ③ 네트워킹된 시설을 전체 대학교, 기술자 및 회사 등의 교육·연구·기술개발 등에 균등하게 사용할 수 있도록 공동 운영하는 것이다. 전국의 6개 대학과 시설은 명지대학교의 하이브리드 구조실험시설, 전북대학교의 대형장대구조물 풍동실험시설, 전남대학교의 해양환경시뮬레이션 실험시설, 한국과학기술원의 지오센트리퓨지 실험시설, 계명대학교의 첨단건설재료 실험시설, 부산대학교의 다지점을 가진 대용량 지진모사 실험시설이다.

우리나라의 『제2차 과학기술기본계획(2008~2012)』(p.146)에서는 슈퍼컴퓨터를 포함한 첨단 연구장비의 원격실험과 효율적 활용을 위한 가상실험실 기반의 서비스 환경기술 개발, 대학·공공연구기관 등의 분산된 연구시설·장비 등의 자원을 사이버상에서 통합관리·접근·사용할 수 있는 공동 활용 소프트웨어 개발 등을 강조하고 있다.

6. 연구실 안전시스템

과학기술의 연구개발 활동은 인류의 행복을 열지만, 간혹 과학기술자를 위험에 빠뜨릴 수 있다. 화학물질 폭발, 세균 감염, 방사선 피폭 등으로 생명을 잃기도 한다. 그 대표적인 희생자가 Curie 부인(1867~1934)이다. 그녀는 노벨상을 2번이나 받았지만, 결국 자신이 발견한 라듐에서 나온 방사선에 과다하게 쏘여 극심한 빈혈을 앓고, 이로 인하여 세상을 떠났다.

우리나라는 과학기술 분야 연구실의 안전을 확보하고, 연구실 사고로 인한 피해를 적절하게 보상받을 수 있도록 「연구실 안전환경 조성에 관한 법률」을 2005년 3월 31일 제정하여 시행하고 있다.

우선, 정부는 연구실의 안전환경을 조성하기 위한 연구개발 활동 및 연구실에 관한 유형별 안전관리모델과 안전교육 교재를 개발하여 보급해야 한다(동법 제4조). 교육과학기술부 장관은 안전점검과 정밀안전진단의 지침을 작성하여 관보에 고시하고, 연구주체의 장은 지침에 따라 안전점검과 정밀안전진단을 실시한다.

또한 연구주체의 장은 연구활동 종사자를 피보험자와 수익자로 하는 보험에 가입해야 한다(「연구실 안전환경 조성에 관한 법률」 제14조).

7. 국가표준

표준은 측정(어떤 것을 재는 것)의 기준이다. 나노기술 등 과학기술의 초정밀화를 위해서는 이를 측정할 수 있어야 한다. 정밀하고 다양한 표준은 관련 분야 과학기술 발전의 핵심적 토대이다. 이처럼 표준은 과학기술의 중요한 인프라인 것이다. 「대한민국헌법」 제127조 제2항은 "국가는 국가표준제도를 확립한다."라고 선언하고 있다.

표준에는 측정표준(measurement standards), 참조표준(reference standards), 성문표준(documentary standards)이 있다.

첫째, 측정표준은 산업 및 과학기술 분야에서 물성 상태의 양적 측정 단위 또는 특정 양의 값을 정의하고 현시하며 보존 및 재현하기 위한 기준이다. 물적 척도, 측정기기, 표준물질 또는 측정체계가 여기에 속한다(「국가표준기본법」 제3조 제3호). 대표적인 측정표준에는 국제단위계(SI, international system of units)의 7개 기본단위와 2개 보충단위가 있다. 7개 기본단위는 길이의 미터, 질량의 킬로그램, 시간의 초, 전류의 암페어, 온도의 켈빈, 물질량의 몰, 광도의 칸델라이다(동법 제10조). 우리나라에서는 한국표준과학연구원이 국가측정표준의 원기를 유지·관리하고 있다.

둘째, 참조표준은 측정 데이터 및 정보의 정확도와 신뢰도를 과학적으로 분석·평가하여 공인된 것이다. 국가사회의 모든 분야에서 널리 지속적으로 사용되거나 반복 사용할 수 있도록 마련된 물리화학적 상수, 물성 값, 과학기술적 통계 등이다(동법 제3조 제6호).

셋째, 성문표준은 국가 사회의 모든 분야에서 총체적인 이해성·효율성·경제성 등을 높이기 위하여 강제적 또는 자율적으로 적용하는 문서화된 과학기술적 기준·규격·지침과 기술규정이다(동법 제3조 제7호). 산업표준(industrial standards)이라고도 불린다. KS인정마크가 이에 해당한다.

한편, 1946년 설립된 국제표준화기구(ISO : International Organization for Standardization)를 중심으로 국제표준화를 추진하고 있는데, 국제표준화기구가 인정한 국제표준은 전 세계적으로 사용하는 데 적합함을 의미하며, 국제표준으로 인정된 과학기술은 전 세계적 파급효과가 크다.

이와 아울러, 여러 분야의 ISO 인증제도가 있는데, 기업 등 특정 조직의 품질이나 환경경영시스템이 국제표준화기구에서 마련한 국제규격에 적합하게 구축되어 있음을 증명하는 제도이다.

우리는 표준의 정확도를 높이는 연구와 새로운 표준을 개발하기 위한 연구를 체계적으로 진행해야 하며, 앞선 기술로 국제표준을 확보해야 한다. 그리하여 한국 표준이 세계 표준이 되도록 노력해야 한다.

8. 과학기술 시민단체

과학기술에 관한 활동을 하는 시민단체는 과학기술의 건강한 발전을 위하여 과학기술계와 정부를 감시하고 올바른 방향으로 향도한다. 인간의 존엄성 향상을 지향하는 과학기술의 본분에 입각해서 과학기술계와 시민 사이의 가교 역할을 담당한다.

과학기술 시민단체의 바람직한 행동방향은 과학기술의 건강하고 신속한 발전을 뒷받침하는 것이어야 한다. 과학기술이 인간의 행복을 위해 기여할 수 있는 여지를 넓히는 데 초점을 두어야 한다. 따라서 과학기술의 정상적인 발전을 지체시키는 시민단체의 활동은 근본에서 벗어나는 것이다. 소수의 비합리적 이익을 두둔하는 행동은 바람직하지 못하다.

우리나라에는 '바른 과학기술사회 실현을 위한 국민연합' '원자력을 이해하는 여성모임' 등의 시민단체가 활동하고 있다.

9. 과학기술계의 연구문화

과학기술자들의 연구풍토는 연구개발 성과를 창출하는 실질적인 요소이다. 외부의 충분한 지원이 없는 상태에서도 스스로 기자재를 만들어 창의적 결과를 도출한 사례는 너무 많다. 자신들의 권익을 주장하기보다는 오로지 세계 최상의 결과를 이룩하려는 의지와 열정, 진

◁ **표 3-6** 과학기술인 헌장

과학기술인 헌장

과학기술은 인류 공동의 소중한 문화유산이며 합리성과 보편성을 바탕으로 인간의 삶에 큰 영향을 미치는 지식체계이다. 이에 우리 과학기술인은 무한한 탐구심과 창의력으로 삶의 질을 향상시키고 밝은 미래사회를 여는 주체로서의 긍지와 사명감을 지닌다.

1. 우리는 과학지식을 증진시키고 기술혁신을 추구하여 인류의 행복과 평화를 위해 노력한다.
1. 우리는 지속 가능한 과학기술 발전을 통하여 깨끗하고 안전한 자연환경을 만든다.
1. 우리는 탐구의 자율성을 소중히 여기며 과학기술에 대한 사회적 책임과 윤리의식을 갖는다.
1. 우리는 과학기술의 발전을 위해 미래세대를 육성하는 데 힘을 기울인다.
1. 우리는 과학기술에 대한 국민의 관심과 이해를 높이는 데 앞장선다.
1. 우리는 과학기술을 통해 자랑스러운 전통문화의 발전과 민족화합에 이바지한다.

2004년 11월 11일
한국과학기술단체총연합회

정으로 인간을 위하는 자세가 바람직한 과학기술자의 문화라 할 수 있다. 이 문화는 과학기술자 사이에서 합의와 지도를 통하여 축적해야 할 문화이다.

우리나라 「과학기술기본법」 제4조 제3항은 "과학기술인은 경제와 사회의 발전을 위하여 과학기술의 역할이 매우 크다는 점을 인식하고 자신의 능력과 창의력을 발휘하여 이 법의 기본이념을 구현하고 과학기술의 발전에 이바지하여야 한다."라고 과학기술인의 윤리를 명시하고 있다.

한국과학기술단체총연합회가 2004년에 제정하여 공포한 '과학기술인 헌장'은 우리나라 과학기술자들이 지향해야 될 합의된 행동강령이다. 〈표 3-6〉의 '과학기술인 헌장'은 바로 과학기술이 인간사회와 분리된 별개의 활동이 아니라 인간사회에 지대한 영향을 미치는 사회적 활동임을 인식하고 과학기술 활동에 과학기술인이 지녀야 할 사회적 책임과 정신자세를 명시적으로 제시했다는 데 큰 의의가 있다.

과학기술자의 참된 연구문화는 과학기술계에 대한 국민의 지지를 이끌어 내는 데 필수적이다. 실질적으로는 가장 중요한 과학기술 인프라일 것이다. 스스로 돕는 과학기술자를 국민이 돕기 때문이다.

1) 과학기술인의 연구윤리

과학기술자들은 연구윤리에 충실해야 한다. 첫째, 과학연구의 객관성을 유지해야 한다. 위조, 변조, 표절 등을 하지 않아야 한다. 여기서 위조는 존재하지 않은 데이터 또는 연구 결과 등을 허위로 만들어 내는 행위이다. 변조는 연구재료, 데이터 등을 인위적으로 조작하거나 임의로 변형·삭제하여 연구내용이나 결과를 왜곡하는 행위이다. 표절은 타인의 아이디어, 연구내용과 결과 등을 정당한 승인이나 인용 없이 도용하는 행위이다. 둘째, 연구결과의 출판에서 공로를 정확하게 배분하고 저자 표시도 합리적으로 해야 한다. 타인의 연구 노고를 자신의 연구성과로 도용해서는 안 된다. 셋째, 실험실 운영도 합리적이어야 한다. 대학교의 경우 지도교수와 대학원생의 관계가 민주적이어야 한다. 성 차별이 없어야 하며, 연구원 채용과 대우, 연구비 배분 등에서도 합리적이어야 한다.

정부에서도 연구부정행위를 금지하기 위한 조치를 취하고 있다. 「국가연구개발사업의 관리 등에 관한 규정」에 의하면, 연구자는 연구개발과제의 제안, 연구개발의 수행, 연구개발 결과의 보고와 발표 등을 할 때에 ① 연구자 자신의 연구개발 자료 또는 연구개발 결과를 위조·변조하거나 그 연구개발 자료·연구개발 결과에 부당한 논문 저자 표시를 하는 행위, ② 연구자 자신의 연구개발 자료 또는 연구개발 결과 등에 사용하기 위하여 다른 사람의 연구개발 자료 또는 연구개발 결과 등을 표절하는 행위, ③ 그 밖에 부정한 방법으로 연구개발을 하는 행위를 하여서는 안 된다(동규정 제30조 제1항). 또한 중앙행정기관의 장, 전문기관의 장과 연구개발과제를 수행하는 기관의 장은 연구윤리 확보와 연구부정행위 방지를 위한 시책을 수립·추진해야 한다(동조 제2항).

연구기관의 장은 연구부정행위 방지와 검증을 위하여 연구윤리에 관한 자체 규정을 마련·운영해야 한다. 연구기관의 장은 연구부정행위로 의심되는 행위를 검증하고, 그 검증 결과를 중앙행정기관의 장에게 통보해야 한다. 연구부정행위로 판단되는 경우에는 연구협약의 해약, 국가연구개발사업의 참여 제한 또는 사업비 환수, 연구부정행위자에 대한 징계 요구 등의 조치를 할 수 있다(동규정 제31조 제1항 내지 제3항)

교육과학기술부 장관은 전문기관의 장과 연구기관의 장이 자체 규정을 마련하여 실효성 있게 운영하고 있는지에 대하여 점검할 수 있으며, 그 결과를 연구기관에 대한 평가, 국가 연구개발사업의 예산 배분과 조정, 간접비 계상기준의 산정 등에 반영하여 줄 것을 국가과학기술위원회 또는 관계 중앙행정기관의 장에게 요청할 수 있다(「국가연구개발사업의 관리 등에 관한 규정」 제31조 제4항).

2) 과학기술인의 사회적 책임

과학기술자는 사회적 책임 수행에도 충실해야 한다. 과학기술자는 항상 공공성을 유지해야 한다. 공인의 입장에서 사회의 여러 문제를 객관적으로 해석하고 방향을 제시해야 한다. 사회적 문제에 대하여 책임의식을 갖고 적극적으로 접근해야 한다. 해당 문제를 앞장서서 해결하려고 노력해야 한다. 인간의 사회가 과학기술 중심사회로 심화될수록 과학기술에 대한 사회 의존도는 심화될 것이고, 그만큼 과학기술자들의 역할이 확대될 것이기 때문이다. 과학기술자가 사회적 책임을 져야 하는 구체적인 이유는 〈표 3-7〉에서 보는 바와 같다.

과학기술자들은 자신이 개발한 과학기술의 위험성을 없애고, 위험성을 공개하는 데 소홀해서는 안 된다. 아무래도 과학기술자가 가장 잘 알기 때문이다. 그런 일에 앞장 선 사

표 3-7 과학기술자가 사회적 책임을 져야 하는 이유

Michael Atiyah	M. C. McFarland
• 자신이 만들어 낸 과학적 발견에 대한 도덕적 책임이 있다. • 과학자들은 전문가이다. • 과학자들은 기술적 조언을 할 수 있고, 갑작스런 사고해결에 도움을 줄 능력이 있다. • 자신들의 발견으로부터 발생할 수 있는 미래의 위험에 대해 경고할 능력이 있다. • 과학자들은 국경을 초월한 형제애를 갖고 있다. • 과학자들이 공공의 논의에 참여하는 것은 과학의 건강성을 유지하는 데 도움이 되기 때문이다.	• 엔지니어는 전문적인 교육을 받아 기술과 관련된 사회적 논쟁에서 쟁점을 명확하게 파악할 수 있다. • 엔지니어는 기술이 가지고 있는 현실적·잠재적 위험요소를 평가하는 데 가장 먼저 참여할 수 있다. • 엔지니어는 기술이 가지고 있는 문제를 극복할 수 있는 대안을 제안하고 탐구하는 능력에서 뛰어나다.

자료: 홍성욱, 2010, pp.147~148.

람이 Curie 부인이다. 그는 1903년 노벨물리학상 수상연설에서 "라듐이 범죄자들 손에 들어가면 위험물질이 됩니다."라고 당부했다.

3) 과학기술계 문화와 국민 문화의 소통

우리나라에는 '2개 문화' 현상이 존재하고 있다. 과학기술전문가의 문화와 일반인의 문화이다. 과학기술전문가는 자기들만이 과학기술을 이해하고 접근할 수 있다고 생각하고, 일반인에 대하여 배타적이거나 엘리트주의적 우월감을 과시한다. 일반 시민은 과학기술에 대해 모르고 무관심하면서 편견을 갖고, 심지어는 맹목적으로 과학을 숭배하는 현상까지 보인다. 또 일반인의 그런 행태를 즐기는 과학기술자도 있다. 그런 상태가 지속된다면 국민과 과학기술은 진정으로 가까워질 수 없으며, 국민의 과학기술 친화적 성향은 형성될 수 없다.

이런 현상을 없애려면, 과학기술자가 먼저 변해야 한다. 과학기술자가 지식에 대한 벽을 낮추고, 학문 용어를 일반 국민의 언어로 바꾸어 설명할 수 있어야 한다. '금요일에 과학터치'에서 그런 시도가 진행되었고, 대중을 상대로 하는 과학자의 봉사 강연도 이어지지만, 더 크게 확산되어야 한다.

과학기술자의 봉사는 중소기업은 물론, 가정으로까지 파고들 수 있다. 가정의 가전제품이 작동되지 않을 때 과학기술자한테 연락하여 무료로 상담할 수 있다면 어떨까? 그런 사회 시스템이 구축되어 가동된다면, 과학기술자는 국민 가까이에 다가갈 수 있다. 국민은 과학기술자의 실질적 존재감과 고마움까지 느낄 것이다.

chapter **4**

과학기술 활동의 효율화

1 국가중점 과학기술 선정정책

국가중점 과학기술 선정은 국가과학기술정책의 핵심 주제이다. 국가의 당면 문제를 해결하기 위한 기본적 포석이다. 국가중점 과학기술이 합리적으로 선정되어야 비로소 과학기술의 과업이 구체화되는 것이다.

1. 국가중점 과학기술 선정의 의의

1) 국가중점 과학기술 선정의 의미

정부가 국가중점 과학기술을 선정한다는 것은 선정된 과학기술의 연구개발과 실용화에 정부가 개입하겠다는 의지를 표명하는 행위이다. 정부의 개입은 연구개발비 지원 등 직·간접 지원의 형태로 나타난다. 이것은 과학기술계·산업계는 물론 학생과 국민에게까지 영향을 미친다.

첫째, 과학기술계는 크게 두 부류로 나뉠 수 있다. 국가중점 과학기술로 선정된 분야의 과학기술자는 많은 연구개발비를 확보할 가능성이 크기 때문에 환영할 것이다. 반대로, 국가중점 과학기술에서 배제된 분야의 과학기술자는 실망하고 심지어는 반대운동까지 전개할 수 있는데, 해당 분야로 유입될 연구개발비가 다른 분야로 유출될 가능성을 염려하기 때문이다.

둘째, 산업계는 미래의 산업 활동 방향을 정하는 데 참고자료로 활용할 수 있다. 자본주의 시장경제에서도 정부의 영향력은 무시할 수 없으며, 국가중점 과학기술에 의해 기업의 경영활동이 영향을 받을 수 있기 때문이다. 따라서 산업계에서도 상반된 반응을 나타낼 수 있다.

셋째, 국가중점 과학기술은 연구개발에 장기간이 소요되는 경우가 많기 때문에 학생에게까지 영향을 미칠 수 있다. 장래 취업 등 자신들의 활동무대 크기에 관한 부분이다.

넷째, 국가중점 과학기술의 선정은 일반 국민에게도 적지 않은 영향을 미친다. 과학기술은 국가 미래의 밝음 정도를 예측할 수 있는 핵심요소이고, 그것이 국민생활에 직결되기 때문이다.

2) 국가중점 과학기술 선정의 배경

국가중점 지원 과학기술을 선정하는 배경은 국가적으로 해결해야 될 과학기술 관련 문제의 존재, 시간과 자원의 제약이다. 첫째, 정부는 과학기술로 해결해야 될 국가적 문제가 중대할 경우 국가중점 과학기술을 선정한다. 정부가 개입하지 않아도 되는 경우에 국가중점과학기술을 선정하여 지원하는 것은 정책 과잉에 해당한다. 정책 과잉일 경우에는 국민 세금을 낭비하는 원인을 제공할 수 있고, 정책 과소일 경우에는 정부의 임무에 소홀해질 수 있다.

둘째, 정부는 국가의 문제해결에 필요한 시간이 제한되어 있을 때 국가중점 과학기술을 선정한다. 별도의 노력을 기울이지 않으면 해당 문제를 시의 적절하게 해결할 수 없을 경우이다. 정부에서 특별한 지원을 실시하여 해당 과학기술의 가용 시기를 앞당기려는 포석이다.

셋째, 자원의 제약이다. 해당 자원에는 자금과 인력이 포함된다. 자금의 제약은 정부가 지원대상 과학기술을 제한적으로 선택하는 주된 이유이다. 제한된 자금을 일부 분야에 집중 투입하여 가급적 빠른 시간 내에 확실하게 발전시키려는 의도이다. 이른바 선택과 집중의 배경논리이다.

그러나 과학기술의 저변을 확충해야 되는 분야에서는 정부의 지원대상 과학기술을 사전에 제한해선 안 된다. 다수의 연구자에게 비교적 소규모 연구비를 지원하여 창의성을 자극해야 한다. 이를 과학기술 분야의 '롱테일(long tail) 전략'이라 한다. 따라서 과학기술 전 분야의 기반을 쌓은 후, 소수 영역을 국가중점 과학기술로 선정하는 것이 바람직하다.

2. 국가중점 과학기술의 선정방법

1) 바탕 시각

국가중점 과학기술 선정에 대한 접근방법에는 두 가지가 있다. 기술 선도적(technology push) 시각과 수요 견인적(demand pull) 시각이다.

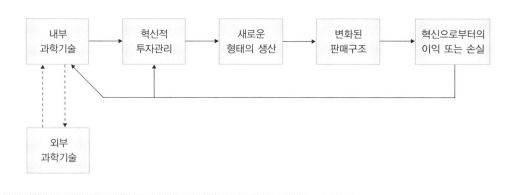

그림 4-1 Schumpeter의 기술선도혁신모델

자료 : Walsh et al., 1979.

첫째, 기술 선도적 시각은 Schumpeter의 기술선도혁신모델에서 원전을 찾을 수 있다. Schumpeter는 경제성장의 원동력을 과학기술로 보고, 내부에서 개발되거나 외부에서 조달한 과학기술을 바탕으로 혁신과정을 시작해야 된다고 주장하였다. 즉 [그림 4-1]에서 보는 바와 같이, 과학기술을 바탕으로 혁신적 투자관리를 할 수 있고 새로운 형태의 생산과 변화된 판매구조를 통하여 이익을 얻을 수 있다는 것이 Schumpeter가 주장하는 혁신의 논리이다.

둘째, 수요 견인적 시각은 A. B. Schmookler의 수요견인발명모델에서 논리를 찾을 수 있다. Schmookler는 [그림 4-2]에서 보는 바와 같이, 시장 수요에 대처하는 기업의 양태를 네 가지 경우로 나누어 설명하였다. [경로 1]과 [경로 2]는 새로운 과학기술을 개발하지 않고 기존 공장을 이용하거나 공장을 증설하여 늘어난 수요에 대응하는 방법이고, [경로 3]과 [경로 4]는 내부에서 과학기술을 개발하거나 외부에서 개발된 과학기술을 도입하여 생산하고, 이를 통하여 수요에 대처하는 과정이다. 특히 [경로 4]는 연구개발 설비를 새로 마련하여 발명→특허→자본재 투자를 실시하는 경로이다.

기술 선도적 시각과 수요 견인적 시각은 시장 수요에 대한 과학기술자 또는 기업인의 자세에 중대한 영향을 미친다. 기술 선도적 시각을 가진 사람은 시장 수요의 존재 유무와는 상관없이 새로운 과학기술 개발에 도전한다. 새로운 과학기술이 개발되면 수요는 자연적으로

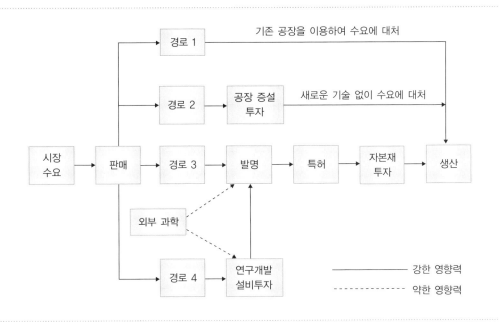

그림 4-2 Schmookler의 수요견인발명모델
자료 : Walsh et al., 1979.

발생한다는 시각이다. 진취적이고 개척지향적인 장점이 있는 반면에 개발된 기술이 활용되지 못할 수도 있는 단점이 있다. 수요 견인적 시각은 기술 선도적 시각과 장점과 단점을 바꾸는 성격을 갖고 있다.

기술혁신에 대한 인식의 차이는 국가중점 과학기술의 선정에도 그대로 투영된다. 기술 선도적 시각을 갖고 임할 때에는 미래의 기술 수요와 상관없는 과학기술을 선정할 우려가 있다. 따라서 여러 가지 방법으로 미래의 과학기술 수요를 예측하고 이에 바탕을 두고 국가 지원 과학기술을 선정해야 한다.

2) 국가중점 과학기술 선정의 유형

국가중점 과학기술을 선정하는 유형에는 여러 가지가 있다. 그중 대표적인 네 가지 유형은 [그림 4-3]과 같다. [유형 1]은 기술 선도적 접근의 전형적 사례이고, [유형 4]는 수요 견인적 접근의 전형적 사례이다. [유형 2]와 [유형 3]은 수요 견인적 접근에 가깝다.

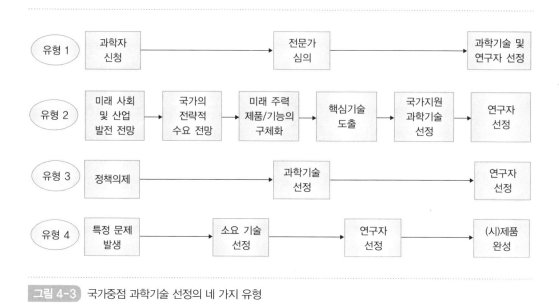

국가중점 과학기술 선정의 네 가지 유형

(1) [유형 1]

[유형 1]은 국가 과학기술의 저변을 확충하기 위해 지원하는 과학기술을 선정할 때 주로 사용하는 방식이다. 정부가 결정하여 고시한 사업목적에 부합되는 과학기술 과제를 수행하려는 과학자가 직접 신청하고, 이에 대하여 전문가 그룹이 심의하여 국가지원 과학기술 과제를 선정하는 방식이다. 대체로 구체적인 문제해결보다는 과학기술 저변의 확충, 연구자의 육성과 결부된 기초연구 과제의 선정에 적합하다.

예를 들면, 교육과학기술부에서 2010년에 시행한 '기본연구지원사업'은 이공계 기초연구 활성화와 연구저변 확대를 통해 국가의 연구역량을 제고한다는 목적 아래 과학기술 전 분야를 대상으로 선정하여 지원하였다. '신진연구지원사업'은 신진연구자의 연구기회 확대를 통해 연구의욕 고취와 차세대 우수 연구인력으로 양성한다는 목적 아래 과학기술 전 분야의 과제를 선정하여 지원하였다. '핵심연구지원사업'은 기초연구의 전 주기적 지원체제 구축을 위해 일정 수준의 연구역량을 갖춘 중견연구자를 중심으로 개인과 학제 간 공동연구를 지원하였다.

(2) [유형 2]

[유형 2]는 목표 연도의 바람직한 상태를 구현하기 위하여 국가발전 수요에 입각하여 핵심기술과 국가지원 과학기술을 선정하는 방식이다. 단계별로 살펴보면 다음과 같다.

1단계는 미래 사회의 전개방향에 대한 전망이다. 미래는 목표 시점 또는 문제발생 예상 시점이다. 미래 예측의 접근방식에는 두 가지가 있다. 현재 상태에서 연장하여 목표 미래 시점의 사회를 예측하는 방식(forward approach)이 하나이다. 비교적 가까운 미래의 경우에 적합한 접근방식이다. 다른 한 가지는 미래의 사회 모습을 현재와 관계없는 선상에서 예측하는 방식(backward approach)이다. 현재와는 완전히 다르게 변할 수 있는 먼 미래를 예측할 때에 적합하며, 현재의 상황에 의한 영향을 최소화하려는 방식이다.

실제로 아주 먼 미래는 예측하기 매우 어렵다. 이런 경우에는 미래학자들의 자문을 받거나 기존의 자료를 활용한다. 작가나 만화가 등 상상력이 풍부한 전문가들의 견해를 경청하는 것도 바람직하다.

2단계는 국가의 발전 방향을 설정하는 일이다. 이것은 국가발전 장기계획 또는 전망의 성격을 갖는다. 이 단계도 과학기술정책 전문가나 당국자들이 감당하기 어렵다. 보다 거시적인 일을 담당하는 기관에서 해야 될 일이기 때문에 관련 자료를 활용한다. 뚜렷한 기존 계획이 없는 경우에는 관련 전문가의 도움을 받아야 하며, 관련 기관의 자문이나 확인도 받는다.

3단계는 미래의 주력제품이나 기능을 구체화하는 일이다. 미래 시장에서 각광받을 제품의 대체적인 사양을 그린다. 제품의 형태로 구체화될 수 없을 경우에는 대체적 기능이나 성능을 상정한다. 이 과정에서는 산업계와 대형 판매점 전문가의 도움을 받는 것이 바람직하다.

4단계는 핵심기술 도출이다. 여러 제품에 공통으로 사용될 수 있는 핵심기술을 우선한다. 핵심기술은 미래 주력제품이나 성능과의 상관지도를 그려가면서 도출하면 보다 효과적이다. 핵심기술군은 정부의 공식적인 기구(예 : 국가과학기술위원회)의 의결이나 최고정책 결정자의 결재를 받아 확정한다.

마지막 단계는 핵심기술군에서 국가가 지원할 과학기술을 선정하는 것이다.

(3) [유형 3]

[유형 3]은 특정한 정책의제에 필요한 과학기술을 기존의 과학기술 예측 결과를 바탕으로 전문가 심의를 통해 선정한 후 연구자를 별도로 선정하는 방식이다. 여기서 중요한 것은 국가적 차원의 특정한 목적 수행에 필요한 과학기술을 선정하는 것이다.

특정한 목적에 부합하는 과학기술을 선정하는 일은 전문가 팀을 구성하여 추진한다. 여기에서는 목표 시점에서의 시장 수요도 고려한다. 일반적으로 일정 배수의 후보 과학기술군을 먼저 선정한 후, 연도별 연구개발 예산의 규모에 맞춰 착수대상 과제를 선정한다. 예를 들면, "21세기 프론티어 연구개발사업"의 경우에는 1999년에 총 35개의 후보과제를 선정한 후 5년에 걸쳐 22개 과제에 착수하였다. 그러나 여러 해에 걸쳐 착수될 경우에는 후보 과학기술군도 변경될 수 있다.

(4) [유형 4]

[유형 4]는 특정한 단위 문제해결에 긴급히 소요되는 과학기술을 선정하여 문제를 정확하게 해결하려는 방식이다. 다른 유형에 비하여 목표가 분명하고, 범위가 한정되는 특징이 있다. 예를 들면, 조류인플루엔자, 신종인플루엔자 등의 전염병이 발생할 경우에 국가가 백신이나 치료제를 개발하는 경우가 이에 해당한다.

3) 국가중점 과학기술 선정의 토대

(1) 기술 예측 실시

국가 과학기술의 예측은 대체로 개방적으로 추진된다. 우리나라에서는 「과학기술기본법」 제13조와 동법 시행령 제22조의 규정에 따라, 과학기술의 발전 추세를 3년(2010년 2월 이전에는 5년)마다 예측하고, 그 결과를 토대로 국가경쟁력 향상과 국민경제의 발전에 중요한 핵심기술을 발굴하고, 이를 소관 국가연구개발사업에 적극 반영하여 추진한다.

2010년 10월 1일 국가과학기술위원회에 보고된 과학기술 예측은 "2040년을 향한 대한민국의 꿈과 도전"에 필요한 미래핵심기술을 도출하기 위해 2009년 5월부터 실시되었다. 먼저, 2040년까지 우리 사회가 지향해야 될 세상을 자연과 함께하는 세상, 풍요로운 세상,

건강한 세상, 편리한 세상의 네 가지로 설정하고, 네 가지 세상을 과학기술 측면에서 구체화하는 수순을 밟았다. 1단계에서는 세상별 미래 발전 시나리오를 통해서 구현될 기술과 실현시기를 예측·전망하고, 2단계에서는 시나리오 달성을 위한 우리의 관련 분야에 대한 역량분석을 통해 실현가능성을 검토하였으며, 3단계에서는 선택과 집중 전략, 우선순위를 고려하여 25개 미래핵심기술(235개 세부기술)로 압축하였다. 25개 미래핵심기술을 살펴보면 다음과 같다. 첫째, 자연과 함께하는 세상을 위한 6개 기술은 신재생 에너지기술, 고효율 에너지기술, 폐자원 재활용과 광물 자원기술, 기후변화 감시·대응기술, 오염원 발생방지·관리 및 생태 위해성 평가기술, 온실가스 저감기술이다. 둘째, 풍요로운 세상을 위한 6개 기술은 첨단기능소재기술, 신기술 융합 제조·생산기술, 지식서비스산업 관련 기술, 제조업 생산 로봇기술, 첨단농업 생명공학기술, 친환경 첨단 물류기술이다. 셋째, 건강한 세상을 위한 7개 기술은 신종 전염병 대응기술, 유해성 물질 관리기술, 안전한 생활환경 구축기술, 신개념 의약기술, 뇌 연구와 뇌질환 치료기술, 실버산업과 U-health기술, 미래전 대비 군사기술이다. 넷째, 편리한 세상을 위한 6개 기술은 유비쿼터스 컴퓨팅기술, 새로운 미디어 콘텐츠기술, 가상현실기술, 새로운 운송수단기술, 지능형 서비스 로봇기술, 안전하고 쾌적한 공간 개발기술이다.

(2) 기술 수요 조사

우리나라 정부는 정기적으로 기술 수요를 조사하고, 이를 반영하여 연구개발과제를 발굴한다. 그러나 연구에 참여하려는 연구자가 직접 연구기획 결과를 제출하는 연구개발과제 또는 시급하거나 전략적으로 반드시 수행할 필요가 있는 연구개발과제의 경우에는 기술 수요 조사를 반영하지 않을 수 있다. 이 기술 수요 조사에는 ① 제안하는 기술의 개발목표와 내용, ② 제안하는 기술의 연구개발 동향과 파급효과, ③ 제안하는 기술의 시장 동향과 규모, ④ 제안하는 기술의 개발기간, 정부지원 규모와 형태, ⑤ 제안하는 기술의 연구개발 추진체계, ⑥ 제안하는 기술에 대한 평가 주안점 등을 포함한다(「국가연구개발사업의 관리 등에 관한 규정」 제5조).

(3) 기술수준의 평가

정부는 과학기술의 발전을 촉진하기 위하여 국가적으로 중요한 핵심기술에 대한 기술수준을 평가하고, 해당 기술의 향상을 위한 시책을 세우고 추진해야 한다. 특히 소관 행정기관의 장은 관계부처와의 협의를 거쳐 소관 분야의 국가적 중요 핵심기술에 대한 기술수준을 평가할 수 있으며, 그 결과를 국가과학기술위원회에 보고해야 한다. 한편, 교육과학기술부 장관은 소관 분야에 대한 기술수준평가를 2년마다 실시해야 한다(「과학기술기본법」제14조 제2항; 동법 시행령 제24조).

교육과학기술부가 2008년에 실시한 기술수준평가는 90개 국가중점 과학기술에 대하여 ① 각국의 현재와 5년 후 기술수준 및 기술개발 소요시간, ② 각국의 현재 기술수준 달성에 기여한 주요 요인, ③ 해당 기술의 확보·추격을 위한 방안, ④ 기술수준 향상과 기술력 제고를 위해 필요한 핵심기술, ⑤ 해당 기술을 개발할 경우의 장애요인(기술적·산업적·경제적 측면)을 분석한 후 해당 기술의 개발을 위한 정책방향, 역할분담, 자원투입 방향, 인프라 구축, 관련 산업 활성화와 제언사항을 포함하였다.

(4) 국가과학기술 혁신역량평가

국가과학기술위원회는 매년 국가의 과학기술 혁신역량을 평가하고, 그 결과를 관계 중앙행정기관의 장에게 통보하여 관련 정책의 추진에 반영하도록 권고할 수 있다(「국가연구개발사업 등의 성과평가 및 성과관리에 관한 법률」제11조).

국가과학기술위원회는 2010년 12월 9일 5개 부문, 13개 항목, 31개(정량 26개, 정성 5개) 세부지표를 통해 우리나라의 국가과학기술 혁신역량을 OECD 30개국 중 11위로 평가한 바 있다. 5개 부문과 13개 항목은 ① 자원(인적·조직·지식 자원), ② 활동(연구개발투자, 창업활동), ③ 네트워크(산·학·연 협력, 기업간 협력, 국제 협력), ④ 환경(지원제도, 물적 인프라, 문화), ⑤ 성과(경제적 성과, 지식 창출)이었다.

3. 법률로 정해진 국가중점 과학기술

정책의 가장 강력하고 안정적인 형태는 법률로 정하는 것이다. 정책을 폐기하거나 변경하려면 법률 개정이라는 매우 경직된 절차를 거쳐야 하기 때문이다. 우리나라에는 중요 과학기술의 진흥에 대한 국가의 의무를 정하는 법률이 분야별로 제정되어 시행되고 있다. 그 주요내용은 다음과 같다.

1) 기초과학

우리나라는 기초과학연구를 효율적으로 지원·육성하여 창조적 연구역량을 축적하고, 우수한 과학·기술인력의 양성과 능력을 배양함으로써 과학문화 창달과 신기술 창출에 이바지하기 위하여 1989년 12월 30일 「기초과학연구 진흥법」을 제정하였다.

　「기초과학연구 진흥법」(제2조·제3조)은 "자연현상에 대한 새로운 이론과 지식을 정립하기 위하여 행하여지는 기초연구활동"을 기초과학연구라고 정의하고, 기초과학연구 진흥에 필요한 재정·금융지원 등 시책을 정부가 지속적으로 강구하도록 규정하였다. 또한, 기초과학연구의 진흥에 관한 종합계획을 수립하도록 규정하고 있다. 기초과학연구진흥종합계획에는 ① 기초과학연구의 진흥에 관한 기본목표와 방향, ② 기초과학연구의 기반구축 및 환경조성과 기타 지원제도, ③ 기초과학연구 관련 분야의 전문 인력의 양성과 그 활용방안, ④ 기초과학연구의 진흥에 관한 투자계획과 재원확보방안, ⑤ 기타 기초과학연구의 진흥에 필요한 사항을 포함하여야 한다. 또한, 관계 중앙행정기관의 장은 종합계획의 시행에 필요한 시행계획을 수립·시행해야 한다(동법 제5조).

2) 생명공학기술

우리나라는 생명공학연구의 기반을 조성하여 생명공학을 보다 효율적으로 육성·발전시키고, 개발기술의 산업화를 촉진하여 국민경제의 건전한 발전에 기여하기 위하여 1983년 12월 31일 「생명공학육성법」을 제정하였다.

　「생명공학육성법」 제2조는 생명공학에 대하여 ① 산업적으로 유용한 생산물을 만들거나 생산 공정을 개선할 목적으로 생물학적 시스템, 생체, 유전체 또는 그들로부터 유래되는 물질을 연구·활용하는 학문과 기술, ② 생명현상의 기전, 질병의 원인 또는 발병과정에 대한 연구를 통하여 생명공학의 원천지식을 제공하는 생리학·병리학·약리학 등의 학문이라고 정의하였다.

정부는 생명공학육성 기본계획과 연차별 시행계획을 수립해야 하며, 기본계획에는 ① 생명공학의 기초연구 및 산업적 응용연구의 육성에 관한 종합계획과 지침, ② 생명공학의 연구에 필요한 인력자원의 개발 종합계획과 인력자원의 효율적인 활용에 관한 지침, ③ 생명공학의 연구 및 이와 관련된 산업기술인력의 국제교류와 해외 과학기술자의 활용에 관한 계획과 지침을 포함해야 한다(「생명공학육성법」 제4조).

또한, 생명공학종합정책심의회를 설치·운영하고, 연구·기술협력·공동연구·산업적 응용·기술정보 등에 관한 시책을 수립하여 시행하도록 규정하고 있다. 또한 생명공학 관련 제품에 대한 임상과 검정에 관한 기준을 정하고, 생명공학 연구와 산업의 촉진을 위한 실험지침을 제정하도록 규정하고 있다(동법 제14조·제15조). 특히, 국내에서 생산되지 않는 품목 중 변질 등으로 인하여 시기적으로 안전성의 확보가 어려운 생화학시약·방사성물질시약·미생물 균주 및 동식물 세포주·유전자물질·효소제품 등에 대해서는 관세법의 절차에 불구하고 먼저 통관하고 사후에 승인받는 절차를 명시하였다(동법 제19조; 동법 시행령 제23조).

한편, 뇌 연구 촉진의 기반을 조성하여 뇌 연구를 보다 효율적으로 육성·발전시키고, 개발기술의 산업화를 촉진하여 국민복지의 향상과 국민경제의 건전한 발전에 기여하기 위하여 1998년 6월 3일 「뇌연구 촉진법」이 제정되었다. 「뇌연구 촉진법」은 뇌연구촉진 기본계획과 시행계획, 뇌연구촉진심의회와 실무위원회 등을 규정하고 있다. 특히 교육과학기술부 장관이 매년 뇌 연구 투자 확대 방안을 작성하여 국가과학기술위원회에 보고하도록 규정하고 있다(동법 제9조). 뇌 연구 관련 제품에 대한 임상과 검정체계, 실험지침은 '생명공학'의 경우와 유사하다.

3) 나노기술

우리나라는 나노기술의 연구기반을 조성하여 나노기술의 체계적인 육성 · 발전을 꾀함으로써 과학기술의 혁신과 국민경제의 발전에 이바지하기 위하여 2002년 12월 26일 「나노기술개발촉진법」을 제정하였다.

「나노기술개발촉진법」 제2조는 나노기술에 대하여 ① 물질을 나노미터의 범주에서 조작 · 분석하고 이를 제어함으로써 새롭거나 개선된 물리적 · 화학적 · 생물학적 특성을 나타내는 소재 · 소자 또는 시스템을 만들어 내는 과학기술, ② 소재 등을 나노미터 크기의 범주에서 미세하게 가공하는 과학기술로 정의하고 있다.

동법은 나노기술종합발전계획과 시행계획의 수립, 연구개발의 추진, 민간기술개발의 지원, 나노기술 연구개발의 활동 조사, 전문 인력의 양성, 연구시설의 확충, 연구개발의 실용화, 나노기술전문연구소 지정, 기술정보체계의 구축, 측정표준체계의 확충, 나노기술연구단지의 조성, 나노기술 영향평가 등에 대하여 각각 규정하고 있다. 특히 나노기술종합발전계획은 나노기술 연구개발의 추진에 관한 사항을 ① 지적 기반의 확충을 위한 기초연구, ② 기존 지식의 혁신을 위한 기반 · 원천기술 개발, ③ 5~10년 후 산업화할 수 있는 핵심전략기술 개발의 세 가지 분류로 구분하여 수립하도록 규정하고 있다(동법 시행령 제2조 제3항).

동법 제6조 제3항은 나노기술 분야의 종합적인 기술지도를 작성하도록 규정하고 있으며, 동법 시행령 제5조는 이를 구체적으로 명시하고 있다. 기술지도 작성 주기를 5년으로 정하였으며, 포함할 사항은 ① 주요 나노기술 영역에 대한 개발동향과 발전방향, ② 주요 나노기술에 대한 수요와 시장 전망, ③ 나노기술개발에 대한 연구역량과 제약요인분석, ④ 선진국과의 나노기술 격차분석과 대응전략, ⑤ 주요 나노기술의 실현시기와 실현가능성, ⑥ 주요 나노기술의 특허에 관한 분석이다.

4) 우주기술

우리나라는 우주개발을 체계적으로 진흥하고 우주물체를 효율적으로 이용 · 관리함으로써 우주공간의 평화적 이용과 과학적 탐사를 촉진하고 국가의 안전보장, 국민경제의 건전한 발전과 국민생활의 향상에 이바지하기 위하여 2005년 5월 31일 「우주개발진흥법」을 제정하였다.

「우주개발진흥법」 제2조는 우주개발을 ① 우주물체의 설계·제작·발사·운용 등에 관한 연구활동과 기술개발활동 또는 ② 우주공간의 이용·탐사 및 이를 촉진하기 위한 활동으로 정의하였다. 또한 우주개발사업은 우주개발의 진흥을 위한 사업과 이와 관련되는 교육·기술·정보화·산업 등의 발전을 추진하기 위한 사업이라고 정의하고 있다.

동법 제5조는 국가우주위원회의 심의를 거쳐 우주개발진흥 기본계획을 5년마다 수립하도록 규정하고 있는데, 이 기본계획에는 ① 우주개발정책의 목표와 방향에 관한 사항, ② 우주개발 추진체계와 전략에 관한 사항, ③ 우주개발 추진계획에 관한 사항, ④ 우주개발에 필요한 기반 확충에 관한 사항, ⑤ 우주개발에 필요한 소요재원 조달과 투자계획에 관한 사항, ⑥ 우주개발에 필요한 전문 인력의 양성에 관한 사항, ⑦ 우주개발의 활성화를 위한 국제협력에 관한 사항, ⑧ 우주개발사업의 진흥에 관한 사항, ⑨ 우주물체의 이용·관리에 관한 사항, ⑩ 위성정보 등 우주개발 결과의 활용에 관한 사항, ⑪ 우주개발 추진계획의 세부 추진에 관한 사항 등을 포함해야 한다.

5) 원자력기술

정부는 1995년 1월 5일 「원자력법」에 제9조의2를 추가하고 원자력연구개발사업에 관한 사항을 체계적으로 규정하였다. 교육과학기술부 장관은 5년마다 원자력진흥종합계획과 시행계획을 수립하고, 이에 따라 원자력연구개발사업계획을 수립한 후 매년 연구개발과제를 선정하여 연구를 추진한다. 원자력연구개발사업에 소요되는 재원은 정부의 출연금과 발전용 원자로 운영자의 부담금 등으로 충당한다. 참고로 발전용 원자로 운영자의 부담금은 2011년 1월 1일 현재 해당 원자로를 운전하여 생산되는 전년도 전력량에 킬로와트 시간당 1.2원을 곱한 금액이다(동법 제9조의3).

또한 원자력연구개발사업의 산업화 결과로 징수하는 기술료는 ① 연구원의 연구능률 제고, ② 우수 연구원과 우수 연구개발 결과에 대한 포상, ③ 원자력 분야 연구개발, ④ 원자력 분야 기초연구를 위한 재투자, ⑤ 연구개발 결과의 관리와 활용 등에 사용해야 한다(동법 시행령 제20조의8).

한편, 정부는 방사선과 방사성동위원소의 연구개발에 대한 투자를 확대하기 위해 노력해야 하며(「방사선 및 방사성동위원소 이용진흥법」 제4조), 연구기관, 대학 등의 방사선·방사성동위원소 연구기반을 확충하고, 기업의 활동도 지원해야 한다(동법 제6조·제7조).

6) 비파괴검사기술

우리나라는 비파괴검사기술의 진흥과 연구개발을 촉진하여 기술경쟁력을 높이고, 이를 산업 활동에서 효과적으로 활용함으로써 검사 대상물의 안전성을 증진시켜 국민의 안전에 이바지하기 위하여 2005년 3월 31일 「비파괴검사기술의 진흥 및 관리에 관한 법률」을 제정하였다.

비파괴검사란 물리적 현상의 원리를 이용하여 검사할 대상물을 손상시키지 아니하고 그 대상물에 존재하는 불완전성을 조사하고 판단하는 기술적 행위이다. 비파괴검사 방법에는 ① 방사선 비파괴검사, ② 초음파 비파괴검사, ③ 자기 비파괴검사, ④ 침투 비파괴검사, ⑤ 와전류 비파괴검사, ⑥ 누설 비파괴검사 등이 있다(동법 시행령 제21조).

교육과학기술부 장관은 5년마다 비파괴검사기술 진흥계획을 수립해야 하며(동법 제3조), 비파괴검사기술을 육성하고 연구기관 등을 지원할 수 있다.

7) 핵융합에너지기술

우리나라는 핵융합에너지 연구개발을 촉진하여 핵융합에너지의 생산과 평화적 이용에 필요한 기반을 조성하고, 핵융합에너지 관련 과학기술과 산업을 진흥함으로써 국가경제의 발전과 국민의 삶의 질 향상에 이바지하기 위해 2006년 12월 26일 「핵융합에너지 개발촉진법」을 제정하였다.

정부는 핵융합에너지의 연구개발을 촉진하기 위하여 핵융합에너지 개발진흥기본계획과 연도별 시행계획을 수립해야 하며, 교육과학기술부 장관은 연도별로 연구과제를 선정하여 연구기관, 대학 등과 연구협약을 맺어 연구를 하게 할 수 있다. 이외에도 핵융합에너지 연구개발기관의 설치, 전문 인력의 양성, 연구시설의 확충, 연구협의회 구성, 기업의 투자 촉진, 국제협력의 촉진 등에 대하여 규정하고 있다.

8) 천문연구 및 관측

우리나라는 2010년 4월 1일 「천문법」을 제정하여 운용하고 있다. 교육과학기술부 장관은 천문현상연구에 필요한 천체관측장비를 설치·운용해야 하며, 천문업무를 수행하는 연구소와 대학 등에 예산의 범위 안에서 천문연구 및 관측에 의하여 획득한 전문정보의 보급·활용 촉진에 필요한 경비를 지원할 수 있다(동법 제6조).

9) 산업기술

산업기술개발에 관한 법적 근거는 크게 두 가지가 있다. 핵심산업기술 개발에 관한 법률은 「기술개발촉진법」이고, 산업기술혁신에 관한 법률은 「산업기술혁신 촉진법」이다.

(1) 핵심산업기술

「기술개발촉진법」은 교육과학기술부가 추진하는 특정연구개발사업[1]의 법적 근거를 담고 있다. 동법 제7조는 교육과학기술부 장관이 핵심산업기술을 중점적으로 개발하기 위한 계획을 수립하고, 연도별로 연구과제를 선정하여 이를 정부출연연구기관, 대학, 기업부설연구소, 산업기술연구조합 등과 협약을 맺어 연구하게 할 수 있도록 규정하고 있다.

또한 교육과학기술부 장관은 특정연구개발사업의 연구를 수행하는 기관이나 단체에 연구와 운영 등에 소요되는 경비를 출연금으로 지급할 수 있으며(동법 제8조), 그 기관이나 단체의 기술개발을 지원하기 위하여 ① 공동연구이용시설의 설치·운영과 당해 시설의 이용 알선사업, ② 기술개발에 관한 전문교육과 연수사업, ③ 국내외 기술정보의 수집·분석·보급사업, ④ 기술개발·기술도입과 도입기술의 개량에 관한 조사·연구·홍보사업, ⑤ 기업연구소 등의 설립 지원과 운영에 관한 지도사업 ⑥ 기술개발 성과 보급·사업화 촉진·

---

1) 1982년에 과학기술처가 착수했던 대한민국 최초의 명실상부한 국책연구개발사업이다. 그 후 각 부처 연구개발사업의 모델이 되었다.

공동연구 알선사업 등을 실시할 수 있다(「기술개발촉진법」 제9조).

한편, 특정연구개발사업의 연구수행기관은 연구개발 결과를 사용·양도·대여 또는 수출하는 자로부터 기술료를 징수할 수 있으며, 이를 특정연구개발사업에 참여한 연구원 등에 대한 보상, 전문기관에 대한 납부, 연구개발에 대한 재투자 등에 사용한다(동법 제7조 제3항·제4항). 기술료를 납부받은 전문기관의 장은 그 기술료를 특정연구개발사업과 우수연구·기술개발의 장려와 촉진, 우수 과학기술인의 복지증진, 과학기술 진흥기금에의 산입에 사용한다(동법 제7조 제6항).

(2) 산업기술

「산업기술혁신 촉진법」은 지식경제부에서 추진하는 연구개발사업에 대한 사항을 규정하고 있다. 이 법에 따라 지식경제부 장관은 5년 단위의 산업기술혁신계획과 연도별 시행계획을 수립·추진해야 한다(제5조).

「산업기술혁신 촉진법」에서 말하는 산업기술은 ① 산업의 공통적인 기반이 되는 생산기반기술, 부품, 소재, 장비·설비기술, ② 산업기술 분야의 미래 유망기술, ③ 산업의 고부가가치화를 위한 공정혁신·청정생산·환경설비 등에 관련된 기술, ④ 산업의 핵심기술의 집약에 필요한 엔지니어링·시스템기술, ⑤ 에너지 절약과 신·재생에너지 개발 등 에너지·자원기술, ⑥ 항공우주산업기술과 민·군 겸용기술, ⑦ 디자인·표준 관련 기술, 유통·전자거래·마케팅 등 지식기반서비스 산업 관련 기술, ⑧ 지역특화산업의 육성과 지역산업의 혁신에 필요한 기술, ⑨ 첨단기술·첨단제품의 개발과 자본재의 시제품 개발, ⑩ 정보통신기술, ⑪ 개발된 산업기술의 사업화에 필요한 연계기술, ⑫ 상기 기술들의 결합을 통한 시장 지향형 융합기술 등이다(제11조 제1항).

지식경제부 장관은 연구기관, 대학 등에 산업기술개발사업을 수행하게 할 수 있으며, 이에 소요되는 연구개발비를 출연할 수 있다.

10) 지능형 로봇기술

지능형 로봇이란 외부환경을 스스로 인식하고 상황을 판단하여 자율적으로 동작하는 기계

장치를 말한다(「지능형 로봇 개발 및 보급 촉진법」 제2조 제1호).

정부는 지능형 로봇의 개발을 촉진하기 위하여 5년마다 기본계획을, 연도별로 실행계획을 각각 수립·시행해야 한다(동법 제5조). 기본계획에는 ① 지능형 로봇의 개발과 보급에 관한 기본방향, ② 지능형 로봇의 개발과 보급에 관한 중·장기목표, ③ 지능형 로봇의 개발과 이와 관련된 학술 진흥·기반조성에 관한 사항, ④ 지능형 로봇의 개발과 보급에 필요한 기반시설의 구축에 관한 사항, ⑤ 지능형 로봇 윤리헌장의 실행에 관한 사항, ⑥ 지능형 로봇에 대한 중앙행정기관의 사업방향에 관한 사항 등이 포함되어야 한다.

정부는 장애인·노령자·저소득자 등 사회적 약자들이 지능형 로봇을 자유롭게 이용할 수 있는 기회를 누리고 혜택을 향유할 수 있도록 지능형 로봇의 사용 편의성 향상 등을 위한 대책을 마련해야 한다(동법 제17조).

공공기관이나 정부출자기관은 로봇의 개발과 보급을 수행하는 자에게 출연 또는 융자를 하거나 기타 필요한 지원을 할 수 있다(동법 제6조).

11) 소프트웨어기술

소프트웨어는 컴퓨터·통신·자동화 등의 장비와 그 주변장치에 대하여 명령·제어·입력·처리·저장·출력·상호작용이 가능하도록 하게 하는 지시·명령의 집합과 이를 작성하기 위하여 사용된 기술서 기타 관련 자료이다(「소프트웨어산업 진흥법」 제2조 제1호).

정부는 소프트웨어산업과 관련된 기술의 개발을 촉진하기 위하여 기술개발 사업을 실시하는 자에 대하여 소요 자금의 전부 또는 일부를 출연·보조할 수 있다(동법 제11조).

12) 환경기술

우리나라는 환경기술의 개발·지원·보급을 촉진하고, 환경산업을 육성함으로써 환경보전과 국민경제의 지속 가능한 발전에 이바지할 목적으로 「환경기술개발 및 지원에 관한 법률」을 제정하여 시행하고 있다. 이 법에서 말하는 환경기술은 환경의 자정능력을 향상시키고 사람과 자연에 대한 환경피해 유발 요인을 억제·제거하는 기술로서, 환경오염을 사전에 예방·감소시키거나 오염·훼손된 환경을 복원하는 등 환경의 보전과 관리에 필요한 기술이다.

환경부 장관은 5년마다 환경기술개발종합계획을 수립해야 한다. 이 계획에는 ① 환경규제 수준의 현황과 장기전망, ② 환경기술의 단계별 개발목표와 목표 달성을 위한 대책, ③ 환경기술의 경쟁력 강화 등 환경산업의 고도화 촉진, ④ 환경기술의 보급과 실용화 촉진, ⑤ 정부가 추진하는 환경기술개발에 관한 사업의 연도별 투자와 추진계획, ⑥ 환경기술의 도입과 이전, ⑦ 학교·학술단체·연구기관 등에 대한 환경기술의 연구 지원, ⑧ 환경기술정보의 수집·분류·가공·보급 등을 포함해야 한다(「환경기술개발 및 지원에 관한 법률」 제3조).

환경부 장관은 연구기관, 대학 등에게 연구비를 출연하여 환경기술개발사업을 추진하게 할 수 있으며, 환경기술의 실용화를 위하여 ① 전문기관의 육성, ② 특허기술의 실용화, ③ 환경기술의 실용화에 필요한 인력·시설·정보 등의 지원과 기술지도, ④ 환경산업의 해외시장 개척을 위한 해외 현지 사무소 건립 지원 등을 할 수 있다(동법 제6조).

환경부 장관은 환경기술의 국제공동연구를 촉진해야 하며, 환경기술개발센터를 지정할 수 있다(동법 제8조·제10조).

13) 보건의료기술

정부는 보건의료기술의 진흥을 위한 연구개발 활동과 보건 신기술을 장려해야 한다(「보건의료기술 진흥법」 제3조). 보건복지부 장관은 매 5년마다 보건의료기술발전계획을 수립하고, 연도별·분야별 연구과제를 선정하여 연구기관, 대학 등과 협약을 맺어 연구하게 할 수 있다(동법 제4조·제5조). 보건의료기술발전계획에는 ① 보건의료기술의 방향과 목표, ② 보건의료기술의 국내외 환경분석, ③ 중장기 중점 기술개발전략, ④ 보건의료기술의 진흥을 위한 중장기 투자계획, ⑤ 보건의료기술 인력의 수급과 육성방안을 포함해야 한다.

또한 보건복지부 장관은 신기술 개발을 촉진하고 그 성과를 널리 보급하기 위하여 우수한 보건의료기술을 보건신기술로 인증할 수 있으며, 보건신기술의 제품화를 촉진하기 위하여 자금지원 등 지원시책을 마련해야 한다(동법 제8조).

14) 농어업 및 식품 관련 기술

국가와 지방자치단체는 농어업, 식품 관련 산업의 생산성과 경쟁력 향상을 위하여 농어업 생산기술, 농어업 생산기반 정비기술, 농수산물 가공·식품제조기술과 음식물 조리법 등에 관한 연구·개발·보급과 농어업·식품산업 현장연구, 산학연 공동연구와 연구평가관리 체제의 확립 등에 관한 종합적인 계획을 세우고 시행해야 한다(「농어업·농어촌 및 식품산업 기본법」 제35조).

국가와 지방자치단체는 농어업과 식품 관련 산업의 기술 등을 신속하게 개발·보급하기 위하여 관련 연구기관 또는 단체 등에 농어업과 식품 관련 산업의 기술개발연구를 수행하게 할 수 있으며, 이에 필요한 자금을 지원할 수 있다(동법 제36조).

15) 건설기술

국토해양부 장관은 건설기술의 연구·개발을 촉진하고 그 성과를 효율적으로 이용하도록 건설기술진흥기본계획을 수립하고(「건설기술관리법」 제3조), 연구기관이나 대학 등과 협약을 맺어 건설기술연구개발사업을 실시할 수 있다. 이때 소요되는 경비의 전부 또는 일부를 지원할 수 있다(동법 제16조의2).

국토해양부 장관은 공공기관, 건설업자, 건설기술 용역업자에게 부설연구소를 설치·운영하거나 공동연구·정보교환 등의 실시와 기술개발 투자를 권고할 수 있다.

16) 엔지니어링기술

우리나라는 엔지니어링 활동주체의 기술 집약화를 촉진하여 제조업 등 관련 산업과의 균형 발전을 도모하고, 과학기술 분야에서 연구개발 결과의 실용화를 촉진함으로써 국민경제의 발전에 이바지하기 위하여 「엔지니어링기술 진흥법」을 제정하여 시행하고 있다. 여기서 엔지니어링 활동은 과학기술의 지식을 응용하여 사업 및 시설물에 관한 연구·기획·타당성 조사·설계·분석·구매·조달·시험·감리·시운전·평가·자문·지도 등의 활동과 그 활동에 대한 사업관리를 말한다.

지식경제부 장관은 엔지니어링기술진흥기본계획을 수립·시행해야 한다. 기본계획에는 ① 엔지니어링기술의 진흥을 위한 시책의 기본방향, ② 엔지니어링기술의 연구개발과 보급에 관한 사항, ③ 엔지니어링 전문 인력의 양성에 관한 사항, ④ 엔지니어링기술의 실용화 촉진에 관한 사항, ⑤ 엔지니어링 활동주체의 지원에 관한 사항 등을 포함해야 한다(「엔지니어링기술 진흥법」 제3조).

정부는 엔지니어링기술의 연구개발 결과를 실용화하는 데 필요한 지원을 할 수 있으며(동법 제3조의3), 엔지니어링기술정보의 이용과 유통을 촉진하기 위하여 필요한 시책을 강구해야 한다(동법 제3조의4).

17) 안전기술

「재난 및 안전관리 기본법」 제71조는 재난의 예방·원인조사 등을 위한 실험·조사·연구·기술개발·전문인력 양성 등 안전관리에 필요한 과학기술 진흥시책의 수립을 정부의 임무로 규정하고 있다. 여기서 재난관리는 재난의 예방·대비·대응·복구를 위하여 하는 모든 활동이며, 안전관리는 시설과 물질 등으로부터 사람의 생명·신체·재산의 안전을 확보하기 위하여 하는 모든 활동을 말한다.

소방방재청장은 5년마다 국가과학기술위원회의 심의를 거쳐 안전기술개발종합계획을 수립해야 한다. 계획에는 ① 안전기술 수준의 현황과 장기전망, ② 안전기술의 단계별 개발목표와 이의 달성을 위한 대책, ③ 안전기술의 경쟁력 강화 등 안전산업의 활성화방안, ④ 정부가 추진하는 안전기술 개발에 관한 사업의 연도별 투자·추진계획, ⑤ 학교·학술단체·연구기관 등에 대한 안전기술의 연구 지원, ⑥ 안전기술정보의 수집·분류·가공·보급, ⑦ 산·학·연·정 협동연구와 국제안전기술협력을 촉진할 수 있는 방안, ⑧ 안전기술의 개발과 안전산업의 육성을 포함해야 한다(동법 시행령 제77조).

소방방재청장은 연구기관·대학 등과 협약을 맺어 안전기술개발사업을 실시할 수 있다(동시행령 제79조). 또한 지원에 따라 개발된 기술을 사업화하여 매출이 발생한 경우에는 매출액의 순이익금 범위 안에서 소정의 기술료를 징수할 수 있다. 징수한 기술료의 50% 이상은 신기술의 개발에 대한 지원금으로 사용하고, 나머지는 지원사업의 수요 조사와 사업

성평가, 우수 기술개발 또는 사업화에 성공한 사업자에 대한 포상, 그 밖에 소방방재청장이 정하여 고시하는 사업에 사용한다(「재난 및 안전관리 기본법 시행령」 제81조).

18) 기상기술

기상청장은 기상사업자의 사업수행에 필요한 기술의 연구개발을 지원하기 위하여 매년 기상사업자가 신청한 연구개발과제 가운데 기상산업의 진흥을 위하여 필요하다고 인정하는 과제를 선정하여 연구기관, 대학 등과 협약을 맺어 연구하게 할 수 있다. 이 경우에 기상청장은 해당 연구에 소요되는 연구비를 출연금으로 지급할 수 있다(「기상산업진흥법」 제9조).

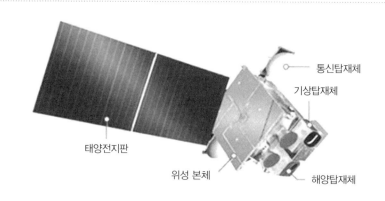

통신탑재체
기상탑재체
태양전지판
위성 본체
해양탑재체

그림 4-4 2010년 발사된 한국의 통신해양기상위성 천리안

또한 기상청장이 지원하여 연구개발한 성과를 사업화하는 기상사업자 등에 대하여는 ① 시제품의 개발·제작·설비투자에 필요한 비용의 지원, ② 지적소유권의 전용실시권 또는 통상실시권의 설정·허락 또는 알선, ③ 사업화로 생산된 기상장비 등의 우선 구매, ④ 연구개발에 사용되거나 생산된 연구기기·설비·시제품 등의 사용권 부여 또는 그 알선, ⑤ 그 밖에 사업화를 위하여 필요한 사항을 지원할 수 있다(동법 제10조).

4. 주요 계획에 나타난 국가중점 과학기술

국가중점 과학기술로 선정된 과학기술은 일정기간 동안에는 대체로 유사하다. 해당 기간 동안의 수요를 반영하고 있기 때문이다. 그러나 각 정부마다 강조하는 정책방향에 따라 일부 차이가 나타나기도 한다.

1) 21세기 프론티어 연구개발사업(국민의 정부)[2]

인간유전체기능 연구 · 지능형 마이크로 시스템 개발 · 테라급 나노소자 개발 · 자생식물 이용기술 개발 · 자원 재활용기술 개발 · 생체기능 조절물질 개발 · 작물유전체기능 연구 · 차세대 소재성형기술 개발 · 차세대 초전도 응용기술 개발 · 수자원의 지속적 확보기술 개발 · 미생물 유전체 활용기술 개발 · 세포 응용 연구 · 프로테오믹스 이용기술 개발 · 나노메카트로닉스기술 개발 · 나노소재기술 개발 · 이산화탄소 저감 및 처리기술 개발 · 스마트 무인기기술 개발 · 차세대 정보 디스플레이기술 개발 · 인간기능 생활지원 지능로봇기술 개발 · 유비쿼터스 컴퓨팅 원천기반기술 개발 · 뇌기능 활용 및 뇌질환 치료기술 개발사업 · 고효율 수소에너지 제조 · 저장 · 이용기술

2) 국가기술지도 99개 핵심기술(국민의 정부)[3]

(1) 정보 · 지식 · 지능화 사회 구현

광통신기술 · 초고속 무선 멀티미디어/4G 및 이동 멀티미디어 콘텐츠기술 · 반도체/나노 신소자기술 · 지능 네트워크기술 · 착용형 컴퓨터기술 · 고성능 정보처리 및 저장장치기술 · 유무선 통합시스템기술 · 디지털 신호처리기술 · 디지털 방송기술 · 전자상거래시스템

---

2) 사업단장에게 세부과제 책임자 선정 등 연구개발사업 추진에 관한 전권을 부여함으로써 전형적인 과학자 자치의 추진체제를 선도적으로 갖춘 국가연구개발사업이다. 다년도협약제도를 통해 연구행정을 간소화하고, 기술지도를 적용하여 목표달성에 이르는 세부기술을 선정하였다. 그 후 유사한 국가연구개발사업 추진의 모델이 되었다.

3) 국가 전체적인 니즈로부터 시작하여 국가적 핵심과학기술 99개를 체계적으로 도출 후 모든 기술에 대하여 목표 달성 전략을 지도로 그린 범부처 차원의 대규모 작업이다.

기술 · 차세대 정보시스템 · 소프트웨어 표준화 및 설계와 재이용기술 · 전자금융기술 · 정보검색 및 OBMS기술 · 디지털 정보 디자인기술 · 정보보호기술 · 영화/영상/디지털 미디어 표준화기술 · 디지털 콘텐츠 저작 도구 · 게임 엔진 제작 및 기반기술 · 사이버 커뮤니케이션기술 · 문화원형 복원기술 · 인공지능 및 지능로봇기술 · MEMS기술 · 홈 네트워크기술 · 가전기기 지능화기술 · 차세대 디스플레이기술 · 생체진단기술

(2) 건강한 생명사회 지향

초고속 분석시스템기술 · Target 인식 및 타당성 검증기술 · 선도물질 도출기술 · 선도물질 최적화기술 · 후보 물질 도출기술 · 대량생산 공정기술 · 제제화기술 · 약물전달시스템기술 · 안전성 및 효능 평가기술 · 임상시험기술 · 생체신호 처리기술 · 생체영상 처리기술 · 바이오 칩/센서기술 · 생체재료기술 · 줄기세포 응용기술 · 유전자 조작/전달기술 · 생체기능 모니터링기술 · 생체정보 생성 · 저장기술 · 생체정보분석 · 활용기술

(3) 환경/에너지 프론티어 진흥

대기오염물질 저감/제거기술 · 수질 및 수자원 관리기술 · 폐기물 저감 및 재활용기술 · 환경 친화적 소재기술 · 생태계/오염토양/지하수 복원기술 · 해양오염평가 및 저감기술 · 위해성관리를 통한 환경보건기술 · 자연재해 예측 및 저감기술 · 기상조절기술 · 연료전지기술 · 수소에너지기술 · 소형 열병합 발전시스템기술 · 에너지 소재기술 · 에너지 절약형 반응 및 분리공정기술 · 미활용에너지 이용기술 · 바이오에너지기술 · 미래형 일체형 원자로기술 · 태양에너지기술 · 풍력에너지기술 · 2차 전지기술 · 고신뢰성 전력시스템기술

(4) 기반주력산업 가치 창출

차세대 자동차(지능형, 하이브리드, 연료전지 자동차)기술 · 고부가가치 선박기술 · 해양 구조물 및 장비기술 · 한국형 고속전철 및 첨단 경전철기술 · 통합물류 수송시스템 구축기술 · 지능형 교통시스템(ITS)기술 · 첨단 SOC 인프라 건설기술 · 건설 정보화기술 · 인간 친화형 고기능 건축기술 · 기존 건물 수명 연장기술 · 청정 해양에너지 개발기술 · 지능형

생산시스템기술 · 청정 생산시스템기술 · 초정밀 가공시스템기술 · 초미세 공정 및 장비기술 · 나노소재/소자기술 · 고기능 금속소재기술 · 고기능 세라믹소재기술 · 고기능 고분자 소재기술 · 고성능 복합기능 섬유소재기술

(5) 국가안전 및 위상 제고

위성체 개발기술 · 위성 탑재체기술 · 저궤도 위성 발사체 개발기술 · 액체 추진기관 개발 기술 · 무인비행체 및 시스템 개발기술 · 차세대 회전익기 및 서브시스템기술 · 고품질 다수 확 작물 개발기술 · BT 활용 고부가 농축산물 개발기술 · 고기능성 식품의 생산/가공/보존 기술 · 친환경 수산 증양식 개발 응용기술 · 유용 동식물 자원의 보존 및 이용기술

3) 10대 차세대 성장동력 사업(참여정부)

지능형 로봇 · 미래형 자동차 · 차세대 전지 · 디스플레이 · 차세대 반도체 · 디지털 TV/방송 · 차세대 이동통신 · 지능형 홈 네트워크 · 디지털 콘텐츠/SW 솔루션 · 바이오신약/장기

4) 21개 미래유망기술(참여정부)

핵융합기술 · 유비쿼터스 사회기반 구축/관리기술(유비쿼터스 사회기반시설 구축/관리기술, 미래도시 관리기술) · 해양영토관리와 이용기술 · 초고성능 컴퓨팅기술 · 인공위성기술 · 고부가 생물자원기술(고부가/친환경/안전 생물자원기술, 생물기능 신소재/의약품 생산기술) · 재생 의과학기술(줄기세포/이종장기 치료기술, 암의 발생/전이 메커니즘 규명 및 치료기술) · 나노/고기능성 소재기술(기능성 소재기술, 친환경 소재기술) · 기후변화 예측/대응기술 · 인지과학/로봇기술(휴머노이드로봇기술, 뇌−기계 인터페이스기술) · 초고효율 운송/물류관리기술(차세대 비행체기술, 초고속 운송기술) · 청정/신재생에너지기술(신재생 에너지기술, 신에너지소재기술, Zero-emission기술) · 지식과 정보보안기술(통합정보보호시스템기술, 신원인식시스템기술 등 테러방지기술) · 감성형 정보보안기술(오감 체험형 엔터테인먼트기술, 차세대 디스플레이기술) · 실감형 디지털 컨버전스기술(실감형 통방융합 이동통신기술) · 생체방어기술(바이오 디펜스기술, 인체안전/위해성평가기술, 특정유해

오염물질 제어기술) · 맞춤의약/신약기술(맞춤의학기술, 유비쿼터스 health care기술, 생체정보 수집/관리/활용 첨단 의료기술) · 전 지구 관측시스템과 국가자원 활용기술 · 재해/재난 예측 및 관리기술(풍수해/지진 예측 및 대응기술, 미래재난 관리기술) · 생태계 보전/복원기술(생태계 보전/복원기술, 순환형 환경시스템 구축기술, 고효율 수처리기술) · 차세대 원자력시스템기술(원자력 안전관리, 폐기물 처리기술)

5) 국가중점 육성 33개 특성화기술(참여정부)

차세대 네트워크 기반기술 · 휴대인터넷 및 4세대 이동통신기술 · USN기술 · 정보보호기술 · 차세대시스템 S/W기술 · 줄기세포 응용기술 · 신약 개발 전임상/임상기술 · 신약 타겟/후보물질 도출기술 · 약물전달기술 · 농수축산물 고부가가치화 가공/생산기술 · 지능형서비스 로봇기술 · 환경친화적 자동차기술 · 초정밀가공 공정/장비기술 · 지능형 생산시스템기술(기계, 공정, 섬유 등) · 수소에너지 생산/저장기술 · 차세대 전지(2차 전지, 연료전지)기술 · 사전 친환경 제품/공정기술 · 광/전자 융합기술 · 에너지 이용 고효율화 기술 · 나노급 소재 공정기술 · 400㎞/h급 고속열차기술 · 첨단 경전철/도시형 자기부상열차기술 · 첨단물류기술 · 암 조기진단기술 · 인체 안전성/위해성 평가기술 · 신재생에너지기술(태양, 풍력, 바이오) · 위성체(본체, 탑재체) 개발기술 · 해양영토관리 및 이용기술 · 해양환경조사/보전/관리기술 · 대기오염 저감/처리기술 · 자원 순환/폐기물 안전처리기술 · 환경보전/복원기술 · 자연재해/재난 예방 및 대응기술

6) 50개 중점 육성기술(이명박정부)

(1) 주력 기간 산업기술 고도화

환경친화적 자동차기술 · 차세대 선박/해양/항만구조물기술 · 지능형 생산시스템기술 · 초정밀 가공/측정 제어기술 · 차세대 네트워크기반기술 · 휴대 인터넷/4세대 이동통신기술 · 메모리 반도체기술 · 차세대 반도체 장비기술 · 차세대 디스플레이기술

(2) 신산업 창출을 위한 핵심기술 개발 강화

암 질환 진단/치료기술 · 신약개발기술(질환치료제 개발기술) · 임상시험기술 · 의료기기 개발기술 · 줄기세포 응용기술 · 단백질/대사체 응용기술 · 신약 타겟/후보물질 도출기술 · 뇌과학 연구 및 뇌질환 진단/치료기술 · 차세대시스템 S/W기술 · 차세대 초고성능 컴퓨팅 기술 · 차세대 HCI기술

(3) 지식기반서비스산업 기술개발 확대

융합형 콘텐츠 및 지식서비스기술 · 첨단 물류기술

(4) 국가주도기술 핵심역량 확보

위성체(본체, 탑재체)개발기술 · 차세대 항공기개발기술 · 핵융합에너지기술 · 차세대원자 로기술 · 차세대 무기개발기술

(5) 현안 관련 특정 분야 연구개발 강화

면역/감염질환 대응기술 · 인체 안전성/위해성 평가기술 · 식품 안전성 평가기술 · 농수축 임산물 자원 개발/관리기술 · IT 나노 소자기술 · 에너지 이용 고효율화기술

(6) 글로벌 이슈 관련 연구개발 추진

수소에너지 생산/저장기술 · 차세대 전지 및 에너지 저장 변환기술 · 신재생에너지기술(태양, 풍력, 바이오) · 에너지/자원개발기술 · 해양 영토 관리/이용기술 · 해양환경 조사/보전 관리기술 · 지구 대기환경 개선기술 · 환경(생태계)보전/복원기술 · 수질관리 및 수자원보호기술 · 기후변화 예측/적응기술 · 자연재해/재난 예방 및 대응기술

(7) 기초 · 기반 · 융합기술 개발 활성화

약물전달기술 · 바이오 칩/센서기술(U-Health) · 지능형 로봇기술 · 나노기반 기능성 소재 기술 · 나노기반 융 복합 소재기술 · 미래첨단도시 건설기술

7) 신성장동력(이명박정부)

(1) 녹색기술산업

신재생에너지 · 탄소저감에너지 · 고도 물처리 · LED 응용/그린 수송시스템 · 첨단 그린 도시

(2) 첨단융합산업

방송통신 융합산업 · IT융합시스템 · 로봇 응용 · 신소재/나노 융합 · 바이오 제약/의료기기 · 고부가 식품산업

(3) 고부가서비스산업

글로벌 헬스케어 · 글로벌 교육서비스 · 녹색금융 · 콘텐츠/소프트웨어 · MICE (Meeting, Incentive travel, Convention, Exhibition) · 융합관광

8) 27개 녹색기술(이명박정부)

(1) 에너지원

실리콘계 태양전지의 고효율 저가화기술 · 비실리콘계 태양전지의 양산 및 핵심 원천기술 · 바이오에너지 생산요소기술 및 시스템기술 · 개량형 경수로 설계/건설기술 · 친환경 핵비확산성 고속로 및 순환 핵주기시스템기술 · 핵융합로 설계/건설기술 · 고효율 수소제조 및 수소저장기술 · 차세대 고효율 연료전지 시스템기술 · 친환경 식물성장 촉진기술

(2) 산업 · 공간 녹색화

고효율 저공해 차량기술 · 지능형 교통/물류기술 · 생태 공간 조성 및 도시재생기술 · 친환경저에너지 건축기술 · 환경 부하 및 에너지 소비 예측을 고려한 Green Process기술

(3) 에너지 고효율화

석탄가스화 복합발전기술 · 조명용 LED 및 그린 IT기술 · 전력 IT 및 전기기기 효율성 향

상기술 · 고효율 2차 전지기술 · 가상현실기술

(4) 환경보호

기후변화 예측/모델링개발기술 · 기후변화 영향평가/적응기술 · CO_2포집/저장/처리기술 · Non-CO_2(이산화탄소 제외 온실가스) 처리기술 · 수계 수질평가/관리기술 · 대체 수자원 확보기술 · 폐기물의 저감/재활용/에너지화기술 · 유해성 물질 모니터링 및 환경정화기술

9) 15개 NBIC 국가융합기술(이명박정부)

(1) 바이오 의료 분야

바이오 의약품 · 바이오 자원/신소재/장기 · 메디－바이오지원 진단시스템 · 고령 친화 의료기기 · 기능성식품

(2) 환경보호

스마트 상수도/대체 수자원 · 바이오에너지 · 고효율 저공해 차량 · CO_2포집/저장/처리 · 나노 기반 융합 핵심 소재

(3) 환경보호

가상현실 · 융합LED · 지능형 융합 자동차 · 웰페어 융합 플랫폼 · 라이프 로봇

10) 10대 핵심소재(이명박정부)

친환경스마트 표면처리 강판 · 수송기기기용 초경량 마그네슘 소재 · 에너지 절감/변환용 다기능성 나노 복합소재 · 다기능성 고분자 멤브레인소재 · 플렉시블 디스플레이용 플라스틱 기판소재 · 고에너지 2차 전지용 전극소재 · 바이오 메디컬소재 · 초고순도 카바이드소재 · LED용 사파이어 단결정소재 · 탄소 저감형 케톤계 프리미엄섬유

11) 주요 외국의 국가중점 과학기술 사례

미국	새로운 세대의 미국의 혁신정책 등 : 수소연료기술 · 건강정보기술 · 광대역 통신기술 · 나노기술 · 에너지/환경기술 · 국가안보기술
일본	제3기 과학기술 기본계획 : 에너지 · 제조기술 · 사회기반 · 프런티어 · 생명공학 · 정보통신 · 환경 · 나노/재료 분야
유럽연합	제7차 Framework Programme : 보건 · 식품 · 농수산업 · 생명공학 · 정보통신 · 나노기술 · 에너지 · 환경 · 교통 · 사회경제학 및 인문과학 · 우주 · 안보
중국	국가중장기 과학기술 발전계획 : 생물기술 · 정보기술 · 신재료기술 · 첨단 생산기술 · 첨단 에너지기술 · 해양기술 · 레이저기술 · 항공우주기술
인도	제11차 경제개발 5개년 계획 : 고에너지와 핵물리학 · 연구기반 천문학 · 국가 헤테로 구조시설 · 자체 여객기 개발 · 탈염화 및 물 정화기술 · 영양학 · 의료기술 · 첨단 컴퓨팅 · 첨단 제조기술 · 로보틱스 및 자동화 · 연소연구 · 센서 및 집적시스템 · 분산 센서 및 네트워크 · 보안기술 · 첨단 기능성 물질

자료 : 『제2차 과학기술기본계획(2008~2012)』, p.54.

2 국방과학기술정책

인류의 역사는 전쟁의 역사였다. 평화의 기쁨은 작았고 전쟁의 상처는 컸다. 우리나라는 유달리 많은 전쟁에 시달렸다. 수많은 외침 속에서 인동초가 되어 민족의 터전을 지켜냈다. 주변에 세계적인 강대국을 두고 있는 지정학적 숙명이 남북 분단까지 초래하였고, 지금도 강대국의 압력을 받고 있다. 일본의 독도 영유권 억지 주장이나 중국의 동북공정작업은 작은 시작일지도 모른다. 그래서 우리는 경제강국과 동시에 군사강국이 되어야 한다. 첨단과학기술로 첨단군사력을 키워야 한다.

6.25 전쟁으로 폐허가 되었던 서울 시가지의 모습

판문점의 모습 : 앞쪽 건물은 군사정전위원회 본회의장, 뒤쪽 건물은 북한의 판문각

휴전선을 순찰하는 국군의 모습

세계적 강대국(중국, 일본, 러시아)으로 둘러싸여 있는 한반도의 지리적 위치

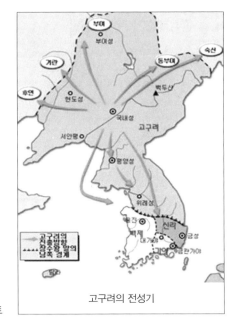

고구려의 전성기

고구려 장수왕 재위기간(412~491) 중의 우리나라 영토

1. 국방과학기술의 의의

1) 전투력의 3대 요소와 과학기술

전투력의 3대 요소는 전투력의 양, 질, 운용기술이다(김용현, 2005, pp.377~380). 전투력의 양은 병력과 장비의 규모를 말한다. 전투력의 질은 부대·병과 등 전투력의 구성, 병사의 훈련 정도와 전투 경험, 사기·군기·단결 등 정신적 요소로 구성된다. 전투력의 운용기술은 지휘통제체제를 말한다.

과학기술은 전투력의 각 요소에 중대한 영향을 미친다. 첫째, 과학기술은 전통적으로 전투장비의 혁신을 가져왔다. 돌멩이·바위 덩어리·죽창 등의 원시무기는 창·칼·활[1]·방패 등으로 진화되었다. 흑색화약·소총·수류탄·대포·전투기·원자폭탄·항공모함 등도 모두 과학기술의 산물이다. 첨단 장비의 등장으로 병사의 수가 감소되고, 안전이 크게 증가되었다.

---

1) 활과 화살은 인류 최초의 조립식 무기이다.

둘째, 과학기술은 전투력의 질에도 큰 영향을 미친다. 특히 병사의 훈련방법에 새로운 전기를 제공해 주는 것이 사이버 훈련방식이다. 이제 병사들은 실전에 임하지 않고도 컴퓨터 모니터 앞에서 비행훈련을 하거나 가상의 전투경험을 익힐 수 있게 되었다.

셋째, 최신 정보통신기술에 의해 가장 급속한 변화를 도모하고 있는 분야가 전투력의 운용부문이다. 예전에는 병법전문가의 개인적 전문성에 의존하던 전술운용이 이제는 컴퓨터와 통신체계를 이용한 과학적 방법으로 대부분 전환되었다. 그것이 다름 아닌 C_4I체제이다. Command(지휘), Control(통제), Communication(통신), Computer(컴퓨터)와 Intelligence(정보)의 영문 머리글자를 조합한 통합전장관리체계이다. 이에 따라 전쟁이 벌어질 경우에는 무기와 전투부대가 하나의 정보네트워크로 통합되며, 전투요원도 유·무선 통신체제를 통하여 전시 상황 등 모든 정보를 실시간으로 공유할 수 있다. 이를 통하여 전장에서의 임무를 효과적으로 수행할 수 있다.

2) 무기체계의 변천과 과학기술

근대적 의미의 군사과학기술은 화약의 발명으로 거슬러 올라간다. 화약은 대단히 짧은 시간 안에 빠르게 팽창하는 고온·고압의 기체를 만드는 물질이어서, 시설의 폭파나 대포·소총 등에 널리 사용되었다. 그중 흑색화약의 고향은 동양이다. 7세기경에 중국에서 초석·유황·목탄을 혼합하여 제조하였으며, 몽고군을 통해 아랍을 거쳐 유럽으로 전래되었다. 유럽에서는 1249년 영국의 R. Bacon(1214~1294)이 중국에서의 방법과 동일한 재료를 이용하여 실험에 성공하였으며, 1320년에 독일의 Berthold Schwart가 흑색화약 제조방법을 전파하였다. 급기야 스웨덴의 A. Nobel(1833~1896)이 1866년 다이너마이트를 개발하는 데 성공하였다. Nobel은 당초 다이너마이트를 산업용으로 개발하였으나 군사적으로 악용되는 예상 외의 결과에 직면하였다. 이에 Nobel은 다이너마이트 판매 수익으로 노벨상을 제정하여 과학기술의 진흥과 평화적 이용 등을 지원하도록 유언하였다.

세계적으로 큰 전쟁들은 가공할 만한 무기를 등장시켰다. 제1차 세계대전(1914~1919)에서는 피스톤식 비행기, 염소가스, 아르신, 포스겐, 히드로시안산 등이 위력을 발휘했다. 제2차 세계대전(1939~1945)에서는 항공모함, 잠수함, 제트기, 탱크, 기관총, 원자폭탄 등이 주력 무기로 자리 잡았다. 그중 원자폭탄은 일본의 히로시마와 나가사키를 잿더미로 만들었고, 수많은 사람들의 목숨을 거두었으며, 살아남은 사람조차도 생을 마칠 때까지 고통을 받게 했다. 원자폭탄 제조에 현대 과학기술의 아버지라고 일컫는 Einstein(1879~1955)의 상대성 이론($E=mc^2$)이 응용됐다는 사실은 무기와 과학기술의 밀접한 관계를 웅변적으로 설명하는 대표적 사례이다.

한편, 걸프전쟁(1991)에서는 조기경보기, 스텔스전투기, 토마호크미사일, 페트리어트미사일 등이 정밀공격을 감행했다. 아군은 최대한 보호하면서 적군에 대한 타격을 극대화하는 무기체계들이었다. 스텔스전투기는 적의 레이더에 포착되지 않으면서 적진 깊숙이 침투하여 폭격할 수 있는, 일명 '보이지 않는 전투기'이다. 레이더의 전파가 빗나가도록 비행기 표면의 곡면을 조절하거나, 전파를 아예 흡수하여 반사하지 않는 도료를 비행기의 표면에 도포하는 과학기술전투기이다. 토마호크미사일과 페트리어트미사일의 정밀성은 최첨단 반도체에 의해 뒷받침되었다. 해당 반도체는 대부분 민수용으로 제작된 것이었다.

표 4-1 서양의 주요 군사과학기술 발달사

- 1249년 흑색화약 제조(영국)
- 1846년 포미 장진식 화포 제작(이탈리아)
- 1866년 다이너마이트 발명(스웨덴)
- 1898년 잠수함 발명(미국)
- 1903년 비행기 발명(미국)
- 1909년 TNT 발명(독일)
- 1916년 전차 완성(영국)
- 1935년 레이더 완성(영국)
- 1939년 헬리콥터 제작 성공(미국)
- 1943년 네이팜탄 사용, 무반동총 완성(미국)
- 1945년 원자폭탄 사용(미국)
- 1957년 인공위성 발사 성공(소련)
- 1960년 레이저 발명(미국)
- 1962년 원자력 항공모함 엔터프라이즈 완성(미국)
- 1991년 요격미사일 실전 배치(미국)

자료 : 정용운, 2006, p.109.

서양의 주요 군사과학기술 발달사는 〈표 4-1〉과 같다.

3) 미래전의 양상과 과학기술

현대전의 무기체계는 재래식무기, 핵무기, 미사일, 화학무기, 생물학무기, C_4I체제 등이다. 재래식무기는 육군의 전차 · 장갑차 · 야포 · 다연장/방사포 등, 해군의 전투함정 · 상륙함정 · 기뢰정 · 지원함정 · 잠수함정 등, 공군의 전투기 · 감시통제기 · 공중기동기 · 헬기 등을 말한다. 화학무기는 제1차 세계대전에서부터 사용된 것으로서, 유독성 화학 작용제와 이를 충전한 포탄과 폭탄 등이다. 최루 작용제 · 구토 작용제 · 수포 작용제 · 겨자 작용제 · 질식 작용제 · 혈액 작용제 · 신경 작용제 등이 있다. 생물학무기에는 탄저병 리신 · 보톨리움 · 천연두 · 클로스트리움 · 낙타 두창 · 페스트 · 야토병 · 바이러스성 출혈열 등이 있다.

한편, 미래전의 양상은 [그림 4-5]에서 보는 바와 같이 세 가지 방향으로 전개될 것으로 예상된다. 첫째, 우주기술과 정보기술은 지상전 · 해전 · 공중전 이외에 '우주전'과 '정

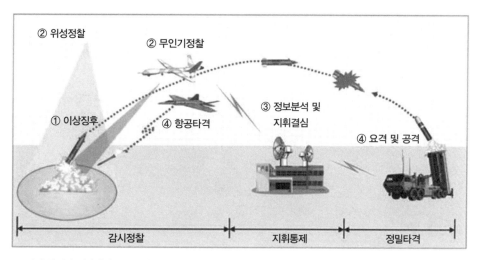

24시간 실시간 전장감시를 통하여 적의 이상징후를 포착하고(감시정찰), 이에 대한 빠른 정보분석과 지휘결심을 통하여(지휘통제), 적시에 적의 지휘부와 표적을 정밀하게 타격(정밀타격)한다.

그림 4-5 미래의 주력 무기체계

자료 : 국방과학연구소.

보·사이버전'의 5차원 전장을 출현시킬 것이다. 우주전은 미국이 앞장서서 '대륙간 탄도 미사일'로부터의 방어체제(MD : Missile Defence)를 구축하고 있으며, 정보·사이버전은 모든 국가에 걸쳐 광범위하게 진행되고 있다. 주요 국가안보기관의 전산망이 하루에도 수만 번씩 해킹 공격을 당하는 것은 전쟁의 양상을 '일상 속에서의 전쟁' 형태로 변화시킨 사례이다.

둘째, 감시·정찰·표적획득기술과 정밀유도·타격기술의 발전은 '정밀공격'과 '주도적 기동'을 심화시킨다. 정밀공격은 인공위성과 네트워크에 기반을 둔 정밀타격이다. 주도적 기동은 소수 정예의 부대를 지구상의 곳곳에 매우 빠른 속도로 기동시키는 원거리 분산타격이다. 여기에는 무기체제의 초소형화와 원격통제 무기체제의 발전이 큰 몫을 하고 있다.

셋째, 무인자율화와 비살상화가 주류를 이룰 것이다. 무인자율화는 사람 대신에 로봇을 전장에 투입하는 방식이다. 비살상화는 적진의 병사는 보호하면서 군사시설과 무기만을 타격하여 파괴하는 방식이다. 이 두 가지의 양상은 모두 인간의 생명을 존중하는 기본 바탕 위

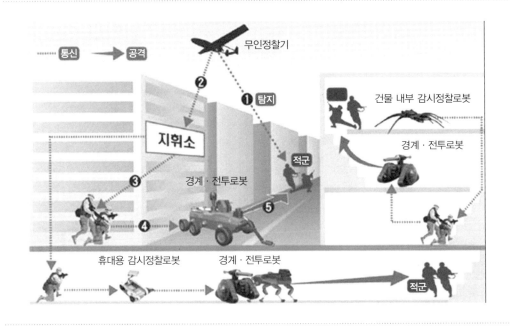

그림 4-6 국방 로봇 활용 개념도

자료 : 중앙일보, 2008. 9. 30.

에서 적의 군사력을 약화시키려는 의도로서, 지능·자율형 로봇체계와 무인무기체계 등의 발전을 바탕으로 진행되고 있다.

예를 들면, [그림 4-6]에서 보는 바와 같이, 적군이 아군의 건물에 접근하면 무인정찰기에서 이를 감지하여 지휘소로 통보한다. 지휘소에서는 경계·전투로봇에게 명령을 내려서 적군을 퇴치하도록 하며, 전투요원이 이를 보완한다. 건물 내부로 침입한 적군에 대해서도 로봇에게 퇴치하도록 명령한다. 이외에도 로봇은 적군의 동향 탐지 및 공격, 무거운 짐 운반 등에 사용되고 있다.

4) 왜 핵무기와 미사일인가?

최근에 세계 각국은 핵무기·화학무기·생물학무기·미사일 등 대량 살상무기는 물론, 잠수함과 특수전 부대 등 비대칭 전력의 강화에 주력하고 있다. 특히, 핵무기는 운반체인 장거리미사일과 병존할 때 엄청난 파괴력을 발휘할 수 있다.

핵무기와 미사일을 보유하면 상대국과의 전술 전개에 있어 매우 유리한 입장을 확보할 수 있다. 핵무기와 미사일을 보유하지 않은 국가에 대해서 대단한 위협이 되기 때문에, 군사 전력에서 절대 우위에 서게 된다. 이와 더불어, 핵무기와 장거리 미사일을 보유한 국가끼리는 쉽사리 공격할 수 없게 하는 전쟁 억지력도 갖고 있어 군사 균형적 평화 유지 기능을 수행한다. 이것이 경제적으로 거대한 예산이 소요되고 기술적으로 어려운데도 불구하고 핵무기와 미사일을 보유하도록 유혹하는 이유이다.

하지만 핵무기 및 미사일의 개발과 보유는 국제적으로 엄중한 감시를 받고 있다. 핵무기는 핵비확산조약(NPT : Nuclear Non-Proliferation Treaty)에 의해 UN안전보장이사회의 5대 상임이사국인 미국·영국·프랑스·러시아·중국 이외에는 보유하지 못하도록 금지하고 있다. 이를 위반하는 나라에 대해서는 UN 차원의 제재가 가해지며, 실질적으로 보유한 국가라 할지라도 공식적으로는 인정하지 않는다. 그것은 5대 상임이사국 이외에는 어느 나라도 핵강대국 대열에 참입시켜 주지 않겠다는 포석이다. 미사일도 미사일통제체제(MTCR : Missile Technology Control Regime)에 의해 핵심기술의 국가 간 이전이 통제되고 있다.

2. 국방과학기술의 개발방향

1) 세계 각국의 고민

군사력이 자국의 안보를 지키는 최후의 보루라는 사실은 역사적으로 수없이 증명되었다. 적의 침입으로부터 자국을 지켜낼 수 있어야 평화를 누릴 수 있었다. 이것은 현재에도 마찬가지이며, 미래에도 변함없을 것이다. 우리 인간은 이 점을 잘 알고 있다.

이에 따라 세계 각국은 〈표 4-2〉에서 보는 바와 같이, 상당 규모의 예산을 군사비로 지출하고 있으며, 국민복지나 경제성장 등으로의 지출을 제한하고 있다.

표 4-2 세계 주요국의 군사비 지출규모 (2009)

순위	국가	군비(억 달러)	2000년 대비 증가율(%)	GDP 대비 군비 비율(%)
1	미국	6,610	75.8	4.3
2	중국(추정치)	1,000	217.0	2.0
3	프랑스	639	7.4	2.3
4	영국	583	28.1	2.5
5	러시아(추정치)	533	105.0	3.5
6	일본	510	−1.3	0.9
7	독일	456	−6.7	1.3
8	사우디아라비아	412	66.9	8.2
9	인도	363	67.3	2.6
10	이탈리아	358	−13.3	1.7
11	브라질	261	38.7	1.5
12	한국	241	48.2	2.8
13	캐나다	192	48.8	1.3
14	호주	190	50.2	1.8
15	스페인	183	34.4	1.2
세계 전체		1조 5310	49.2	2.7

자료 : 스톡홀름국제평화연구소.

군사부문과 경제부문에 대한 자원배분의 경합상황은 [그림 4-7]에서 보는 바와 같다. 국가는 군사부문에 막대한 자원을 배분·지원한 대가로 국부를 보호받는 동시에, 방산물자의 수출로 국부를 증대시킬 수 있다. 군사부문에 대한 자원배분이 커질수록 경제부문에 대한 배분 폭은 줄어든다. 따라서 양 부문의 투자를 적정한 비율로 유지하는 포트폴리오의 선택과 방산물자 수출을 통한 국부의 증대가 모든 국가 앞에 놓여 있는 과제이다.

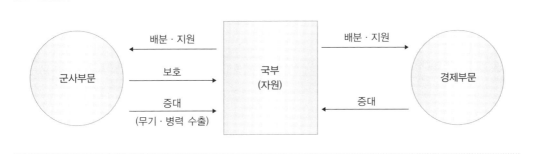

그림 4-7 군사부문과 경제부문에 대한 자원배분의 관계

2) 국방과학기술 개발의 고민

군사부문에 대한 자원배분의 문제는 과학기술 개발에서도 똑같이 나타난다. 대부분의 전쟁 물자를 외국에서 수입하는 나라의 경우에는 과학기술 개발과 관련된 사안의 심각성이 적겠지만, 자체 개발을 추진하는 나라의 경우에는 대단히 심각한 문제이다. 정부 연구개발예산의 절반 정도를 국방부문에 배분하던 미국이 이 문제에 가장 먼저 봉착했다.

이에 대한 처방은 [그림 4-8]에서 볼 수 있는 세 가지의 형태로 나타났다. 첫째는 이미 개발된 군수품기술을 민간부문으로 이전하여 경제적 활용도를 넓히는 것이다(spin-off). 둘째는 군수품을 가능한 범위 안에서 민수품으로 대체하거나, 군수품 규격을 민수품 규격으로 변경하는 것이다(spin-on). 셋째는 아예 초기부터 군수품과 민수품의 양 부문에 공통으로 사용될 수 있는 과학기술을 개발하는 것이다(spin-up). 군사부문과 민간경제부문을 동시에 살리려는 포석이다.

그림 4-8 군수품기술과 민수품기술 개발의 상호작용

(1) 군수품기술의 민간 이전

군수품기술의 민간 이전은 가장 보편적이고 역사가 길다. 어떤 기술은 군사용으로 개발되어 사용된 후 민간에 이전·확산되었고, 다른 어떤 기술은 민간에서 개발되었다가 전쟁 수행에 이용됨으로써 폭발적으로 발전된 후 다시 민간에 이전된 경우도 있다. 제트기가 후자의 대표적 사례이다. 독일의 Ohain(1911~1998)과 E. Heinkel(1888~1958)은 1937년 세계 최초의 제트엔진을 가동한 후 1938년 8월 27일 비행에 성공한다. 영국의 F. Whittle (1907~1996)도 1939년 6월 30일 실험용 제트엔진을 지상에서 20분간 작동시키는 데 성공하였다. 독일은 제2차 세계대전 중인 1941년 최대 속도 시속 870㎞의 고성능 Me 262 전투기를 개발하여 제트전투기 시대를 열었다. 제트전투기는 곧 미국과 이탈리아 등으로 확산되었다. 전쟁이 끝나고 1950년대 중반에 이르러 미국 보잉사는 제트엔진을 민간항공기에 탑재하였다.

군수품기술의 민간 이전의 사례는 〈표 4-3〉에서 보는 바와 같다. 그중에서도 눈길을 끄는 것은 인터넷이다. 1969년 미국 국방성의 고등연구기획청(ARPA)은 자신이 지원하는 국방연구개발사업의 효율적 연계와 협조체제 강화를 위하여 관련 대학의 컴퓨터를 연결하는 아르파넷(Arpanet)을 구축하였다. 그 후 아르파넷을 외부에 공개하여 접속범위를 넓혔으며, 오늘날 지구 전체를 연결하는 컴퓨터 네트워크인 인터넷으로 발전하게 되었다.

표 4-3 군수품기술의 민간 이전 사례

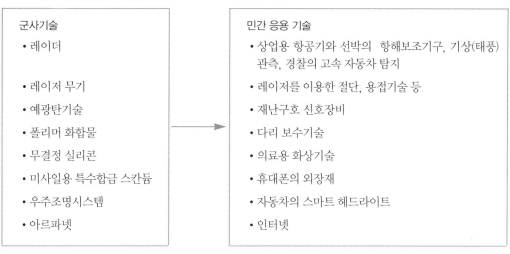

군사기술	민간 응용 기술
• 레이더	• 상업용 항공기와 선박의 항해보조기구, 기상(태풍) 관측, 경찰의 고속 자동차 탐지
• 레이저 무기	• 레이저를 이용한 절단, 용접기술 등
• 예광탄기술	• 재난구호 신호장비
• 폴리머 화합물	• 다리 보수기술
• 무결정 실리콘	• 의료용 화상기술
• 미사일용 특수합금 스칸듐	• 휴대폰의 외장재
• 우주조명시스템	• 자동차의 스마트 헤드라이트
• 아르파넷	• 인터넷

(2) 민수품기술의 군사부문 활용

군사장비는 종합시스템 산업적 성격이 강하여 민간의 여러 분야와 긴밀한 연계성을 갖는다. 예를 들면, 군대의 기동장비는 민간의 자동차·공작기계·정밀기계 등과, 함정은 민간의 조선·시스템공학·자동제어·정밀기계 등과, 군대의 전자통신장비는 민간의 반도체·통신·컴퓨터 등과 같은 내용을 갖고 있다. 특히 민수품은 유사한 기능을 수행하는 군수품에 비해 가격이 매우 저렴하고 납기와 생산성도 대단히 우수하다. 이것은 군대의 비밀유지와 특수성에 기인한다. 동일한 물건이라도 군사비밀 등급을 붙이면 가격이 올라가고 경제성이 떨어진다. 따라서 가급적 많은 군수품을 민수품 시장에서 구입하는 것이 바람직하다. 이를 위해서는 군수품 규격과 민수품 규격의 통일이 필요하며, 군수품의 규격을 기존의 민수품 규격으로 바꾸면 더욱 좋다.

(3) 민·군겸용기술의 개발

1990년대부터 미국이 선도적으로 추진한 정책이 민·군겸용기술(dual-use technology)의 개발이다. 사실 과학기술의 80% 이상이 군수품과 민수품의 용도에 함께 사용될 수 있기 때문에, 가능성과 효용성이 매우 높은 접근방법이다.

한국 정부도 민수품기술과 군수품기술의 교류를 활성화기 위하여 여러 가지 노력을 전개해왔다. 「과학기술기본법」제17조 제2항은 "정부는 민·군 간의 협동연구를 장려하고 민·군겸용기술의 개발을 촉진하기 위한 시책을 세우고 추진"하도록 규정하고 있다. 1998년 7월 1일 과학기술부 중심으로 제정된 「민·군겸용기술사업 촉진법」은 민·군겸용기술사업을 체계적으로 규정하고 있는데 ① 민·군겸용기술개발사업(군사부문과 비군사부문에서 공통으로 활용되는 기술을 연구개발하는 사업), ② 민·군기술이전사업(민 또는 군이 보유하고 있는 기술을 상호 이전하는 사업), ③ 민·군규격통일화사업(민수규격과 국방규격을 통일하는 사업), ④ 민·군기술정보교류사업(민과 군의 기술정보를 수집·관리하거나 제공하는 사업) 등 네 가지 사업이다.

국방과학연구소가 추진하는 민·군겸용기술개발사업의 한 가지는 '네트워크 기반 다목적 견마형 로봇기술' 이다. 이 로봇은 군의 경우 수색정찰과 감시경계에 사용되고, 민간의 경우 물자 이송과 시설물 방범에 쓰일 수 있다. 국방과학연구소는 2006~2012년 중 개발을 목표로 다른 정부출연연구기관과 역할을 분담하여 추진한다. 즉, 국방과학연구소는 플랫폼과 자율제어기술, 한국원자력연구원은 탐지기술, 한국과학기술연구원은 협업제어기술, 한국전자통신연구원은 통신통제기술을 각각 담당하여 개발하고, 전체를 국방과학연구소가 완성하는 형태이다(최태인, 2010, p.32).

3. 한국의 국방과학기술 개발 실적과 현황

1) 국방과학연구소의 연구성과

한국의 국방과학기술은 1970년 8월 설립된 국방과학연구소를 중심으로 진행되었다. 1970년대는 국방과학연구소의 성장기였으며, 기본병기의 국산화와 유도무기의 개발에 착수하였다. 이 시기에는 견인 곡사포, 지대지유도탄(백곰), 군용 차량, 탄약류, 박격포, 방독면 등을 개발하였다. 1980년대는 정체기였으며, 연구원의 3분의 1을 감축하였다. 그러나 이 시기에도 지대지유도탄(현무), 장갑차, 다연장 로켓, 잠수정, FM무전기 등의 개발에 주력하였다. 1990년대는 국방과학연구소의 도약기로, 주로 선진무기를 개량 개발하였는데, K-9 자주포, 기본 훈련기, 단거리 지대공미사일, 예인 음향탐지기 체계, 함정용 전자전 장비, 무인

표 4-4 세계수준 국내 개발 명품무기

- K-9 자주포 : 미래 전장 환경을 고려한 인간과 기계의 조화
- K21 보병 전투장갑차 : 육·수상 전천후 차세대 장갑차
- K2(흑표) 전차 : 미래 지상 전투환경에 적합한 최상급 전차
- K-11 복합형 소총 : 정밀 공중 폭발 소총
- 청상어 : 신형 경어뢰
- 해성 : 함대함 유도무기
- KT-1 기본 훈련기 : 공군 전투조종사 양성 훈련기
- 신궁 : 휴대용 대공유도무기
- 현무 : 지대지유도탄
- 홍상어 : 대잠수함 유도무기

자료 : 최태인, 2010. 9. 10, p.14.

항공기 등이었다. 2000년대는 선진권 진입시기로 세계 수준의 고도 정밀무기를 독자적으로 개발하는 데 주력했다. 예를 들어, K2 차기 전차, 차기 복합형 소총, 장거리 대잠어뢰, 군 위성통신체계, 차기 보병 전투장갑차, 대형 수송함 전투체계, 함대함 유도무기, 휴대용 유도무기, 전투기용 전자방해장비, 신형 경어뢰, 공중통제기, 전자전 장비 등이다.

국방과학연구소를 중심으로 개발한 세계수준의 명품무기는 〈표 4-4〉에 정리되어 있다.

또한, 국방과학연구소에 대한 연구개발 투자효과는 1970~2009년 중 11.64배의 부가가치를 창출한 것으로 분석되었다. 국방과학연구소는 2009년도 불변가격으로 총 16.1조 원의 연구개발비를 사용하여 예산절감효과 146.3조 원, 전력증대효과 23.6조 원, 기술파급효과 1.1조 원 등 총 171.0조 원의 경제효과를 거두었다(조윤애·김진웅·노영진, 2010).

2) 한국의 국방과학기술 역량

한국의 국방과학기술의 수준을 『국방과학기술진흥정책서』(2009. 12)에서 살펴보면, 전체적으로 선진국 능력 대비 78% 수준으로 세계 11위권으로 추정된다. 분야별로는 〈표 4-5〉에서 보는 바와 같이, 기동과 화력이 상대적으로 높은 반면에 항공이 상대적으로 취약하다.

한편, 우리나라의 국방연구개발 현황은 〈표 4-6〉에서 보는 바와 같이 여전히 열악하다.

⊂▷ **표 4-5** 분야별 국방과학기술 수준(선진국 능력 대비)

• 감시정찰 75%	• 기동 83%	• 항공 70%	• 유도 · 방공 79%
• 지휘통제 77%	• 함정 79%	• 화력 84%	• 화생방 73%

자료 : 『국방과학기술진흥정책서』(2009. 12)를 최태인, 2010. 9. 10, p.16에서 재인용.

첫째, 국방연구개발비는 2007년에 14억 달러로서, 미국의 775.4억 달러, 영국의 41.8억 달러, 프랑스의 44.7억 달러에 비해 크게 뒤떨어진다. 둘째, 국방비 대비 국방연구개발비는 2007년에 5.6%로서, 미국의 12.9%, 영국의 7.5%, 프랑스의 9.2%보다 낮다. 셋째, 국가연구개발비 중 국방연구개발비의 비중은 11.9%로서, 미국의 56.6%, 프랑스의 27.8%보다 크게 낮다. 넷째, 방위산업 물자 수출액은 2007년에 8.44억 달러로서, 미국의 127.93억 달러, 영국의 41.42억 달러, 프랑스의 62.11억 달러보다 대단히 적다.

⊂▷ **표 4-6** 국방연구개발비 및 방산 수출 현황

(2007년 기준)

	한국	미국	영국	프랑스
국방연구개발비(억 달러)	14.0	775.4	41.8	44.7
국방비 대비 국방연구개발비(%)	5.6	12.9	7.5	9.2
국가연구개발비 중 국방연구개발비(%)	11.9	56.6	–	27.8
방위산업 물자 수출액(억 달러)	8.44	127.93	41.42	62.11

자료 : 최태인, 2010. 9. 10, p.12.

4. 국방과학기술진흥실행계획의 주요내용

방위사업청은 「방위사업법」 제30조의 규정에 의해 국방과학기술정책에 관한 실행계획을 매년 수립하며, 일부 사항에 대해서는 국가과학기술위원회의 심의를 거친다. 2010년 9월 1일 국가과학기술위원회의 심의를 거친 "2012~2026 국방과학기술진흥 실행계획"에 담겨 있는 주요내용은 다음과 같다.

1) 목표

중기(2010~2014)목표는 첨단무기체계 개발기술에서 선진권에 진입하는 것이다. 이를 위하여 첨단무기체계 개발을 위한 연구개발비 투자를 지속적으로 확대하고, 국방기술수준 10위권에 진입한다.

장기(2015~2024)목표는 첨단무기체계의 독자적 개발능력을 확보하는 것이다. 이를 위하여 국방과학기술과 첨단무기체계 개발의 자주성을 확보하고, 세계 무기 수출 10위권의 기술력과 국제경쟁력을 확보한다.

2) 중점 추진계획

첫째, 목표지향적 국방연구개발을 추진한다. 무기체계 적용 중심의 국방연구개발 기획을 실시하고, 선택과 집중을 통한 연구개발을 추진하며, 기술 확보방법의 다양화로 연구개발의 효율성을 높인다. 둘째, 국방연구개발 투자를 확대한다. [그림 4-9]에서 보는 바와 같이, 2010년 현재 국방비의 6% 수준인 국방연구개발비의 비중을 2014년가지 7% 이상으로 2024년까지 10% 이상으로 각각 높인다. 또한 2010년에 14% 수준인 핵심기술 개발비를 2014년까지 국방연구개발비의 15% 이상으로, 2024년까지 20% 이상으로 증가시킨다. 셋

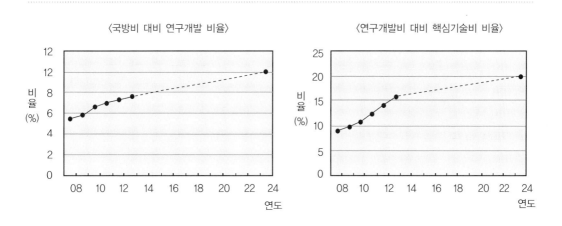

그림 4-9 국방연구개발비 확대계획

자료 : 방위사업청, 2010, p.5.

째, 국방연구개발 업무체계를 정립한다. 국방연구개발 수행주체와 국방기술 기획체계를 재정립한다. 넷째, 연구개발 인프라를 선진화한다. 우수 연구 인력의 확보와 양성, 첨단 복합무기체계 시험평가능력 확충, 국방과학기술정보관리체계의 보완과 발전을 통한 기술 관리 등에 역점을 둔다. 다섯째, 민·군협력을 강화한다. 민·군겸용기술개발사업을 확대하고, 산·학·연 참여 확대를 통한 핵심기술개발사업을 활성화하며, 개방형 국방연구개발을 위한 민·군 기술교류를 확충한다. 여섯째, 국제 기술협력을 강화한다. 국제기술 협력 대상국을 확대하고, 국방과학기술 연구개발의 국제협력체계를 구축한다.

3 국가연구개발사업 추진정책

> 과학기술정책의 핵심은 연구개발사업이다. 연구개발사업을 통해 과학기술정책의 경제적 측면이 구체화된다. 국가연구개발사업의 효율적 관리가 국가의 명운을 좌우하는 이유이다.

1. 국가연구개발사업의 거시정책

1) 국가연구개발정책의 기본 방향

우리나라의 국가연구개발사업 추진체제는 분산형이다. 각 중앙행정기관의 장이 소관 분야의 국가연구개발사업을 선정하고 지원하는 체제이다. 다만, 「과학기술기본법」은 국가연구개발사업을 추진할 때 유념해야 될 기본 사항을 명시하고 있다. 내용으로는 ① 정부는 민간부문과의 역할 분담 등 국가연구개발사업의 효율성을 제고할 수 있는 방안을 지속적으로 강구해야 한다. ② 정부는 연구기관과 연구자에게 최상의 연구환경을 조성하는 등 연구개발역량을 높이기 위한 지원을 강화해야 한다. ③ 정부가 국가연구개발사업 관련 제도나 규정을 마련할 경우에는 연구기관과 연구자의 자율성을 최우선으로 고려해야 한다. ④ 정부는 소요경비의 전부 또는 일부를 지원하여 얻은 지식과 기술 등을 공개하고 성과를 확산하여 실용화를 촉진하는 데에 필요한 지원시책을 세우고 추진해야 한다(「과학기술기본법」 제 11조 제2항).

정부는 국가연구개발사업을 투명하고 공정하게 추진하고, 효율적으로 관리하며, 각 부처가 추진하는 국가연구개발사업을 긴밀히 연계하기 위하여 ① 국가연구개발사업의 기획·공고 등에 관한 사항, ② 국가연구개발사업의 과제의 선정·협약 등에 관한 사항, ③ 연구개발 결과의 평가와 활용 등에 관한 사항, ④ 국가연구개발사업의 보안·정보관리·성과관리·연구윤리 확보 등 연구수행의 기반에 관한 사항, ⑤ 그 밖에 국가연구개발사업의 기획·관리·평가·활용에 관하여 필요한 사항을 정하고 있다(동조 제3항).

2) 국가연구개발사업의 조사·분석

국가연구개발사업의 조사·분석은 각 중앙행정기관이 전년도에 수행한 국가연구개발사업의 세부과제별 투자와 연구책임자 등 주요 현황에 대한 정보를 수집하여 분석하는 활동이다. 이 업무는 국가과학기술위원회가 담당한다. 국가과학기술위원회는 매년 11월 30일까지 조사·분석계획을 관계 중앙행정기관의 장에게 알려야 하며, 관계 중앙행정기관의 장은 그해의 국가연구개발사업 시행계획서(성과에 관한 계획 및 실적에 관한 사항 포함)와 협약과제 목록 등을 국가과학기술위원회에 제출해야 한다(동법 제12조; 동법 시행령 제20조).

국가연구개발사업에 대한 조사·분석 결과는 국가연구개발사업의 추진 현황 파악과 관련 정책·사업계획 등의 기초 자료로 활용된다.

그러나 국가과학기술위원회가 방위사업청장과 협의하여 정하는 국방 분야의 국가연구개발사업에 대해서는 조사·분석을 하지 않을 수 있다(동법 동조 제2항; 동시행령 동조 제6항).

3) 국가연구개발사업의 평가

국가연구개발사업에 대한 종합적 평가는 「국가연구개발사업 등의 성과평가 및 성과관리에 관한 법률」에 따라 실시된다.

(1) 국가연구개발사업 평가의 기본 원칙

정부는 연구개발 활동에 대해 평가할 경우 ① 연구기관·대학 및 기업 등에 대한 연구개발 투자의 효율성과 책임성을 높이는 방향으로 ② 연구개발에 참여하는 연구자의 창의성을 존중하고 연구개발사업과 연구개발과제 및 연구기관의 특성을 고려하고 ③ 전문성과 공정성을 확보하여 평가 결과에 대한 신뢰도를 높이며 ④ 평가가 서로 중복되지 아니하도록 노력하며 ⑤ 성과평가의 결과를 관련 정책의 수립, 사업의 추진, 예산의 조정에 반영한다(「국가연구개발사업 등의 성과평가 및 성과관리에 관한 법률」 제3조).

(2) 국가연구개발사업 성과평가계획의 수립

정부에서 5년마다 수립하는 성과평가계획에는 ① 연구개발 성과평가의 기본방향, ② 성과평가의 대상과 방법에 관한 사항, ③ 성과목표와 성과지표의 설정에 관한 사항, ④ 성과평가 결과의 활용과 보급에 관한 사항, ⑤ 성과평가기법의 개발과 보급에 관한 사항, ⑥ 성과평가 전문가의 육성과 활용에 관한 사항 등을 포함해야 한다. 또한 매년 세부 평가대상과 일정을 포함한 성과평가계획을 마련해야 한다(동법 제5조).

(3) 성과평가의 종류와 실시

성과평가는 자체평가, 상위평가, 특정평가로 나누어 실시된다. 첫째, 자체평가는 관계 중앙행정기관이나 연구회에서 소관 연구개발사업에 대하여 실시한다. 자체평가는 ① 연구개발사업의 성과목표의 달성 정도를 포함하는 연간 연구성과평가, ② 단계적으로 구분되거나 장기간 추진되는 연구개발사업의 경우에는 그 단계 또는 중간 연구성과평가, ③ 최종 연구성과평가, ④ 연구개발사업 종료 후 5년간의 연구성과의 관리·활용에 대한 추적평가를 각각 포함한다. 관계 중앙행정기관과 연구회는 자체평가 결과를 기획재정부 장관[1])에게 제출한다(동법 제8조).

둘째, 상위평가는 자체평가 결과에 대하여 기획재정부 장관[2])이 실시하는 평가이다. 상위

---

1) 2) 3) 2011년 1월 1일 기준이며, 자체평가 결과의 접수자, 상위평가와 특정평가의 주체가 모두 기획재정부 장관에서 국가과학기술위원회로 변경될 예정이다.

평가는 자체평가에 사용된 성과목표와 성과지표의 적절성, 자체평가의 절차와 방법의 객관성·공정성 등에 대하여 실시한다. 기획재정부 장관은 상위평가 결과를 관계 중앙행정기관이나 연구회에 통보하고 필요한 시정조치를 할 수 있으며, 관계 중앙행정기관이나 연구회는 10일 이내에 이의를 신청할 수 있다. 시정조치에 대해서는 2개월 이내에 이행계획을 마련하여 기획재정부 장관에게 제출해야 하며, 기획재정부 장관은 이행 여부를 점검할 수 있다(「국가연구개발사업 등의 성과평가 및 성과관리에 관한 법률」 제7조 제3항·제4항; 동법 시행령 제7조·제8조).

상위평가의 평가지표는 계획, 집행, 결과(성과)와 결과 활용으로 구성된다. 계획에 대해서는 사업목적, 내용의 타당성(사업목적의 명확성, 사업추진 내용의 타당성), 사업추진체계의 합리성(재원조달의 적절성, 사업추진 지원방식의 적절성, 사업추진 주체 간 역할분담과 협력체계의 적절성)을 평가한다. 집행에 대해서는 사업관리와 집행의 적절성(재원집행의 적절성, 사업추진 일정의 준수 여부), 성과관리의 적절성(성과 달성을 위한 전략과 계획의 적절성, 성과관리시스템의 구축 수준)을 평가한다. 결과(성과)에 대해서는 사업의 성과목표 달성도를 중점적으로 평가한다. 마지막으로 결과 활용에서는 평가 결과의 활용 정도와 지적·권고사항의 이행실적을 평가한다. 상위평가의 종합적 결과는 매우 우수, 우수, 보통, 미흡의 4개 등급으로 나타나며, '우수' 이상의 등급을 받은 사업에 대해서는 다음 연도의 예산이 증액되며, '미흡' 등급을 받은 사업은 다음 연도의 예산이 삭감된다.

셋째, 특정평가는 기획재정부 장관[3]이 실시하는 심층적인 성과평가이다. 특정평가의 대상사업은 ① 장기간 대규모의 예산이 투입되는 사업, ② 사업 간 중복 조정 또는 연계가 필요한 사업, ③ 다수 중앙행정기관이 공동으로 추진하는 사업, ④ 국가적·사회적 현안으로 대두되는 사업, ⑤ 그 밖에 기획재정부 장관이 필요하다고 인정하는 사업이다. 특정평가에 대한 관계 중앙행정기관의 통보와 이의 신청 등에 대한 사항은 상위평가의 경우와 같다(동법 제7조).

2. 국가연구개발사업의 미시정책

국가연구개발사업의 미시정책은 연구개발 프로그램이나 프로젝트 차원의 정책을 말한다. 일반적으로 국가가 연구개발사업을 추진하려고 할 때에는 맨 처음에 연구기획을 한다. 연구기획단계에서는 사전조사와 기획연구를 실시하며, 대형 연구개발사업에 대해서는 예비 타당성조사를 실시한다. 연구기획이 끝나면 공고하여 신청 접수를 받고, 그중 우수한 연구팀을 선정하여 협약을 체결하고 연구개발비를 지급하여 연구를 수행하도록 지원한다. 해당 연구팀에서는 연구개발비를 합리적으로 관리 · 사용하여 연구를 수행하며, 결과를 보고하고 활용한다. 정부에서는 연구 결과를 평가하여 적절한 조치를 취하는 동시에 연구개발비를 정산한다. 또한 일정한 기간이 도래한 이후에는 추적평가를 실시하여 해당 연구의 최종 성공 여부를 판단한다. 마지막으로 연구 결과에 따른 기술료를 징수하여 연구팀에 대한 인센티브와 재투자 등에 사용한다. [그림 4-11]의 계통도가 국가연구개발사업의 진행절차를 보여 주고 있다.

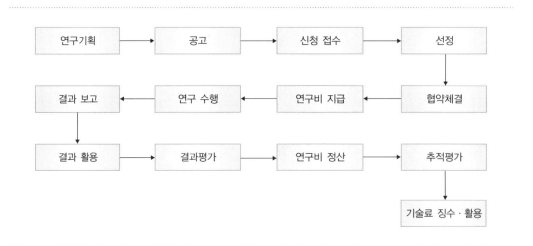

그림 4-10 국가연구개발사업 관리의 계통도

1) 국가연구개발사업의 기획

(1) 사전조사 및 기획연구

정부는 국가연구개발사업을 추진할 경우에 기술적 · 경제적 타당성 등에 대한 사전조사 또는 기획연구를 실시해야 한다. 이 경우 응용연구단계와 개발연구단계의 국가연구개발사업에 대해서는 국내외 특허동향, 기술동향, 표준화동향을 조사해야 한다. 또한 새로운 국가연구개발사업에 대한 계획을 수립하는 경우에는 다른 사업과의 중복을 피하기 위하여 노력해야 한다(「국가연구개발사업의 관리 등에 관한 규정」 제4조 제1항 내지 제3항).

사전조사 또는 기획연구 결과 총 사업비가 100억 원 이상이 될 것으로 예상되는 신규 사업을 추진할 경우에는 예산편성 이전에 사업을 구체적으로 기획하고, 해당 기획안에 따른 국가연구개발사업계획서를 국가과학기술위원회에 제출한다. 계획서에는 ① 국가연구개발사업의 목표 · 세부추진 내용 · 추진체계, ② 다른 중앙행정기관의 소관 업무와 관련되는 사항에 대한 조정방안, ③ 국가연구개발사업의 평가계획, ④ 소요 자원의 규모와 인력 확보방안, ⑤ 정부지원의 타당성 검토 결과, ⑥ 기대효과와 연구개발 결과의 활용방안, ⑦ 국내외 특허동향, 기술동향, 표준화동향을 포함해야 한다(동규정 제4조 제5항 · 제7항).

(2) 예비타당성조사

총 사업비가 500억 원 이상이고 국가의 재정지원 규모가 300억 원 이상인 신규 국가연구개발사업에 대해서는 예비타당성조사를 관련 전문기관에 의뢰하여 실시한다. 예비타당성조사는 관련 중 · 장기투자계획과의 부합성, 사업 추진의 시급성 · 경제성, 정책적 필요성 등을 종합적으로 검토하여 타당성 여부를 판단한다(「국가재정법」 제38조; 동법시행령 제13조). 국가과학기술위원회는 기획재정부 장관이 예비타당성조사 대상사업을 선정하기 전에 해당 국가연구개발사업의 기술성을 평가하여 적합 여부에 관한 의견을 기획재정부 장관에게 제출할 수 있으며, 기획재정부 장관은 국가과학기술위원회가 적합하다는 의견을 제출한 국가연구개발사업 중에서 예비타탕성조사 대상사업을 선정해야 한다(「과학기술기본법」 제12조의3).

한편, 국가연구개발사업에 대한 예비타당성조사는 대부분 한국과학기술기획평가원

(KISTEP)에 위탁하여 실시하는데 3단계로 나누어 실시된다. 1단계에서는 해당 국가연구개발사업의 개요와 기초 자료를 분석한다. 사업 배경과 목적, 사업내용과 추진체계, 기술과 산업동향, 조사의 쟁점사항 등이다. 2단계에서는 ① 기술적 타당성 분석(기술개발계획의 적절성, 기술개발 성공가능성, 기존 사업과의 중복성), ② 정책적 타당성 분석(정책의 일관성과 추진 의지, 사업 추진상의 위험요인), ③ 경제적 타당성(파급효과) 분석(비용 추정, 비용－편익분석, 비용－효과분석)을 실시한다. 3단계에서는 종합평가를 실시한다. 사업추진 타당성 유무, 적정 사업시기, 적정 사업규모 등 사업추진과 관련된 정책을 제언한다.

2) 국가연구개발사업의 공고

중앙행정기관의 장이 국가연구개발사업을 추진할 경우에는 사업별 세부계획을 30일 이상 공고해야 한다. 공고에는 ① 국가연구개발사업의 추진목적, 사업내용, 사업기간, ② 연구개발과제의 신청자격, ③ 연구개발과제의 선정절차와 일정, ④ 연구개발과제의 선정을 위한 심의 · 평가절차, ⑤ 연구개발과제의 선정을 위한 심의 · 평가기준 등을 포함해야 한다(「국가연구개발사업의 관리 등에 관한 규정」 제6조 제1항 · 제2항).

중앙행정기관의 장은 국가과학기술종합정보시스템(NTIS)에 공고내용을 게재해야 한다(동규정 제6조 제3항).

3) 국가연구개발사업의 신청

(1) 국가연구개발사업 신청절차

국가연구개발사업을 수행하거나 참여하려는 사람은 연구개발계획서를 작성하여 관계 중앙행정기관의 장이나 전문기관의 장에게 신청해야 한다. 연구개발계획서에 포함할 사항은 ① 연구개발의 필요성, ② 연구개발의 목표와 내용, ③ 평가의 착안점과 기준, ④ 연구개발의 추진 전략 · 방법 · 추진체계, ⑤ 국제공동연구는 국제공동연구 추진계획, ⑥ 기대성과와 연구개발결과 활용방안, ⑦ 참여 연구원 편성표와 연구개발비 소요명세서, ⑧ 보안등급의 분류와 결정사유, ⑨ 연구개발과제 수행에 따른 연구실 등의 안전조치 이행계획이다(동규정

제6조 제4항).

(2) 국가연구개발사업 신청 제외자

일정한 결격사유가 있는 연구책임자, 연구기관, 참여기업 또는 실시기업은 5년의 범위 안에서 소관 국가연구개발사업에 참여할 수 없다. 각 사유별 참여 제한기간은 ① 연구개발의 결과가 극히 불량하여 평가에서 실패한 사업으로 결정된 경우 3년, ② 정당한 절차 없이 연구개발 내용을 국내외에 누설하거나 유출한 경우 2년(해외 누설·유출은 5년), ③ 정당한 사유 없이 연구개발과제의 수행을 포기한 경우 3년, ④ 정당한 사유 없이 기술료를 납부하지 아니한 경우 2년, ⑤ 연구개발비를 다른 용도에 사용한 경우로서 연구개발비를 횡령·편취 또는 유용한 경우 3년부터 5년까지, 연구개발비를 의도적으로 부정 집행한 경우 2년부터 3년까지, 연구개발비를 다른 용도로 일시 전용하여 사용한 경우 2년 이내, ⑥ 정당한 사유 없이 연구개발 결과물인 지식재산권을 연구책임자나 연구원의 명의로 출원하거나 등록한 경우 1년, ⑦ 거짓이나 그 밖의 부정한 방법으로 연구개발을 수행한 경우 3년 이내, ⑧ 그 밖에 국가연구개발사업을 수행하기 부적합한 경우로서 협약의 규정을 위반한 경우 1년이다. 또한 앞에서 살펴본 참여 제한사유 중 두 가지 이상에 해당하는 사람에 대해서는 5년까지 참여 제한기간을 합산할 수 있다. 국가연구개발사업의 참여를 제한한 경우에는 관계 중앙행정기관과 관련 기관에 이를 통보하고, 국가과학기술종합정보시스템(NTIS)에 해당 참여 제한사항을 등록·관리한다(「과학기술기본법」 제11조의2; 「국가연구개발사업의 관리 등에 관한 규정」 제27조 제1항·제2항)

4) 국가연구개발사업의 선정

중앙행정기관의 장은 연구개발과제평가단을 구성하여 객관적으로 연구개발과제를 심의해야 한다. 연구개발과제평가단은 세부기술별로 적정 규모의 전문가를 참여시켜 전문성을 확보해야 하며, 이해관계자를 배제하여 평가의 공정성을 유지한다. 또한, 전문성 확보 차원에서 전문성이 인정되지 않는 공무원이나 소속기관 직원은 평가단에 참여할 수 없다(동규정 제7조 제1항·제2항).

연구개발과제 선정 평가위원에 대해서는 별도의 조치를 취하고 있다. 교육과학기술부 장관은 연구개발과제의 선정과 평가, 연구개발결과의 평가 등에 공정성과 전문성을 확보하고 평가위원을 체계적으로 관리하기 위하여 관계 중앙행정기관의 장과 협의하여 평가위원 후보단을 구성한 후 ① 인적사항, ② 전공, ③ 연구 분야, ④ 논문실적, ⑤ 평가이력사항, ⑥ 그 밖에 평가위원 선정에 필요한 사항에 관한 정보 등을 국가과학기술종합정보시스템(NTIS)에 통합하여 관리해야 한다(「국가연구개발사업의 관리 등에 관한 규정」 제25조 제10항).

중앙행정기관의 장이 연구개발과제를 선정할 때에는 ① 연구개발계획의 창의성과 충실성, ② 연구인력 · 연구시설 · 장비 등 연구환경의 수준, ③ 국가연구개발사업으로 추진하였거나 추진 중인 연구개발과제와의 중복성, ④ 보안등급의 적정성, ⑤ 연구시설 · 장비 구축의 타당성, ⑥ 연구개발과제 수행의 국내외 연계 · 협력가능성, ⑦ 연구개발 결과의 파급효과, ⑧ 기술이전 · 사업화 · 후속연구 등 연구개발 결과의 활용가능성, ⑨ 연구책임자의 연구윤리 수준, ⑩ 연구개발과제 수행에 따른 연구실 등 안전조치 이행계획의 적정성을 검토해야 한다(동규정 제7조 제3항).

한편, 중앙행정기관의 장은 연구개발과제를 선정할 때 최근 3년 이내에 우수한 연구개발 결과를 냈거나 보안과제를 수행하였거나 기술이전 실적이 우수한 연구자를 반드시 우대해야 한다. 여기서 보안과제라 함은 연구개발결과물 등이 외부로 유출될 경우 기술 · 재산의 가치에 상당한 손실이 예상되어 보안조치가 필요한 연구개발과제이다. 이는 해당 연구자가 보안과제 수행으로 인하여 입을 수 있는 학문 업적에 대한 기회손실을 보상하려는 취지로 해석된다. 또한 최근 3년 이내에 국내외의 저명한 과학기술 관련 기구 등으로부터 수상한 실적이 있는 연구자와 교육과학기술부 장관이 지정하는 연구개발 소외지역에 있는 연구기관 소속 연구자에 대해서는 우대할 수 있다(동규정 제7조 제4항).

이와 반대로, 최근 3년 이내에 연구부정행위를 하였거나 최종 평가 결과 낮은 등급을 받은 연구개발과제의 연구책임자가 새로운 연구개발과제를 신청한 경우에는 감점을 하는 등 불리하게 대우할 수 있다(동규정 제7조 제5항).

5) 연구개발계획서의 제출 및 협약의 체결

(1) 연구개발계획서의 제출

연구기관은 선정된 연구개발과제의 계획서를 특별한 사정이 없으면 통보를 받은 날로부터 15일 이내에 제출해야 한다. 다만, 계속과제로 선정된 연구개발과제의 경우에는 제2차 연도부터 연구개발계획서를 갈음하여 해당 연도의 실적과 다음 연도의 연구계획에 관한 '연차실적·계획서'를 제출하면 된다(「국가연구개발사업의 관리 등에 관한 규정」 제8조).

(2) 연구개발협약의 체결

중앙행정기관의 장은 주관연구기관의 장이 연구개발과제 선정 통보를 받은 날로부터 1개월 이내에 주관연구기관의 장과 협약을 체결한다. 이 협약은 쌍무계약의 성격을 지닌다.

협약에 포함할 사항은 ① 연구개발과제계획서, ② 참여기업에 관한 사항, ③ 연구개발비의 지급·사용·관리에 관한 사항, ④ 연구개발 결과의 보고에 관한 사항, ⑤ 연구개발결과의 귀속과 활용에 관한 사항, ⑥ 연구성과의 등록·기탁에 관한 사항, ⑦ 기술료의 징수와 사용에 관한 사항, ⑧ 연구개발 결과의 평가에 관한 사항, ⑨ 연구윤리 확보와 연구부정행위 방지에 관한 사항, ⑩ 협약의 변경과 해약에 관한 사항, ⑪ 협약의 위반에 관한 조치, ⑫ 연구개발과제계획서·연구보고서·연구성과·참여인력 등 연구개발 관련 정보의 수집·활용에 대한 동의에 관한 사항, ⑬ 연구수행 과정에서 취득한 연구시설과 장비의 등록·관리에 관한 사항, ⑭ 연구개발과제의 보안관리에 관한 사항, ⑮ 연구노트의 작성·관리에 관한 사항, ⑯ 연구개발과제 수행에 따른 연구실 등의 안전조치 이행에 관한 사항, ⑰ 그 밖에 연구개발에 관하여 필요한 사항이다(동규정 제9조 제1항).

중앙행정기관의 장은 연구개발과제로 선정된 과제 중 10년 이내의 계속과제에 대해서는 다년도 협약을 체결할 수 있다(동조 제3항).

6) 연구개발비의 지급 및 관리

(1) 연구개발비의 지급

중앙행정기관의 장은 연구개발과제의 규모, 연구의 착수시기, 정부의 재정사항 등을 고려하여 연구개발비를 일시불이나 분할하여 지급한다. 중앙행정기관의 장이 지급하는 연구개발비는 인건비, 직접비, 위탁연구개발비, 간접비로 구성된다(동규정 제12조 제4항·제5항).

기업이 연구개발비를 분담하여 공동 참여하는 연구개발과제에 대한 정부의 연구개발비 출연비율과 기업의 현금 부담 비율은 〈표 4-7〉과 같다. ① 참여기업이 대기업인 경우, 정부는 총 연구개발비의 50% 이내를 출연하고, 참여기업은 부담금액의 15% 이상을 현금으로 부담, ② 참여기업이 중소기업도 대기업도 아닌 경우, 정부는 총 연구개발비의 60% 이내를 출연하고 참여기업은 부담금액의 13% 이상을 현금으로 부담, ③ 참여기업이 중소기업인 경우, 정부는 총 연구개발비의 75% 이내를 출연하고, 참여기업은 부담금액의 10% 이상을 현금으로 부담, ④ 참여기업이 2개 이상이고, 이 중 중소기업의 비율이 3분의 2 이상인 경우에는 정부는 총 연구개발비의 75% 이내를 출연하고, 참여기업의 현금 부담은 각 기업의 규모에 따른 비율 적용, ⑤ 그 밖의 경우(중소기업 비율이 3분의 2 이하인 다수 기업 공동), 정부는 총 연구개발비의 50% 이내를 출연하고, 참여기업의 현금 부담은 각 기업의 규모에 따른 비율을 적용한다(「국가연구개발사업의 관리 등에 관한 규정」 제12조 제3항 별표1).

표 4-7 정부 및 참여기업의 연구개발비 부담 비율

참여기업	정부출연금 비율	참여기업 부담액 중 현금 비율
대기업	50% 이내	15% 이상
중소기업도 대기업도 아닌 기업	60% 이내	13% 이상
중소기업	75% 이내	10% 이상
중소기업 비율이 3분의 2 이상인 기업공동	75% 이내	각 기업별로 산정
중소기업 비율이 3분의 2 이하인 기업공동	50% 이내	각 기업별로 산정

(2) 연구개발비의 관리

주관연구기관의 장이 연구개발비를 지급받은 때에는 별도의 계정을 설정하여 관리하고, 그 계정과 연결된 연구비카드[4](신용카드)를 발급받아 사용한다. 연구개발비의 지출은 연구비카드를 사용하거나 계좌이체의 형태로 사용해야 하며, 연구비카드의 사용이 불가능한 경우에 한하여 현금을 사용할 수 있다(「국가연구개발사업의 관리 등에 관한 규정」 제12조 제8항).

대학은 연구비를 중앙관리하는 것을 원칙으로 한다. 연구비 중앙관리는 연구개발과 관련된 각종 물품의 계약과 구매 등 연구개발비의 집행을 대학의 일정한 부서에서 총괄하여 담당하는 것이다.

연구개발비를 사용한 때에는 증명자료를 갖추도록 한다. 다만, 연구비카드를 사용한 경우에는 증명자료의 전부 또는 일부를 생략할 수 있다(동규정 제12조 제9항).

(3) 연구관리 우수기관 인증

교육과학기술부 장관은 국가연구개발과제를 수행하는 연구기관 중 일정한 요건을 충족하는 연구기관을 '연구관리 우수기관'으로 인증할 수 있다. 인증기준은 ① 연구비 관리 분야는 연구비 집행관리 절차의 적절성, 연구비 관리기반구축 정도, 연구비 집행절차의 투명성, ② 연구성과관리 분야는 연구성과의 창출지원역량, 연구성과의 보호역량, 연구성과의 활용역량이다(동규정 제14조 제1항).

연구관리 우수기관 인증의 유효기간은 3년이다(동조 제2항). 연구관리 우수기관에 대해서는 ① 간접비 비율의 상향 조정, ② 연구개발비 사용실적 보고 면제, ③ 대학에 대해서는 연구비 중앙관리 실태 조사·평가에서 최고 등급 부여, ④ 정부출연연구기관과 특정연구기관에 대해서는 기관평가에서 우대, ⑤ 연구성과 관리역량을 높이기 위한 지원과 관련된 연구개발과제 선정에서 우대, ⑥ 보안관리 실태 점검에서 면제, ⑦ 연구노트 작성·관리에 관한 자체규정 마련과 운영실태의 점검 면제, ⑧ 그 밖에 교육과학기술부 장관이 관계 중앙행

---

4) 연구비카드제도는 연구개발비 집행의 투명성과 연구비 관리행정의 편리함을 도모하기 위하여 시행된 제도이다.

정기관의 장과 협의하여 정하는 우대조치 중 하나 이상의 우대조치를 해야 한다(「국가연구 개발사업의 관리 등에 관한 규정」 제14조 제3항).

교육과학기술부 장관은 연구관리 우수기관에 대하여 연 2회 이내에서 점검할 수 있으며, 점검 결과 연구비 횡령, 연구개발 내용의 국내외 누설 또는 유출 등 연구관리와 관련하여 중대한 잘못이 발견된 경우에는 연구관리 우수기관 인증을 취소한다(동조 제4항·제5항).

7) 국가연구개발사업의 수행

(1) 연구개발 수행의 자유와 전념 보장

연구개발사업의 수행은 전적으로 해당 연구기관과 연구개발팀의 자율이다. 정부는 연구개발팀의 자율을 확실하게 보장해야 한다. 연구개발 수행과정에 어떤 형태의 간섭이나 개입도 억제해야 한다.

이와 더불어 연구개발팀의 연구개발 전념여건도 적극적으로 조성해 주어야 한다. 「국가연구개발사업의 관리 등에 관한 규정」 제32조는 연구 수행 전념에 관한 조항을 명시하고 있다. 첫째, 연구기관의 장은 소속 연구자가 국가연구개발사업의 수행에 전념할 수 있도록 배려해야 한다. 둘째, 연구자가 동시에 수행할 수 있는 연구개발과제는 최대 5개 이내로 하며, 그중 연구책임자로서 동시에 수행할 수 있는 연구개발과제는 최대 3개 이내로 한다. 숫자 산정시 ① 신청 마감일로부터 4개월 이내에 종료되는 연구개발과제, ② 사전조사, 기획·평가연구 또는 시험·검사·분석에 관한 연구개발과제, ③ 세부과제의 조정과 관리를 목적으로 하는 연구개발과제는 제외한다. 셋째, 연구기관의 장은 연구개발과제를 수행 중인 연구책임자를 국내외 기관에 6개월 이상 파견(교육파견 포함)하려고 하거나 연구책임자가 6개월 이상 외국에 체류하려는 경우에는 연구책임자를 변경하거나 미리 중앙행정기관의 장 또는 전문기관의 장의 승인을 받아야 한다.

(2) 연구노트의 작성 권장

연구개발 수행방식의 선택은 해당 연구개발팀의 재량이지만, 정부가 챙겨야 될 것이 있다. 연구노트(lab book)의 작성에 관한 사항이다.

연구노트 작성은 여러 가지 측면에서 대단히 유용하기 때문이다. 첫째, 연구노트를 작성하면 연구자가 자신의 연구개발을 체계적으로 수행할 수 있다. 둘째, 연구노트는 연구개발 성공의 과정을 설명하는 동시에, 연구개발 실패에 대해서는 분석의 소재를 제시해 준다. 셋째, 연구노트는 발명 시점에 대한 가장 확실한 입증자료이다. 미국 특허를 획득하기 위해서는 반드시 필요한 자료이다. 넷째, 연구노트는 특허권 라이센싱 등을 위한 '정밀심사(due diligence investigation)'의 핵심 자료이다.

연구노트는 다음 요건을 갖춰야 큰 효력을 발생한다. 첫째, 연구개발 기간의 전체에 걸쳐 작성되어야 한다. 둘째, 연구노트에는 성공뿐만 아니라, 실패도 상세하게 적어야 한다. 셋째, 연구노트는 처음 작성된 그대로 보존해야 한다. 만약 커피를 쏟아 훼손한 경우에도 새로 작성하지 말고 처음 것을 그대로 보존해야 한다. 그래야만 원천성(originality)을 인정받을 수 있다. 넷째, 연구노트는 반드시 정서할 필요는 없다. 글씨를 흘려 써도 상관없다. 중요한 것은 실험 결과를 나타내는 수치이다. 그 수치들이 표시된 표(table)가 중요하다. 다섯째, 연구노트는 영어로 작성되어야 하는 것은 아니다. 한국어로 작성되어도 된다. 한국어를 모르는 외국인들도 수치와 표를 통해서 내용을 확인할 수 있기 때문이다. 여섯째, 연구노트의 각 항목에는 반드시 작성한 날짜를 표시하고, 작성자 본인과 감독자가 서명해야 한다. 일곱째, 연구노트는 확고하게 편철되어야 하며(permanent binding), 모든 페이지에 일련번호를 매겨야 한다.

우리나라 정부에서도 연구노트의 작성을 장려하고 있다. 「국가연구개발사업의 관리 등에 관한 규정」 제29조에 명시되어 있다. 교육과학기술부 장관은 연구개발과제를 수행하는 연구자와 연구기관의 장이 연구수행의 시작부터 연구개발결과물의 보고 · 발표 또는 지식재산권의 확보 등에 이르기까지의 연구과정과 연구성과를 기록한 연구노트를 작성하여 관리할 수 있도록 연구노트 지침을 마련하여 제공한다. 연구노트 지침에는 ① 연구노트의 개념, ② 연구개발과제를 수행하는 연구자와 연구기관의 연구노트 작성 · 관리를 위한 역할과 책임, ③ 연구노트 작성 · 관리방법, ④ 그 밖에 연구노트 작성 · 관리를 위하여 필요한 사항을 포함해야 한다. 또한, 연구기관의 장은 연구노트 작성 · 관리에 관한 자체규정을 마련하여 운영해야 한다. 마지막으로, 교육과학기술부 장관은 연구기관에서 자체 규정을 마련하여 실효성 있게 운영하고 있는지에 대하여 점검할 수 있다.

8) 연구개발협약의 변경 및 해약

(1) 연구개발협약의 변경

중앙행정기관의 장은 연구개발협약을 변경할 수 있다. 연구개발협약 변경 사유는 ① 중앙행정기관의 장이 협약의 내용을 변경하는 것이 필요하다고 인정하는 경우, ② 주관연구기관의 장 또는 전문기관의 장으로부터 주관연구기관·연구책임자·연구목표 또는 연구기간 등의 변경을 사유로 협약 변경의 요청이 있는 경우 ③ 다년도 협약을 체결한 과제에 대하여는 정부의 예산사정, 해당 과제의 '연차실적·계획서' 평가 결과 등에 따라 협약의 변경이 필요한 경우, ④ 참여기업이 국가연구개발사업에의 참여를 포기한 경우이다(「국가연구개발사업의 관리 등에 관한 규정」 제8조).

(2) 연구개발협약의 해약

중앙행정기관의 장이 협약을 해약할 수 있는 사유는 ① 연구개발목표가 다른 연구개발에 의하여 성취되어 당해 연구개발을 계속할 필요성이 없어진 경우, ② 주관연구기관 또는 참여기업의 중대한 협약 위반으로 연구개발을 계속 수행하기가 곤란한 경우, ③ 주관 연구기관 또는 참여기업이 연구개발과제의 수행을 포기한 경우, ④ 주관연구기관 또는 참여기업에 의하여 연구개발의 수행이 지연되어 처음에 기대했던 연구성과를 거두기 곤란하거나 연구개발을 완수할 능력이 없다고 인정되는 경우, ⑤ 다년도 협약과제의 경우에는 '연차실적·계획서'의 평가 결과가 좋지 않아 연구개발의 중단조치가 내려진 경우, ⑥ 부도·법정관리·폐업 등의 사유로 주관연구기관 또는 참여기업에 의한 연구개발과제의 계속적인 수행이 불가능하거나 이를 계속 수행할 필요가 없다고 중앙행정기관의 장이 인정하는 경우, ⑦ 보안관리가 허술하여 중요 연구정보가 외부로 유출되어 연구수행을 계속하는 것이 불가능하다고 중앙행정기관의 장이 인정하는 경우, ⑧ 연구부정행위로 판단되어 연구개발과제의 계속적인 수행이 불가능하다고 중앙행정기관의 장이 인정하는 경우이다. 중앙행정기관의 장은 기업이 참여하는 과제를 해약하고자 할 때에는 미리 참여기업의 대표와 협의해야 한다(「국가연구개발사업의 관리 등에 관한 규정」 제11조 제1항).

중앙행정기관의 장은 협약 해약사유가 발생하였을 경우에는 연구비의 집행 중지와 현장 실태조사 등 적절한 조치를 해야 하며, 협약을 해약한 경우에는 실제 연구개발에 사용한 금 액을 제외한 나머지 연구개발비 중 정부출연금 지분에 해당하는 금액을 회수한다(동규정 동조 제2항·제3항).

9) 연구개발 결과의 보고 및 활용

(1) 연구개발 결과의 보고

주관연구기관의 장은 연구개발이 종료된 때에 연구개발 최종보고서, 요약서, 주관연구기관 의 자체평가 의견서와 전자문서를 중앙행정기관의 장에게 제출한다. 연구개발 최종 보고서 에는 ① 연구개발과제의 개요, ② 국내외의 기술개발 현황, ③ 연구개발 수행의 내용 및 결 과, ④ 목표 달성도 및 관련 분야에 대한 기여도, ⑤ 연구개발 결과의 활용계획, ⑥ 연구개발 과정에서 수집된 해외 과학기술정보, ⑦ 연구개발 결과의 보안등급, ⑧ 주요 연구개발사항 이 포함된 요약문, ⑨ 국가과학기술종합정보시스템(NTIS)에 등록한 연구시설·장비 현황 을 포함해야 한다(동규정 제15조 제1항·제2항).

(2) 연구개발 결과의 활용

중앙행정기관의 장은 연구개발 최종보고서 및 요약서의 데이터베이스를 구축하고 이를 국 가과학기술종합정보시스템(NTIS)과 연계하여 관련 연구기관·산업계 및 학계 등에서 활용 할 수 있도록 널리 공개해야 한다(동규정 제18조 제1항·제2항). 또한 중앙행정기관의 장은 필요한 경우 연구개발 결과에 대한 종합발표회 또는 분야별 발표회를 개최할 수 있다(동조 제3항).

다만, ① 보안과제로 분류된 경우, ② 지식재산권의 취득을 위하여 공개를 유보한 경우, ③ 참여기업의 대표가 영업비밀의 보호 등의 정당한 사유로 비공개를 요청하여 중앙행정 기관의 장이 승인한 경우에는 사유가 없어질 때까지 공개하지 아니한다(동조 제4항).

10) 연구개발 결과의 평가 및 조치

(1) 연구개발 결과의 평가

연구개발 결과와 활용 실적에 대한 평가는 중간평가, 최종평가, 추적평가로 나누어 실시한다. 이 중 추적평가는 연구개발 결과의 활용에 대한 평가이다. 계속과제로서 연구기간을 단계로 나누어 협약한 과제의 경우에는 단계 중의 중간평가를 하지 아니하고 '연차실적·계획서'에 대한 검토로 대체하며, 단계가 끝나는 때에 단계평가를 실시한다(「국가연구개발사업의 관리 등에 관한 규정」 제16조 제1항).

국가안보를 위하여 필요한 경우 또는 중앙행정기관의 장이 연구개발과제의 성격 및 연구개발비의 규모 등을 고려하여 평가를 달리할 필요가 있다고 판단한 경우에는 다른 방식의 평가를 할 수 있다(동조 제2항).

중간평가와 최종평가는 주관연구기관의 공개발표를 통한 상대평가를 원칙으로 하되, 평가대상 연구개발과제의 규모 등을 고려하여 절대평가의 방법을 병행할 수 있다(동조 제3항).

연구개발 결과평가는 연구개발과제의 선정평가에 참여한 전문가를 중심으로 평가단을 구성하며, 필요한 경우에는 해외 전문가를 활용하는 등 전문성·객관성·공정성을 유지해야 한다(동조 제4항).

(2) 평가에 따른 조치

중앙행정기관의 장은 상대평가의 방법을 사용할 때에는 관계 중앙행정기관의 장이 정하는 등급 미만에 해당하는 경우, 절대평가의 방법을 사용할 때에는 만점의 60% 미만에 해당하는 경우에는 연구개발을 중단시킬 수 있으며, 중간평가 등에서 지적된 사항을 반영하여 다음 단계의 연구개발계획을 수립하도록 해야 한다(동규정 제17조 제1항).

중앙행정기관의 장은 응용연구과제와 개발연구과제에 대한 단계평가에서 국내외 특허동향·기술동향·표준화동향·사업화가능성 등을 조사한 결과, ① 단계평가의 대상인 연구개발과제의 연구개발결과물과 유사한 것이 이미 개발되어 연구개발이 불필요하다고 판단하는 경우, ② 이전에 예측한 연구개발 환경이 변경되어 다음 단계의 연구개발의 수행이 불필요하다고 판단하는 경우 중 어느 하나에 해당할 때에는 협약으로 정하는 바에 따라 해당 연구개발과제를 중단시키거나 연구개발의 목표를 변경할 수 있다(「국가연구개발사업의 관리 등에 관한 규정」 제16조 제5항, 제17조 제2항).

중앙행정기관의 장은 평가 결과 우수결과물에 대해서는 실용화 지원 등 후속대책을 마련하고, 극히 불량한 경우에는 실패한 연구개발과제로 결정할 수 있다(동규정 제17조 제3항·제4항). 또한 일정 시기별로 연구개발평가백서를 발간할 수 있다(동조 제6항).

11) 연구개발비의 정산

주관연구기관의 장은 협약기간 종료 후 3개월 이내에 연구개발비의 사용실적을 중앙행정기관의 장 또는 전문기관의 장에게 보고해야 한다. 보고서에는 연구개발계획과 집행실적의 대비표, 연구기관의 자체 회계감사 의견서를 첨부해야 한다(동규정 제19조 제1항). 다만, 연구비관리 우수기관에 대해서는 연구개발비 사용실적 보고를 면제할 수 있다.

연구개발비의 사용실적을 보고받은 중앙행정기관의 장 또는 전문기관의 장은 연구개발비의 집행이 적절한지를 확인하기 위하여 해당 기관이 수행한 연구개발과제 중 일부를 추출하여 연구개발비를 정산한다. 그러나 주관연구기관에 정산시스템이 구축되지 아니하였거나 중앙행정기관의 장이 필요하다고 인정하는 경우에는 수행한 연구개발과제 전부에 대하여 정산할 수 있다(동조 제2항).

중앙행정기관의 장은 연구개발비의 사용실적 보고와 정산이 완료된 후에는 사용 잔액을 회수하여 국고 또는 해당 기금 등에 납입한다(동조 제5항·제6항).

또한 연구책임자 등이 국가연구개발사업에 대한 참여제한에 해당하는 경우에는 이미 출연한 사업비의 전부 또는 일부를 환수할 수 있다(「과학기술기본법」 제11조의2 제1항).

4 연구개발 경쟁정책 및 협동정책

일반적으로 단독연구보다는 공동연구, 내부 경쟁보다는 협력을 강조한다. 그러나 연구개발은 협동만이 능사는 아니다. 각 연구개발사업의 규모와 성격, 핵심 과학기술자의 개성 등을 고려해 경쟁 또는 협동을 선택해야 한다.

1. 연구개발 수행전략의 일반적 형태

과학기술의 연구개발을 수행하는 형태는 두 가지 기준에 따라 분류할 수 있다.

첫 번째 기준은 어떤 연구개발과제를 혼자서 수행하느냐, 아니면 다른 사람과 팀을 이루어 함께 수행하느냐이다. 전자는 1인 1연구팀의 개인 단독연구, 후자는 집단 공동연구이다. 다수의 과학기술자가 참여하는 집단 공동연구가 일반적인 형태이지만, 기초이론의 탐색 등과 같이 단독으로 수행할 수 있는 경우도 많다. 또한, 과학기술자의 개인적 성격 때문에 집단 공동연구를 할 수 없는 경우도 있다. 협동정신이 부족한 과학기술자, 다른 사람이 옆에 있으면 생각이나 행동에 몰두할 수 없는 과학기술자에게는 협동이 아닌 개인 단독연구를 부여하는 것이 현명하다. 집단 공동연구에는 기관 내부의 공동연구와 기관 사이의 공동연구가 있다.

두 번째 기준은 연구개발팀 사이에 경쟁하느냐 협력하느냐의 구분이다. 전자는 경쟁연구, 후자는 협력연구이다. 경쟁 또는 협력의 상대가 되는 연구개발팀은 동일한 관할범위[5] 안에 있을 수도 있고, 관할범위 밖에 있을 수도 있다. 동일한 주제의 연구개발팀 사이에는 경쟁연구가, 상이한 주제의 연구개발팀 사이에는 협력연구가 보편적이다.

과학기술의 연구개발 형태를 구상할 때에는 연구개발과제의 규모, 목표 성취의 완급성, 관련 지식의 축적 정도, 연구개발 참여자의 역량, 참여 연구자의 성향 등을 종합적으로 고

---

5) 정부가 주관하는 연구개발사업의 관할범위는 국가이고, 기업이 주관하는 연구개발사업의 관할범위는 기업이다.

려하여 가장 효율적인 전략을 선택해야 한다.

2. 연구개발 경쟁정책

일반적으로 기술혁신은 경쟁기업이 2~3개 존재하는 과점상태에서 가장 활발하게 일어난다. 완전독점상태에서는 구태여 위험부담이 높고 연구개발비의 회수기간이 긴 기술혁신에 주력할 필요가 없으며, 다수가 참여하는 완전경쟁상태에서는 성공가능성이 희박한 기술혁신에 도전하기 어렵기 때문이다. 이와 같은 시장논리는 정부의 연구개발사업에도 적용되어야 한다.

동일한 연구개발과제에 대하여 엄격한 경쟁이 요구되는 경우는 크게 두 가지이다. 연구개발팀 선정단계에서의 경쟁과 연구개발 수행단계에서의 경쟁이다.

1) 연구개발팀 선정단계에서의 경쟁

연구개발팀의 선정단계에서는 철저한 경쟁이 이루어져야 한다. 이러한 경쟁은 매우 엄격·공정하고 승자와 패자가 분명하도록 관리되어야 한다.

연구개발팀 선정 작업이 종료된 후에 연구개발팀을 새로 짜는 것도 원칙적으로 금지되어야 한다. 탈락한 연구개발팀의 정예 과학기술자를 흡수하여 드림팀을 구성하도록 허용할 경우에는 은밀한 담합 분위기를 조성하여 연구개발 기획의 질을 떨어뜨릴 수 있기 때문이다. 또한 가장 우수한 전문가들이 해당 연구개발팀에 모두 참여할 경우에는 연구개발 진행과 결과에 대해 비판하고 평가할 수 있는 외부전문가의 결여상태에 직면할 수 있다.

2) 연구개발 수행단계에서의 경쟁

연구개발 수행단계에서의 경쟁상대는 외부의 연구개발팀이다. 그러나 내부의 중복적 경쟁연구가 유용한 경우도 있다(최석식, 2002, p.268). 2~3개 팀에 동일한 과제를 중복적으로 부여함으로써 성공에 따른 불확실성을 감소시켜야 될 경우이다. 대상은 다음과 같다.

첫째, 새로운 기술의 씨앗을 창출해 내는 연구와 새로운 이론을 탐색하는 연구이다. 초기

단계의 기초연구는 연구비가 적게 소요되어 중복시키더라도 재정적 부담이 크지 않고, 연구개발의 본격적 추진을 위한 올바른 방향을 찾는 연구이기 때문이다. 방향을 정확하게 잡지 않으면 성공할 수 없기 때문이다. 둘째, 완성해야 될 시기가 미리 정해져 있고, 그 시기를 놓치면 국가적으로 치명적인 타격을 입을 것이 확실한 경우이다. 비용과 인력 등 투입자원의 절약보다 목표 달성의 적시성과 효과성이 더 중요한 상황이다.

3. 연구개발 협동정책

1) 연구개발 협동의 필요성

연구개발의 협동이나 협력이 필요한 가장 근본적인 이유는 [그림 4-11]에서 보는 바와 같이, ① 더 적은 비용으로 ② 더 짧은 기간 안에 ③ 더 좋은 연구성과를 창출하려는 것이다. 남의 지식이나 열정을 빌려 자신의 연구개발목표를 달성하려는 포석이다.

연구개발 협동의 보다 상세한 목적은 ① 첨단기술 습득의 창구로 활용하려는 의도, ② 위험을 분담하려는 의도, ③ 비용을 절감하려는 의도, ④ 부족한 기술과 장비를 보완하려는

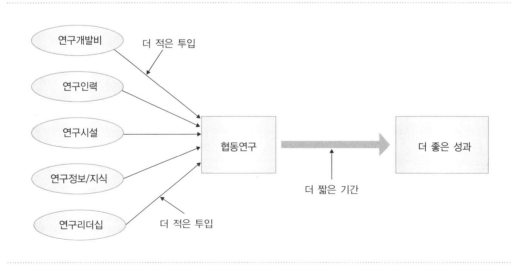

그림 4-11 협동연구개발 추진의 동기

의도, ⑤ 경쟁자의 지식과 정보에 접근하려는 의도, ⑥ 내부 연구자의 열정을 고취하려는 의도 등이다.

2) 연구개발 협동의 영향요인

과학기술의 융합화와 시스템화(복합화) 현상, 연구개발 활동의 학제화 · 대형화 · 신속화 추세는 협동연구개발을 촉진한다.

첫째, 융합 과학기술을 연구할 경우에는 관련 전문가들의 융합적 협력연구가 필수적이다. 어느 누구도 여러 분야의 과학기술에 통달하기는 어렵기 때문이다.

둘째, 시스템 과학기술을 연구개발하기 위해서는 관련 세부 과학기술 전문가들의 협업이 필수적이다. 과학기술의 시스템화 · 복합화 현상은 하나의 기능을 발휘하기 위하여 다수의 단위기술이 모이는 현상이며, 관련 과학기술자가 하나의 팀이 되어 공동으로 연구개발을 하지 않으면 성공할 수 없기 때문이다.

셋째, 연구개발의 대형화는 연구개발대상 과학기술의 규모에서 비롯되는 현상이다. 연구개발목표가 클수록 투입되는 재원과 인력도 대규모일 수밖에 없기 때문이다.

넷째, 연구개발의 신속성 요구는 동일 분야 전문가의 많은 참여로 이어진다. 시간 경쟁에서 승리하기 위한 전략의 하나가 다수 과학기술자의 공동연구개발이다.

3) 연구개발 협동의 형태

(1) 공동연구개발과 협력연구개발

협동연구개발의 형태는 공동연구개발과 협력연구개발, 대면협동연구개발과 사이버협동연구개발로 나눌 수 있다.

먼저, 공동연구개발과 협력연구개발을 살펴보면 다음과 같다. 공동연구개발은 [그림 4-12]와 같이, 기존의 2개 이상의 연구개발 조직에 소속되어 있던 연구원이 기존의 연구개발팀을 떠나서 새로운 연구개발팀을 구성하여 연구개발을 수행하는 형태의 협동연구개발이다.

반면에, 협력연구개발은 [그림 4-13]에서와 같이, 기존의 연구개발팀을 유지하면서 다른 연구기관의 지원을 받는 형태이다.

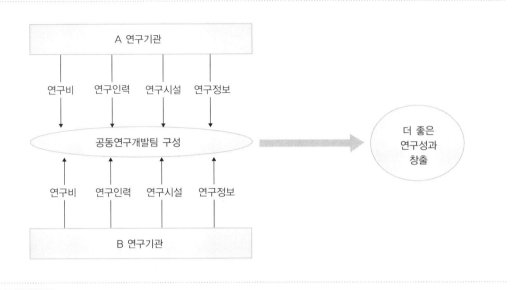

그림 4-12 공동연구개발의 추진방식

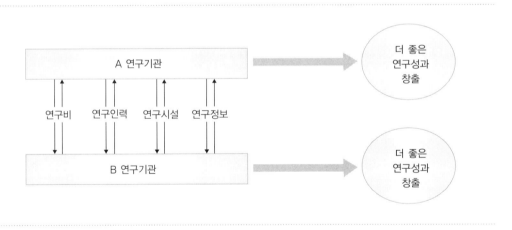

그림 4-13 협력연구개발의 추진방식

(2) 대면협동연구개발과 사이버협동연구개발

대면협동연구개발은 종전의 보편적인 방식으로서, 공동연구개발에 참여하는 과학기술자들이 동일한 공간으로 이동하여 연구개발을 공동으로 수행하는 방식이다. 설령 각자의 연구실에서 연구를 진행하더라도 정기적 또는 부정기적으로 만나서 조정하고 종합하는 과정을 거친다.

사이버협동연구개발은 참여 과학기술자들이 동일한 공간으로 이동하지 않고 각자 자신의 연구실 컴퓨터 모니터를 통하여 실시하는 공동연구개발이다. 첨단 정보기술과 인프라를 기반으로 시간과 공간에 구애받지 않고 고성능 컴퓨터와 첨단장비 등을 활용하여 연구생산성을 획기적으로 향상할 수 있는 협동연구개발 형태이다. 시간과 경비를 절약할 수 있는 새로운 패러다임이다.

4) 협동연구개발 촉진정책

(1) 우리나라의 기본 정책방향

우리나라는 연구개발자원과 지식이 매우 제약적이기 때문에 연구팀 사이의 협동연구개발이 다른 어느 나라보다 크게 요구된다.

「과학기술기본법」 제17조 제1항은 "정부는 기업 · 대학 · 연구기관 간 또는 이들 상호간의 협동연구개발을 촉진하고 북돋우기 위한 지원시책을 세우고 추진하여야 한다."라고 규정하고 있다.

「협동연구개발촉진법」 제3조는 "국가 또는 지방자치단체는 연구개발사업을 추진 또는 지원함에 있어 협동연구개발을 위한 시책을 우선적으로 채택 · 시행하여야 한다."라고 규정하고 있으며, 동법 제4조 제1항은 국가 등이 연구개발비를 지원할 때에는 협동연구개발이 비효율적이지 않는 한 협동연구개발과제를 우선 지원하도록 규정하고 있다.

(2) 협동연구개발 요소의 교류 강화

첫째, 국가 · 지방자치단체 또는 정부투자기관으로부터 운영비를 지원받는 기관은 협동연구개발에 필요한 연구원을 다른 협동연구개발기관에 일정기간 동안 파견해야 하며, 이 파견으로 인한 신분과 급여상의 불이익을 주어서는 안 된다(「협동연구개발촉진법」 제6조). 또한 교육과학기술부 장관은 국가적으로 중요한 연구개발과제의 협동연구개발을 위하여 필요하다고 인정하는 때에는 관련 기관의 장의 요청에 따라 협동 · 융합연구개발 관련 기관 간에 과학기술인이 상호 교류하도록 권고하거나 알선할 수 있다(「과학기술기본법」 제17조 제3항).

둘째, 국가·지방자치단체 또는 정부투자기관으로부터 운영비를 지원받는 기관은 해당 기관이 보유한 연구개발정보 중 기밀보호가 필요하지 않은 정보에 대해서는 다른 기관이 이용할 수 있도록 제공해야 한다(「협동연구개발촉진법」 제7조).

셋째, 국가·지방자치단체 또는 정부투자기관으로부터 운영비를 지원받는 기관은 해당 기관의 업무수행에 지장이 없는 범위 안에서 해당 기관의 연구개발시설 또는 기자재를 다른 기관이 이용할 수 있도록 제공해야 한다(동법 제8조).

넷째, 국가 또는 지방자치단체는 산하 연구기관이 연구개발과제의 일부를 대학이나 기업에 위탁하도록 권고할 수 있다(동법 제9조 제2항).

다섯째, 협동연구개발과제에 참여한 자는 협동연구개발과정에서 알게 된 기밀을 다른 참여기관의 동의 없이 누설해서는 안 되며, 이를 위반한 자는 3년 이하의 징역 또는 1천만 원 이하의 벌금에 처한다(동법 제14조·제16조).

(3) 산업기술연구조합을 통한 기업의 협동연구개발 촉진정책

기업의 협동연구개발을 제도적으로 촉진하려는 것이 산업기술연구조합이다. 산업기술연구조합은 1916년 영국에서 처음 설립되었으며, 제1차 세계대전의 산물이었다. 제1차 세계대전 이전에는 영국과 독일의 통상이 자유롭게 진행되어, 영국은 염료 등 중요한 공업원료를 모두 독일에서 수입하여 사용하였다. 그러나 전쟁이 발발하여 독일이 적국으로 변하자 영국의 산업계는 심각한 어려움에 처하였다. 이에 영국 정부가 고안해 낸 것이 다름 아닌 산업기술연구조합이었다. 기업 간의 협동을 통해 국가적으로 중요한 원료나 부품을 단기간 내에 개발하려는 포석이었다. 영국 정부에서는 산업기술연구조합의 연구개발비 등을 파격적으로 지원하였다. 1 대 1기준의 대응자금을 지원하기도 했다. 산업기술연구조합에서 마련한 공동연구개발비와 동일한 금액을 정부에서 보조하는 방식이었다.

우리나라도 1980년대 초 「산업기술연구조합 육성법」을 제정하고 당시 과학기술처 중심으로 지원하였으며, 2008년 지식경제부로 이관하였다.

산업기술연구조합의 설립요건은 ① 산업기술의 개발에 이바지할 것, ② 조합원이 임의로 가입·탈퇴할 수 있을 것, ③ 조합원의 의결권과 선거권이 평등할 것, ④ 특정 조합원의 이익만을 목적으로 사업을 수행하지 아니할 것이다(「산업기술연구조합 육성법」제3조).

산업기술연구조합은 창립총회 후 30일 이내에 지식경제부 장관에게 신청하여 설립인가를 받아야 하는데, 설립인가 기준은 ① 설립요건을 갖출 것, ② 설립절차와 정관이 법령에 위배되지 아니할 것, ③ 사업 수행을 위하여 필요한 재원의 조달, 연구개발 추진과 관리의 능력이 있을 것, ④ 수행하려는 기술개발과제가 조합원이 협동함으로써 효율적으로 실시될 수 있을 것이다(동법 제8조; 동법 시행령 제3조).

산업기술연구조합에 대해서는 정부가 자금 지원, 조세 지원, 국가연구개발사업 우선 참여, 우선 구매 등을 지원한다. 첫째, 정부는 산업기술연구조합의 사업과 조합원이 조합의 연구성과를 기업화하는 사업에 필요한 자금의 전부 또는 일부에 대하여 기술신용보증이나 조합원의 연대보증에 의한 자금을 우선적으로 지원할 수 있다(동법 제12조; 동시행령 제8조 제1호).

둘째, 정부는 「조세특례제한법」에서 정하는 바에 따라 ① 조합원이 조합에 내는 비용의 일정 비율에 상당하는 금액을 해당 조합원의 해당 연도의 소득세 또는 법인세에서 공제, ② 조합이 조합원에게 조합의 사업에 속하는 산업기술의 연구개발을 위탁하는 경우에 해당 조합원의 수입에 대하여 부가가치세 면제, ③ 조합이 신제품이나 신기술을 개발하기 위하여 수입하는 시험·연구용 견본품에 대하여 개별소비세 면제, ④ 조합이 사용하기 위하여 수입하는 연구개발용품에 대하여 관세액의 80%를 경감할 수 있다(동법 제13조).

셋째, 정부가 국가연구개발사업을 추진할 때에는 산업기술연구조합에 우선권을 주어야 한다. 다만, 국방 관련 연구개발사업은 예외로 한다(동법 제14조).

넷째, 지식경제부 장관은 산업기술연구조합의 조합원이 조합의 연구성과를 기업화하여 생산하는 제품에 대하여 관계 기관의 장에게 우선 구매나 그 밖의 시장보호 조치를 요구할 수 있다. 이때 검토하는 사항은 ① 산업기술의 개발내용과 기술수준, ② 생산 공정과 기술성, ③ 동종 또는 유사제품과의 비교, ④ 생산능력·생산원가·생산계획, ⑤ 관련 사업에의 기술적·경제적 파급효과, ⑥ 우선 구매 등의 조치의 필요성이다(동법 제15조; 동시행령 제9조).

다섯째, 지식경제부 장관은 산업기술연구조합이 연구개발한 물품이나 조합의 연구성과를 기업화하여 생산하는 제품에 대한 시험검사기관의 우선 검사 실시, 연구인력의 상호교류와 연구시설의 제공, 기술정보의 제공, 기타 조합의 육성과 연구성과의 기업화를 촉진하기 위하여 필요한 사항의 조치를 관계 중앙행정기관의 장에게 요구할 수 있다(「산업기술연구조합 육성법 시행령」 제8조 제2호 내지 제5호).

5 과학기술 국제공조정책

과학기술 국제공조는 과학기술 또는 과학기술 개발요소의 차원에서 협력하는 것이다. 국제공조를 받는 국가의 입장에서는 외국의 힘을 빌려 자국의 과학기술역량을 효과적으로 발전시키고, 국제공조를 주는 국가의 입장에서는 자원협력이나 외교적 지지를 획득한다.

1. 과학기술 국제공조의 의의

과학기술 국제공조의 목적은 타국의 과학기술역량을 활용하여 자국의 과학기술 능력을 강화하고, 더 좋은 과학기술성과를 창출하려는 것이다. 어느 국가를 막론하고 자국에 필요한 과학기술을 독자적으로 개발할 수 없을 경우에는 세 가지의 방법을 검토한다. ① 과학기술로 제조한 제품을 수입하는 방법, ② 과학기술 자체를 통째로 도입하는 방법, ③ 과학기술의 개발에 필요한 일부 요소를 도입하는 방법이다. 선택은 자국의 과학기술 수준, 최종 제품 수요의 시간적 완급 등에 의하여 결정된다.

우리나라의 「과학기술기본법」 제18조 제1항은 "정부는 국제사회에 공헌하고 국내 과학기술 수준을 향상시킬 수 있도록 외국 정부, 국제기구 또는 외국의 연구개발 관련 기관·단체 등과 과학기술협력을 촉진하는 데 필요한 시책을 세우고 추진하여야 한다."라고 명시하고 있다. 또한 「국가연구개발사업의 관리 등에 관한 규정」 제4조 제4항은 "중앙행정기관의 장은 국가연구개발사업을 추진하는 경우에는 연구개발의 효율성을 높이기 위하여 국제공동연구, 외국과의 인력교류, 국제학술 활동 등 국제적 연계·협력을 장려하여야 한다."라고 규정하고 있다.

「협동연구개발촉진법」(제11조)과 동법 시행령(제7조)은 대학·기업 또는 연구소가 외국의 연구개발 관련 기관과 공동으로 수행하는 협동연구개발과제 중 ① 연구개발비를 공동으로 부담하고 ② 국내와 외국의 연구개발요원이 동일한 장소에서 연구개발을 수행하거나 역할을 분담하여 수행하는 국제협동연구개발과제에 대하여는 다른 과제에 우선하여 지원할 수 있도록 규정하고 있다.

2. 과학기술 국제공조의 내용

과학기술 국제공조의 전형적인 내용은 '국제공동연구사업' 추진이다. 우리나라와 외국이 동일한 연구개발과제의 수행에 소요되는 연구개발비·연구개발인력·연구개발시설·기자재 및 연구개발정보 등 과학기술자원을 공동으로 투입하여 수행하는 연구사업이다(「국제 과학기술협력 규정」 제2조 제2호).

또한 동규정에서 '과학기술 국제화 기반조성사업'으로 분류한 사업도 중요한 과학기술 국제공조의 내용이다. 대표적인 사업은 ① 국내 연구기관의 해외 분소 설치·운영, ② 해외 연구기관 분소의 국내 유치, ③ 교포 및 외국인 과학기술자의 국내 유치·활용, ④ 국내 과

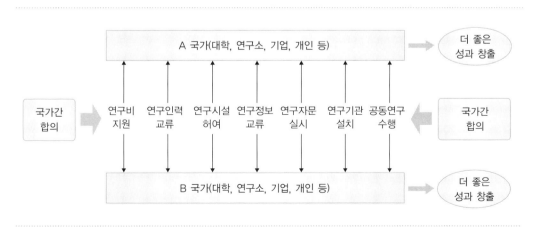

그림 4-14 과학기술 국제공조의 메커니즘

학기술자의 해외 파견, ⑤ 외국 과학기술정보의 수집·활용, ⑥ 다자간 국제과학기술협력 사업 참여, ⑦ 국제학술회의 개최 등이다.

과학기술 국제공조의 종합적인 메커니즘은 [그림 4-14]에서 보는 바와 같다.

3. 과학기술 국제공조의 전개과정과 비밀준수

국제교류나 공조에 대한 우리나라의 공식 창구는 외교통상부이다. 과학기술도 예외는 아니다. 외교통상부 장관이 과학기술 분야에 대해서도 대한민국을 대표한다.

그러나 일정한 범위 안에서는 교육과학기술부 장관이 역할을 수행한다. 교육과학기술부 장관이 추진할 수 있는 과학기술 국제협력사업은 ① 외국과 체결한 과학기술협력에 관한 협정에 따른 과학기술공동위원회의 구성과 운영, ② 개발도상국가와 자원보유국가에 대한 기술 지원, 인력양성 등 지원사업의 추진, ③ 주요 전문 분야별 기술조사단의 상호 파견 및 공동학술회의의 개최, ④ 그 밖에 주요 국가와의 협력강화에 관한 사항이다(「국제과학기술 협력 규정」 제5조).

국가 사이의 과학기술 공조가 시작되기 위해서는 먼저 서로 협력해야 될 의제가 있어야 한다. 의제는 각 나라에 대하여 이익이 되는 것이어야 한다. 이익이 명시적이든 묵시적이든, 내면적이든 표면적이든 불문한다. 어떠한 경우에도 국가 이익에 부합되는 의제가 있을 때 상호 협력의 명분이 생기고, 소요 재원을 동원할 수 있게 된다.

협력 의제가 발굴되면 상대국에 협력 의향을 타진하는 단계에 접어든다. 의향 타진은 대사관 등 공식적 창구를 통하거나 과학기술자 등의 창구를 통할 수 있다. 서신이 오고가거나 대면관계를 통해 의사가 확인되면 협력을 논의하는 단계로 들어선다. 협력을 논의하는 자리는 당사국 간 회의가 일반적이다. 회의는 실무자 수준의 협의부터 시작한다. 실무자 수준의 합의가 이루어지면 고위급 인사들의 회의와 합의단계로 올라간다. 차관급, 장관급, 국가원수 차원의 정상회의를 개최하여 최종적으로 합의한다.

협의를 통해 도출한 합의내용은 조약(Treaty), 헌장(Charter, Constitution), 협정(Agree-ment), 협약(Pact, Convention), 의정서(Protocol), 양해각서(MOU : Memorandum Of

Understanding) 등의 다양한 형태로 문서화한다. 1969년 체결되고 1981년에 발효한 「조약에 관한 비엔나 협약」 제2조 제1항 (a)는 '조약 등은 국가간에 서면 형식으로 체결'하도록 요구하고 있기 때문에 반드시 문서화 작업이 필요하다. 문서화된 합의서에 당사국 대표들이 서명함으로써 형식적 요건을 갖추게 된다.

한편, 조약은 국내법과 동일한 효력을 가진다(「대한민국헌법」 제6조 제1항). 그리하여 중요한 조약 체결은 반드시 국회의 동의를 얻어야 한다(동법 제60조 제1항). 또 중요한 다자협약의 경우에는 국회의 비준을 받아 그 비준서를 관련 국제기구에 기탁해야 하며, 일정 수의 회원국이 기탁해야만 효력이 발생한다.

협정 등이 체결된 이후에는 협정에서 정한 협력사항을 실행한다. 이 실행에 대해서도 필요한 경우, 당사국 대표가 회의 또는 서신으로 협의를 진행한다.

국가 사이의 공동연구 등 협력사업에서는 상호간의 신의가 가장 중요하다. 합의한 절차와 비밀은 반드시 지켜져야 한다(「국제과학기술협력 규정」 제7조). 즉, 동규정에 의한 과학기술국제화사업에 참여하는 기관의 장은 그 사업의 추진과정에서 연구개발 결과 등 주요 정보가 외부에 무단으로 유출되지 아니하도록 ① 참여연구원에 대한 보안조치, ② 연구개발 관련 정보와 연구시설에 대한 보안조치, ③ 연구개발 결과를 대외적으로 발표할 경우의 보안조치를 포함한 대책을 수립·시행해야 한다.

4. 과학기술 국제공조의 형태와 사례

1) 국가 간 과학기술협력과 기관 간 과학기술협력

일반적으로는 국가 사이의 과학기술협력 협정이 먼저 체결되고, 그 바탕 위에서 과학기술 주체(기관) 사이의 협력이 이루어진다. 그러나 국가 사이의 과학기술협력 협정이 체결되지 않은 상태에서 기관 사이의 협력이 이루어지는 경우도 있다.

국가 사이의 협력에도 일반과학기술 분야의 협력과 특수과학기술 분야의 협력에는 차이가 있다. 예를 들면, 원자력 분야와 우주발사체 분야는 일반과학기술협력 협정과는 별도로 원자력협력 협정 또는 우주발사체협력 협정을 체결하여 추진한다.

2) 양자 과학기술협력과 다자 과학기술협력

양자협력은 1 대 1의 국가 사이의 협력이다. 대부분의 국제협력이 이에 해당한다. 국가 사이에는 과학기술협력 협정을 체결하여 세부적인 협력사업을 전개한다.

다자협력은 '임의적 합의에 의한 협력'과 '국제기구를 통한 협력'으로 나누어진다. 임의적 합의에 의한 협력은 3개 국가 이상이 합의하여 추진하는 협력이다. 예를 들면, 한·중·일 과학기술협력사업이 있다. 국제기구를 통한 협력은 국제조약에 의해 설립된 국제기구에 가입하여 그 회원의 입장에서 추진하는 협력이다. 예를 들면, 국제원자력기구(IAEA), 세계 생물다양성정보기구(GBIF) 등을 통한 국제협력이 있다.

3) 받는 과학기술협력, 주는 과학기술협력, 쌍무 과학기술협력

'받는 협력'과 '주는 협력'은 과학기술 차원에서는 반대급부가 없는 협력이다. 일방적으로 선진국이 후진국을 원조하는 방식의 경우이다. '쌍무협력'은 과학기술 차원의 주고받는 것이 확실하게 명시되는 방식의 협력이다.

주는 협력에 있어, 정부는 개도국에 대한 기술조사단 파견·과학기술 지원사업, 국제공동연구, APEC/ASEAN 교육·과학기술협력사업, 국제백신연구소(IVI) 지원사업 등에 역점을 두고 있다.

우리나라가 중점적으로 추진하는 쌍무 과학기술협력의 예는 글로벌연구실사업과 글로벌파트너십프로그램이다. 또한 국제핵융합실험로기구(ITER), 유럽핵입자물리연구소(CERN), EU공동연구(Framework Programme) 등에 참여하고 있다.

그중 국제핵융합실험로기구(ITER : International Thermonuclear Experimental Reactor)에는 우리나라가 미국·EU·러시아·일본·중국·인도 등 6개국과 함께 대등한 입장에서 동등한 비율의 연구비를 분담하여 참여한다. 열출력 500MW급, 에너지 증폭률 10 이상인 핵융합에너지의 실용화를 위한 최종 공학적 실험장치를 프랑스의 까다라쉬(cadarache)에 건설하고 있다. ITER의 사업은 2006년부터 10년 동안 핵융합 장치 건설, 2016년부터 20년간 장치 운영, 2036년부터 5년 동안 감쇄, 2040년 이후에 해체하는 35년 프로젝트이다. 총 소요금액은 약 50.8억 유로이며, 해당 장치의 유치국인 EU가 45.46%를 납부하고 한국을 비롯한 6개 국가가 각각 9.09%를 부담한다. 핵융합 실험장치는 우리나라의 국가핵융합연구소의 KSTAR가 기본모델로, 한국의 주도적 입장이 강하게 반영된 국제공동연구사업이다. 우리나라에서는 사무차장 1인과 다수의 과학기술자가 참여하고 있으며, 우리 기업이 일부 핵심부품을 제작하여 공급하고 있다.

우리나라가 앞으로 국제사회에서 과학기술 분야의 위상을 강화하기 위해서는 지구문제 해결을 위한 프로그램을 한국 주도로 창설하고 지원해야 한다. 2~3개 분야에서만 그렇게 하더라도 한국의 국제적 위상은 크게 높아지고, 해당 분야의 세계적 이론과 지식이 한국에 의해 주도될 것이다.

4) 들어오는 과학기술협력과 나가는 과학기술협력

'들어오는 과학기술협력'은 외국의 연구비·연구인력·연구시설·연구기관 등을 국내로 들여와서 국내에서 수행하는 방식이다. 반대로 '나가는 과학기술협력'은 외국으로 나가서 진행하는 방식이다.

'들어오는 과학기술협력'의 전형적인 유형은 해외 우수 인력의 국내 유치활용이다. 이명박정부가 착수한 WCU(World Class University)사업과 WCI(World Class Institute)사업도 여기에 해당한다.

과학기술부가 2002년에 도입한 '사이언스 카드' 제도는 해외 과학기술자의 국내 체류와 안정적 연구개발을 돕기 위한 제도이다. 석사 이상의 학위를 가진 외국인 과학기술자에게 최장 3년의 비자를 발급하는 제도로서, 교육과학기술부 장관의 고용추천에 의해 법무부장관이 발급한다. 2006년 4월부터는 신청에서 발급까지의 전 과정을 온라인으로 처리하고 있다.

또한 외국인 기술자의 국내 근무를 장려하기 위하여 외국인 기술자의 소득세를 초기 2년 동안 50% 감면한다. 다만, 2011년 12월 31일 이전에 시작된 경우에만 적용한다(「조세특례제한법」 제18조).

지식경제부 장관은 산업기술 분야의 해외 우수 인력을 유치·활용하기 위하여 ① 해외 우수 기술인력을 유치하는 국내 기술혁신주체에 대한 자금 지원, ② 해외 우수 기술인력 출입국의 편의 제공, ③ 해외 우수 기술인력 수급실태와 전망 등에 대한 조사·연구, ④ 해외 우수 기술인력에 대한 구인·구직 등 취업정보의 수집과 제공, ⑤ 해외 우수 기술인력의 국내 생활 적응 및 대한민국 문화에 대한 이해 증진과 관련한 교육·홍보 등에 관한 시책을 수립·추진할 수 있다(「산업기술혁신 촉진법」 제30조; 동법 시행령 제41조).

'들어오는 과학기술협력'의 종합적인 유형은 외국 연구소 분소의 국내 유치이다. 우리나라에 설치된 프랑스 파스퇴르연구소(한국 파스퇴르연구소), 러시아 광학연구소(SOI 코리아센터), 일본 이화학연구소(한양대－RIKEN 협력연구실), 미국 NIH(한미결핵치료제연구센터), 미국 Battelle(Battelle@KU연구소)의 분소가 대표적 사례이다.

지식경제부 장관은 산업기술 분야의 해외 연구센터를 유치하기 위하여 ① 국내에 진출한 해외 연구센터의 산업기술혁신사업에 대한 참여, ② 국내에 진출한 해외 연구센터의 연구인력에 대한 연수·훈련, ③ 해외 연구센터의 입지 지원 등을 실시할 수 있다(동법 제31조).

'나가는 과학기술협력'의 대표적인 유형은 국내 정부출연연구기관의 다양한 해외 연구센터이다. 에너지기술협력센터(한국 에너지연구원＋러시아 분자물리연구소), 첨단소재연구센터(한국 기계연구원＋러시아 Saint-Petersburg State Polytechnical University), 레이저핵융합공동연구센터(한국 원자력연구원＋중국 공정물리연구원), 생명공학공동연구센터(한국 생명공학연구원＋중국 상하이광학정밀기계연구소) 등이 있다.

5. 남북과학기술협력

북한과의 과학기술협력은 남북의 평화통일을 위한 중요한 발판이며, 민족 재결합의 차원에서도 대단히 중요한 분야이다.

「과학기술기본법」 제19조는 남북 과학기술협력의 기본 방향을 제시하고 있다. 즉, 정부는 남북 과학기술 부문의 상호 교류와 협력을 증진시키는 데 필요한 시책을 추진해야 하며, 북한의 과학기술 관련 정책·제도·현황 등에 관한 조사·연구를 하도록 규정하고 있다. 보다 구체적으로 교육과학기술부 장관은 남북과학기술교류 기본계획을 통일부 장관, 국가정보원장 등 관계 행정기관의 장과 협의하여 수립·추진해야 한다. 기본계획에는 ① 과학기술 교류협력의 추진방향, ② 과학기술 공동연구, 과학기술 인력, 정보교류, 과학기술문화 창달, ③ 그 밖에 남북과학기술 부문의 교류협력에 관한 중요사항을 포함하도록 규정되어 있다(「과학기술기본법 시행령」 제26조). 이에 따라 교육과학기술부는 북한과의 협력을 위한 사업의 연구비를 연도별로 지원하고 있다.

산업기술 분야의 남북협력의 기본방향은 「산업기술혁신 촉진법」(제28조)과 동법 시행령(제40조)에 명기되어 있다. 지식경제부 장관은 남북 산업기술협력과 교류를 활성화하기 위한 시책을 수립하고, ① 남북한 산업기술의 공동개발, ② 개성공단 등 북한경제특구의 산업기술인력에 대한 교육, ③ 남북한 산업기술의 표준화 등 협력기반조성, ④ 북한의 산업기술 관련 정책·제도·현황 등에 관한 조사·연구, ⑤ 남북 산업기술협력에 대한 수요조사 등을 추진할 수 있다.

chapter **5**

과학기술 산출의 강화

제1절 과학기술 재산화정책
제2절 과학기술 현금화정책
제3절 과학기술 보안정책

1 과학기술 재산화정책

새로 개발한 과학기술에 대한 재산권을 신속하게 확보하지 않으면 국민경제를 부양할 수 없다. 우리 제품의 국제위상을 높이고 우리 기술의 부가가치를 높이기 위해서는 과학기술의 재산화에 적극적이어야 한다.

1. 지식재산권 일반론

1) 지식재산권 획득의 의미

지식재산권이란 지적 창작물에 부여된 재산권(IP : Intellectual Property)이다. 실정법상 특허권, 실용신안권, 디자인권, 상표권, 저작권, 문화예술창작권 등이 있다. 우리나라의 경우 「대한민국헌법」 제22조 제2항에 따라 저작자 · 발명가 · 과학기술자와 예술가의 권리는 법률로써 보호하고 있다.

지식재산권은 창의적 아이디어에서 나온다. 창의적 아이디어를 실현하기 위한 창의적 연구개발을 거쳐 창의적 결과물이 나오면, 이에 대한 권리를 설정 · 확보하는 단계로 이행한다. 지식재산권을 확보했다는 것은 지식 창작물에 대한 보호가 법률로 담보되었다는 것을 의미한다.

지식재산권의 전형적인 형태는 특허이다. 특허는 연구개발성과에 대하여 등록된 권리이다. 발명에 대한 배타적 권리를 부여하여 독점적으로 사용(사업화)할 수 있도록 부여한 권리이다. 발명의욕을 진작시키려는 제도이다.

기술발명에 대한 권리를 대외적으로 부여한다는 것은 기술 공개를 유발한다. 공개되지 않으면 보호대상 발명이 식별되지 않기 때문이다. 공개는 또 다른 효과로 이어진다. 다른 사람의 똑같은 기술개발은 재산적 의미가 없다는 것을 알려주는 동시에, 해당 기술을 사업화하려는 사람에게 구매정보를 제공하는 것이다. 이것은 발명의 실용화와 산업화를 앞당기는 효력을 발휘한다.

한편, 특허권 취득에 따른 기술 공개는 경쟁자에게 모방기술개발의 단초를 제공하기도 한다. 특허권을 피하면서 그와 유사한 기능과 성능을 가진 제3의 기술을 개발할 수 있는 길을 안내해 주는 것이다. 따라서 기술 선도자들은 개발한 기술에 대한 특허를 출원하지 않거나 미루는 경우도 있다.

우리나라의 「과학기술기본법」 제26조 제2항은 "정부는 과학기술 및 국가연구개발사업 관련 지식 · 정보가 원활하게 관리 · 유통될 수 있도록 지식재산권 보호제도 등 지식가치를 평가하고 보호하는 데에 필요한 시책을 세우고 추진하여야 한다."라고 규정하여 활용과 보호의 양 측면을 모두 강조하고 있다.

2) 특허의 유래

특허를 의미하는 'patent'는 14세기 영국에서 국왕이 특허권자에게 특허증서를 수여하는 형태에서 유래하였다. 다른 사람이 볼 수 있도록 특허증서의 봉투를 열어서 수여하였으므로 '개방된(open)'이라는 뜻을 가진 patent라는 용어를 사용하게 되었으며, 특허증서를 'Letters Patent'라고 부르게 되었다.

세계 최초의 특허법은 이탈리아의 도시국가인 베니스에서 1474년에 제정되었다. 모직물 공업의 발전을 촉진하기 위한 조치였다. 베니스의 특허법에 따라 Galilei의 양수 · 관개용 기계가 1594년에 특허를 받기도 했다.

현대적 의미의 특허법은 영국의 전매조례(Statue of monopolies, 1624~1852)에서 유래하였다. 영국의 전매조례는 산업혁명의 원동력이었던 방적기, 증기기관 등의 출현을 촉발하였다. 그 당시 영국은 '선(先)발명주의'를 채택하고 14년 동안의 독점권을 인정하였다. 또한 공익에 위반되는 발명에 대해서는 특허를 인정하지 않았다.

2. 특허에 관한 국제조약과 인정기준

1) 특허에 관한 국제조약

지식재산권에 대한 국제적 차원의 보호를 위하여 체결된 대표적인 특허협약은 1883년의 파리협약(Paris Convention)이다. 세계 각국의 특허제도를 각각 인정하면서도 중요한 사항에 대해서는 국제적으로 통일된 규범을 만들었던 협정이다. 우리나라는 1980년 5월에 가입하였다. 주요내용은 다음과 같다. 첫째, 특허에 대한 속지주의를 채택하였다. 동일한 발명에 대하여 복수의 국가에서 특허를 받으면 각각의 국가에서 각각 독립적으로 존속하거나 소멸한다. 각 회권국의 주권을 인정하려는 차원의 원칙이다. 둘째, 내외국인 동등의 원칙이다. 이것은 회원국의 국민을 자국민 수준으로 대우해야 된다는 것이다. 셋째, 우선권제도이다. 회원국에 (선)출원한 자가 동일한 발명을 1년 이내에 다른 회원국에 우선권을 주장하면서 (후)출원하는 경우에 (후)출원의 특허요건을 판단하는데 (선)출원의 출원일에 출원된 것으로 간주하는 제도이다. 이것은 외국에 출원하는 경우, 거리·언어·절차상의 제약 등으로 발생할 수 있는 출원인의 불이익을 해소하려는 취지이다.

1970년에는 특허협력조약(PCT : Patent Cooperation Treaty)이 체결되었고, 1978년에 발효되었다. 이 조약은 국제출원을 할 경우에 출원인이 자국의 특허청에 특허를 받고자 하는 국가를 지정하여 PCT 국제출원서를 제출하면, 지정국에서 정규로 국내출원된 것으로 인정하는 협력조약이다. 우리나라는 1984년 가입하였으며, 국제조사기관이 의무적으로 조사해야 하는 선행기술 조사문헌에 한국의 문헌이 포함되어 있다. 또한 2009년부터는 한국어가 PCT 국제공개어로 채택되었다. 이로써 국제출원서, 명세서, 청구범위, 보정서 등을 한국어로 작성하여 제출할 수 있게 되었으며, 한국어로 작성된 국제출원은 WIPO 사무국에 의해 한국어로 국제 공개된다.

지식재산권에 대한 국제적 보호 촉진과 협력은 세계지식재산권기구(WIPO : World Intellectual Property Organization)에 의해 총괄된다. 스톡홀름(1967년) 합의에 따라 1970년에 설립되고, 1974년에 국제연합(UN)의 전문기구로 편입되었다. 우리나라는 1979년에 가입하였다. WIPO의 주요임무는 ① 지식 재산권의 효율적 보호 촉진, ② 지식 재산권 관련 조약의 체결, 운용 및 각국 법제의 조화 도모, ③ 개발도상국에 대한 법제, 기술 측면의 원조 실시 등이다.

2) 특허권 인정기준의 국제적 차이

특허권을 인정하는 기준 시점에 대해서는 세계적으로 크게 두 가지가 있다. '선(先)출원주의'와 '선(先)발명주의'이다. 동일한 발명이 2개 이상 출원되었을 경우에 어느 출원인에게 특허권을 부여할 것인가를 결정하는 기준에 관한 것이다.

'선(先)출원주의'는 특허청에 먼저 출원한 사람에게 권리를 부여하는 것이며, 발명의 신속한 공개와 이를 통한 산업발전을 도모하려는 취지를 내포하고 있다. 반면에 '선(先)발명주의'는 먼저 발명한 사람에게 권리를 부여하는 것이다. 발명가를 보호하는 데에는 좋으나, 해당 출원인이 발명에 관련된 노트를 작성하고 증인을 확보해야 하며, 특허청으로부터 확인을 받아야 하는 절차가 요구된다.

세계적으로 미국만이 '선(先)발명주의'를 채택하고 있으며, 미국을 제외한 모든 나라에서는 '선(先)출원주의'를 채택하고 있다.

3. 한국의 특허제도

1) 특허 등록요건과 효력

우리나라의 특허권은 산업상 이용가능성, 신규성, 진보성을 가진 발명에 대하여 부여된다. 특허권을 확보하기 위해서는 산업에 이용할 수 있어야 하고, 선행기술이 없어야 하며, 선행기술과 다른 것이라도 해당 선행기술로부터 쉽게 생각해 낼 수 없는 기술이어야 한다.

특허권은 실용신안권과 대상에서 차이가 있다. 특허권의 대상인 '발명'은 "자연법칙을 이용한 기술사상(技術思想)의 창작으로서 고도한 것"이며, 실용신안권의 대상인 '고안'은 "자연법칙을 이용한 기술사상의 창작"이다. 그 차이는 '고도한 것'의 유무이다. 고도한 것이냐 아니냐의 차이는 대단히 미묘하고 주관적이기 때문에, 출원인의 의사를 존중한다. 똑같은 것이라도 출원인이 특허로 출원하면 발명으로, 실용신안으로 출원하면 고안으로 간주하는 방식이다.

특허출원에 대한 심사는 [그림 5-1]에서 보는 바와 같이, ① 자연법칙을 이용한 기술사상인가? → ② 산업상 이용할 수 있는 것인가? → ③ 새로운 발명인가? → ④ 종전에 있던 발명보다 진보된 발명인가? → ⑤ 불(不)특허 사유에 해당되지 아니한 것인가? → ⑥ 명세서에 발명이 구체적으로 기재되고 청구범위는 명확한가? → ⑦ 다른 사람보다 먼저 출원하였

1. 자연법칙을 이용한 기술사상인가? —— 아니오 → 탈락
2. 산업상 이용할 수 있는 것인가? —— 아니오 → 탈락
3. 새로운 발명인가? —— 아니오 → 탈락
4. 종전에 있던 발명보다 진보된 발명인가? —— 아니오 → 탈락
5. 불특허 사유에 해당되지 아니한 것인가? —— 아니오 → 탈락
6. 명세서에 발명이 구체적으로 기재되고 청구범위는 명확한가? —— 아니오 → 탈락
7. 다른 사람보다 먼저 출원하였는가? —— 아니오 → 탈락

특허 결정

그림 5-1 특허 등록요건의 체계도

는가?이며, 이 모든 과정을 무사히 통과하면 특허 등록결정을 내린다.

명세서에는 발명의 명칭, 도면에 대한 간단한 설명, 발명에 대한 상세한 설명, 특허 청구범위가 기재되어야 한다. 여기서 특허 청구범위는 대단히 중요하다. 본인이 원하는 보호범위를 결정하기 때문이다(「특허법」 제97조). 부적절하거나 명료하지 아니한 용어의 선택으로 인한 불이익은 원칙적으로 특허출원인에게 귀속한다.

특허는 정해진 기간 안에 등록을 해야 효력을 발휘한다. 최초 등록기간은 등록결정서를 받은 날로부터 3개월 이내이며, 등록료를 납부해야 한다. 연차등록은 새로운 연차가 시작되기 전에 등록료를 납부하면서 등록원부에 등재하는 것으로 이루어진다. 만일 기간 내에 등록료를 납부하지 않으면 최초 등록은 독점적인 권리가 발생하지 않으며, 연차등록을 하지 않으면 독점권이 소멸된다. 그러나 정해진 추가 납부기간 안에 납부하면 특허권이 소생된다.

특허권의 보호기간은 20년이다. 특허권자는 20년 동안 특허권의 독점실시권을 보장받는다. 권리를 무단으로 침범한 자는 7년 이하의 징역이나 1억 원 이하의 벌금형에 처한다. 다만, 연구 또는 시험을 위해 특허발명을 실시할 경우에는 예외이다. 실용신안권은 10년 동안 배타적 독점실시권을 인정받는다. 이를 침해한 자에 대한 벌칙은 특허권의 경우와 같다. 한편, 컴퓨터프로그램 저작권은 저작자의 생존기간에 더하여 사후 50년 동안 보호받는다. 이를 불법 복제한 자는 5년 이하의 징역이나 5천만 원 이하의 벌금에 처하며, 불법 복제물을 사전에 알고 사용한 자는 3년 이하의 징역 또는 3천만 원 이하의 벌금에 처한다.

2) 특허분쟁 해결 메커니즘

특허권과 관련된 분쟁은 특허권의 성립과 침해의 두 가지 형태이며, 각각 관장하는 법원이 다르다. 특허권의 성립이나 효력을 다투는 사안은 특허심판원을 거쳐 특허법원에 제소한다. 특허법원은 고등법원급으로 1998년 3월 개원하였으며, 대전광역시에 소재하고 있다. 특허법원은 특허심판원의 결정에 대한 불복의 소를 관장하며, 누구든지 이곳에 소송을 제기할 수 있다. 특허심판원의 거절결정 또는 보정각하결정에 대한 취소청구, 특허·실용신안·디자인·상표의 무효청구, 권리범위확인청구, 등록취소청구 등이다.

특허소송의 절차상 특징은 기술심리관의 자문과 기술설명회 개최이다. 재판관의 기술지식을 보완하려는 노력의 일환이다. 또한 소송대리권을 변호사뿐만 아니라 변리사에게도 부여하고 있다.

그러나 특허침해소송은 특허법원의 소관이 아니다. 그것은 일반법원의 민사재판부와 형사재판부 소관이다. 예를 들면, 특허 등에 관한 권리침해금지청구소송, 손해배상청구소송 등이 있다. 여기에는 변리사의 소송대리권이 인정되지 않는다.

따라서 특허 등 지식재산권 침해소송의 관할권을 일반법원으로 계속 유지할 것인지 아니면 특허법원으로 이동할 것인지 여부, 기술판사제도를 도입할 것인지 여부, 변리사에게 특허침해소송 대리권을 부여할 것인지 여부가 쟁점이 되고 있는 것이다.

2 과학기술 현금화정책

바야흐로 '과학기술=돈'의 시대가 열렸다. 과학기술이 경제적 의미를 가지려면 과학기술의 연구자와 과학기술을 이용하여 제품을 생산한 사람에게 구체적인 형태의 경제적 이익을 실현해 주어야 한다. 이 현금화과정이 원만하게 마무리되어야 과학기술은 소임을 다하는 것이다.

1. 과학기술 현금화의 경로

과학기술이 경제적 이익의 형태로 변환되기 위해서는 기본적으로는 두 가지의 경로를 거친다. [그림 5-2]에서 보는 바와 같이, 과학기술을 직접 실용화하여 관련 제품을 판매하거나 다른 사람에게 이전하여 기술료를 얻는 방식이다. 또한 두 가지 경로를 동시에 겸할 수도 있는데, 기술의 통상실시권을 다른 사람에게 허여하는 경우가 여기에 해당한다.

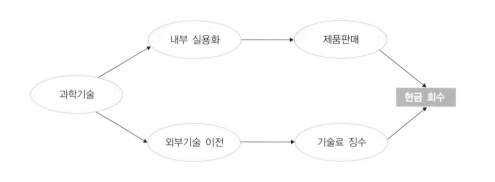

그림 5-2 과학기술 현금화 경로

2. 과학기술의 내부 실용화

1) 과학기술 실용화의 의의

(1) 과학기술 실용화의 중요성

과학기술의 실용화는 개발된 과학기술을 소비자의 요구에 부응하는 제품이나 서비스로 전환시키는 활동이다. 과학기술을 소비자의 욕구 충족과 삶의 질 향상으로 연결시키는 중추적인 단계이다. 연구기획과 연구개발의 성과를 혁신기업의 이익으로 연결하는 중간 고리이다. 그러나 실용화되지 못하여 사장되는 과학기술은 그 수를 헤아릴 수 없을 정도로 많다.

이런 관점에서 실용화단계를 '죽음의 계곡(death valley)'이라고 부른다. 19세기 중반에 캘리포니아로 향하던 개척민들의 발걸음을 무겁게 했던 ― 극단적인 기후와 자연조건으로 여행자와 동물을 쓰러뜨렸던 ― '죽음의 계곡'을 연상하여 붙인 표현이다. 그만큼 어렵다는 의미이다.

과학기술 실용화에 관련된 '죽음의 계곡'은 연구개발 종료 이후부터 제품판매 초기단계까지이다. 실험실에서 개발된 시제품의 규모를 키우고, 성능을 안정화시키고, 생산라인을 설치하고, 제조 전문가를 뽑아서, 소비자가 원하는 가격조건까지 맞춰 생산·출하하여, 소비자에게 어필하는 단계이다.

(2) 실용화의 대상기술

실용화는 [그림 5-3]에서 보는 바와 같이, 내부(또는 국내)에서 개발된 기술에 국한되지 않는다. 외부(또는 외국)에서 개발된 기술일지라도 기술 전체 또는 일부를 조기에 구입하여 실용화하는 것도 필요하다. 기업의 경우 기술의 원천지에 구애받지 않고 가장 좋은 기술로 제품을 생산하여 시장에 가장 빨리 진출함으로써 시장을 지배하는 전략도 유효하기 때문이다. 외부(또는 해외)에서 도입한 기술의 경우에도 '죽음의 계곡' 등 어려움은 내부(또는 국내)개발기술의 경우와 동일하다.

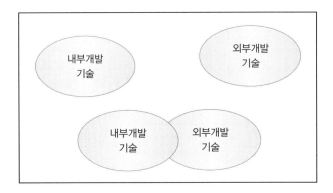

그림 5-3 실용화기술의 세 가지 유형

2) 과학기술 실용화에 대한 정부의 기본방침

우리나라 정부에서는 과학기술의 실용화를 위한 여러 가지 장치를 마련하여 운용하고 있다. 「과학기술기본법」 제11조 제2항 제4호는 정부가 소요경비의 전부 또는 일부를 지원하여 얻은 지식과 기술 등을 공개하고 성과를 확산하여 실용화를 촉진하는 데 필요한 지원시책을 세우고 추진하도록 명시하고 있다.

「국가연구개발사업 등의 성과평가 및 성과관리에 관한 법률」 제13조에서는 연구성과관리 기본계획 수립을 국가과학기술위원회의 기능으로 부여하고 있다. 즉, 국가과학기술위원회는 5년마다 ① 연구성과관리 및 활용의 기본방향, ② 특허, 논문 등 연구성과 유형별 관리·활용방법에 관한 사항, ③ 연구성과 데이터베이스의 종합적 관리에 관한 사항, ④ 연구성과관리·활용 관련 제도의 개선에 관한 사항, ⑤ 그 밖에 국가과학기술위원회가 필요하다고 인정하는 사항을 포함한 성과관리 기본계획을 수립해야 하며, 연도별로 연구성과의 관리·활용에 관한 세부적인 대상·방법·일정을 포함한 실시계획을 마련해야 한다(동법 제12조). 또한, 연구개발사업과 연구개발과제를 수행하는 대학과 연구기관 등은 연구성과의 관리·활용계획을 마련하여 관계 중앙행정기관의 장에게 보고해야 한다.

「국가연구개발사업의 관리 등에 관한 규정」 제17조도 연구개발 결과의 활용 촉진을 규정하고 있다. 연구개발결과물 소유기관의 장 또는 전문기관의 장은 연구개발 결과가 널리 활용될 수 있도록 필요한 조치를 취해야 하며, 중앙행정기관의 장 또는 전문기관의 장은 연구기관의 장에게 연구개발과제가 종료된 해의 다음 해부터 최장 5년간 매년 2월 말일까지 연구개발 결과 활용보고서를 제출하게 할 수 있으며, 중앙행정기관의 장은 연구개발이 종료된 때부터 3년 이내에 연구개발 결과의 활용실적을 추적평가하는 등 연구개발 결과의 활용을 촉진해야 한다.

「산업기술혁신 촉진법」제15조는 개발된 기술의 사업화나 이에 대한 출자를 주업으로 하는 자에 대한 지원·육성을 정부의 업무로 규정하고, 지식경제부 장관이 ① 신기술의 사업화와 보육, ② 사업화를 지원하는 전문기관과 전문인력의 양성, ③ 사업화에 의하여 생산되는 제품의 판매 촉진, ④ 산업기술 개발사업의 후속개발과 기술금융의 활성화, ⑤ 기술력 평가에 따른 기술담보대출의 활성화, ⑥ 특허·실용신안·디자인기술의 사업화 촉진, ⑦ 개발된 기술의 사업화에 필요한 인력·정보·시설·자금·기술 등의 지원, ⑧ 개발된 기술을 실용화하여 생산되는 제품과 품질에 대한 인증, ⑨ 인증된 신제품에 대한 금융·기술·홍보지원 등의 사업을 실시할 수 있도록 하고 있다.

「기술의 이전 및 사업화 촉진에 관한 법률」제38조, 제41조 제2항은 기술이전과 사업화를 위한 다양한 장치를 마련하고 있으며, 특히 기술이전·사업화 촉진에 참여하면서 알게 된 공공연구기관과 기업의 비밀을 누설하지 못하도록 금지하였다. 이를 위반한 자는 5년 이하의 징역 또는 5천만 원 이하의 벌금에 처한다.

「협동연구개발촉진법」제13조는 국가 또는 지방자치단체는 협동연구개발에 참여한 공공연구기관에 대하여 해당 기관이 보유하는 산업재산권 등을 무상으로 해당 협동연구개발에 참여한 중소기업에게 일정기간 사용 허용을 권고할 수 있으며, 그와 관련하여 해당 연구기관에 예산의 범위 안에서 일정금액을 보상할 수 있도록 규정하고 있다.

한편 우리나라에서는 외국인이 외국의 고도기술을 국내로 들여와 실용화하도록 제도적으로 지원하고 있다. 「외국인투자 촉진법」에 의한 외국인투자기업이 국내 산업의 국제경쟁력 강화에 필요한 산업지원 서비스업과 고도기술을 수반하는 사업을 할 경우에는 법인세, 소득세, 취득세, 등록세, 재산세를 각각 감면한다(「조세특례제한법」제121조의2 제1항 제1호). 여기서 말하는 고도기술은 국민경제에 대한 경제적·기술적 파급효과가 크고 산업구조의 고도화와 산업경쟁력 강화에 필요한 기술, 외국에서 국내 최초로 도입된 날부터 3년이 경과되지 아니한 기술이거나 3년이 경과한 기술이라도 이미 도입된 기술보다 경제적·기술적 성능이 뛰어난 기술, 해당 기술이 소요되는 공정이 주로 국내에서 이루어지는 기술이다. 이와 동시에, 상기 외국인투자기업에 고도기술을 제공함으로써 받는 외국인 기술자의 근로소득에 대해서는 최초 2년간 소득세의 50%를 감면한다(「조세특례제한법」 제18조 제2항).

3) 과학기술 실용화의 성공조건 및 지원정책

(1) 기본 시각의 정립

과학기술의 실용화를 위해서 반드시 지켜야 할 사항은 다음과 같다. 첫째, [그림 5-4]에서 보는 바와 같이, 과학기술의 아이디어에서 시작하여 시장에 진출하는 전체 기간에 걸쳐 한편으로는 수요에 민감하고, 다른 한편으로는 최신 과학기술의 동향에 민감해야 한다. 사회와 시장의 새로운 요구에 부응하지 못하면 소비자로부터 외면당하고, 최신 과학기술을 따라잡지 못하면 경쟁자에 밀려 시장에서 설 자리를 잃게 된다.

여기서 요구는 구체적으로 파악되어야 한다. 막연한 상태의 사회나 시장의 요구가 아니라, 기술을 기업화하여 사업을 전개하려는 기업이 있느냐, 있을 경우에는 얼마나 많고 의지

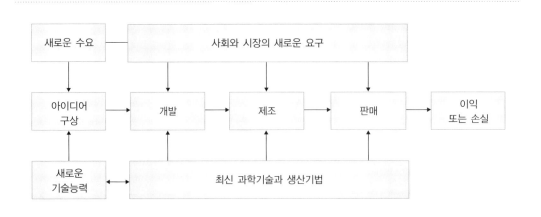

그림 5-4 혁신과정의 상호작용 모델

자료 : Rothwell, R., 1983.

가 얼마나 강하냐를 파악해야 한다. 기술이 개발되어 나오기만을 기다리는 기업의 수요가 실질적인 수요이기 때문이다. 또한 사회나 시장에서는 수요가 있더라도 정작 해당 기술을 실용화할 의사나 능력을 가진 기업이 국내에 없을 경우에는 낭패를 당할 수 있기 때문이다. 그런 경우에는 다른 나라에 기술을 팔고, 해당 제품을 수입하여 사용하게 될 수도 있다. 이렇게 되면, 기술의 부가가치가 크게 떨어지기 때문에 최상의 결과를 얻을 수 없다.

둘째, 과학기술의 실용화는 연구기획단계에서부터 고려되어야 한다. 연구기획이 끝나고 연구개발에 접어든 시기에도 줄곧 실용화를 염두에 두어야 한다. 연구개발성과가 실용화에 미흡할 경우에는 그 연구성과의 보완을 잊지 말아야 한다. 연구성과는 종합적으로 관리되어 내부 기업화를 추진하거나 다른 기업 등에 이전하여 현금화해야 한다. 그 후 진행되는 제품의 제조 및 생산도 수요에 맞춰야 하며, 제품의 판매 중에도 수요에 맞춰 항상 수정되어야 한다. 그렇게 하는 것이 과학기술의 실용화를 위하여 필요한 필수요소이다. [그림 5-5]는 과학기술 실용화에 필요한 연쇄 고리를 보여 주고 있다.

셋째, 과학기술의 실용화 미션은 연구개발의 전 주기에 걸쳐 부여되고, 모든 성격의 연구에 적용되어야 한다. 기초연구와 응용연구, 개발연구와 기업화연구를 가리지 말아야 한다. 다만, 실현 시기가 다를 뿐이라는 인식을 가져야 한다. 기초연구는 실용화가 더딜 것이고,

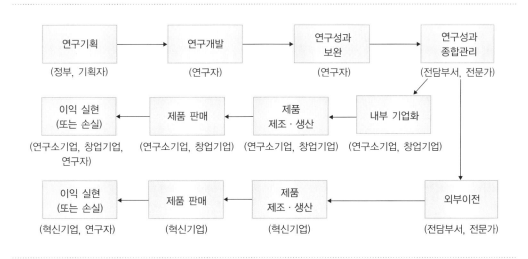

그림 5-5 과학기술 실용화의 연쇄 고리

개발연구는 실용화가 빠르다. 언젠가 실용화되는 점에서는 모두 똑같다. 실용화를 염두에 두고 착수하는 연구와 그렇지 않은 연구는 결과에서 큰 차이를 나타낼 수 있다. 어렴풋하고 모호하지만, 목표를 가시적으로 그려보려는 시도가 있어야 한다. 분명하지 않더라도 대체적인 형상을 그릴 수 있다면 연구의 속도와 질이 달라질 것이다.

넷째, 과학기술의 실용화는 모든 부처의 연구개발사업에 공통으로 적용되어야 한다. 산업진흥을 직접 담당하는 부처나 과학기술의 기반을 강화하는 부처나 모두 추진해야 될 핵심 업무이다. 그렇게 해야만 국가 전체의 혁신역량이 커지고, 기술의 실용화가 활성화되어 과학기술의 기본임무에 충실할 수 있기 때문이다. 또한 과학기술의 실용화는 부처 간의 업무를 재편하는 과정에서도 합리적으로 고려해야 한다. 종전에 추진하던 부처에서 일관성 있게 마무리할 수 있도록 조치해야 한다. 프로젝트가 진행되는 도중에 다른 부처로 이관할 경우에는 당초의 연구개발 취지가 변질될 수 있고, 특히 연구개발팀이 동요할 수 있기 때문이다. 이것은 부처 차원의 영역다툼이나 이해관계를 뛰어넘어야 하는 문제이다. 국가의 더 큰 이익을 위해 완충적 과도기를 가져야 한다.

(2) 단계별 성공조건 및 지원정책

① **연구기획 단계** : 과학기술의 실용화에 대한 고민은 연구기획단계에서부터 시작되어야 한다. 연구기획단계에서 예상되는 수요자의 의견을 진지하게 청취한 후 연구과제 선정에 반영해야 한다. 이러한 과정으로 기획하면 기술의 실용화는 이미 상당한 수준으로 진전된 것이나 다름없다.

한편, 연구개발의 단계에 따라 예상 수요자의 파악이 다를 수 있다. 개발연구의 경우에는 상당히 뚜렷하고, 응용연구의 경우에는 어느 정도 보이는 반면에, 기초연구의 경우에는 보이지 않는 것이 보편적 현상이다.

따라서 기초연구의 경우에는 제품 생산에 초점을 두는 것이 아니라, 포괄적인 수요를 갖는 과학기술의 개발로 이어질 가능성을 가지고 기획해야 한다. 관련 분야의 포괄적인 과학기술지도를 염두에 두고, 그 기초연구 결과가 응용연구에 접목될 수 있도록 기획하는 것이다.

② **연구개발 수행단계** : 연구개발에 착수된 이후에도 수요지향성은 지속되어야 한다. 경우에 따라서는 당초의 연구개발목표를 수정해야 한다. 수요가 갑자기 사라진 연구개발과제는 중단되어야 한다. 유사한 과학기술이 외부에서 개발되어 출시된 제품이 있을 경우에도 변화를 모색해야 한다. 차별적 우위를 확보할 수 없으면 중단해야 한다.

정부는 연구자의 협약 변경요청에 민첩하고 유연해야 한다. 경우에 따라서는 능동적으로 연구개발팀의 변화를 권유하거나 강제해야 한다. 그러나 이런 일들은 매우 신중하게 접근해야 한다. 연구자에게 부당한 간섭이나 개입이라는 느낌을 주지 않아야 한다. 연구자의 전문성과 자율성을 최대한 인정하고, 연구자의 주도적 입장을 옹호하는 자세를 견지하면서, 분위기를 조성하는 것이 바람직하다. 연구자의 자존심에 상처를 입히면 열등한 연구결과로 되돌아올 수 있기 때문이다.

③ **연구개발 종료단계** : 연구개발기간이 도래하여 작업이 끝나면, 최종보고서를 제출하고 성과관리 등에 관한 업무를 수행하는 단계로 넘어간다. 그러나 정해진 기간 안에 연구개발을 완성하지 못하는 일이 가끔 발생한다. 여기서 중대한 문제가 발생된다. 조금만 더 지원하면 좋은 성과를 낼 수도 있는 연구과제를 사장시킬 수 있기 때문이다.

정부는 이런 경우를 대비해야 한다. 연구종료 이전에 미리 상황을 정확하게 파악하는 것이다. 그리고 기간 연장의 타당성이 있을 경우에는 필요한 기간을 추가로 허여하는 것이다. 예산이 허용될 경우에는 연구개발비도 추가로 지원한다. 이런 절차는 간편해야 하고, 결정은 신속해야 한다. 어떤 경우에도 연구자에게 부담을 주지 않아야 된다.

④ **연구성과 관리단계** : 연구개발이 최종적으로 종료된 다음에는 해당 성과를 종합적으로 관리하는 것이 중요하다. 언제, 어디서나, 누구나, 간편하게 열람하고 판단할 수 있도록 정보시스템을 구축하는 것이다. 여기서 동시에 고려할 사항은 성과의 보호에도 완벽해야 된다는 점이다. 연구성과를 유료로 사용하려는 자와 더불어 도용하려는 자도 함께 상존하기 때문이다.

따라서 연구성과 정보공개의 수준을 적절하게 설정하는 것이 중요하다. 경우에 따라서는 연구성과의 상세한 제목만으로도 기술 수준이 노출될 수 있다는 점을 명심해야 한다.

연구성과의 관리는 해당 연구기관에서부터 시작되어 관련 분야의 중간단계, 최종적으로 는 국가과학기술종합정보시스템(NTIS)으로 종합된다. 이와 더불어 과학기술 분야별 종합 방식을 병행할 수 있다. 여기에는 분야별 정부출연연구기관이 간사기관이 되어 관련 분야 의 국가과학기술정보를 총괄하여 축적하고 서비스하는 방식도 있다.

「국가연구개발사업 등의 성과평가 및 성과관리에 관한 법률」 제14조는 국가의 원칙적인 임무를 규정하고 있다. 즉, 중앙행정기관의 장과 연구회는 소관 연구성과를 체계적으로 관 리하고 효율적으로 활용하기 위하여 노력해야 한다. 또한, 중앙행정기관의 장과 연구회는 소관 연구성과에 관한 데이터베이스를 구축하고, 국가과학기술위원회가 정하는 국가과학 기술종합정보시스템(NTIS)과 연계하여 활용해야 한다. 다만, 국방과 국가안전보장의 기밀 을 요하는 사항인 경우에는 그러하지 아니하다.

연구성과는 각 기관별로 전담부서를 마련하여 관리하도록 한다. 여기에는 정보처리전문 가와 과학기술전문가를 함께 배치해야 한다.

⑤ **연구성과 기업화단계** : 기업의 경우에는 자사 부설연구소 등에서 개발한 기술을 당연히 직접 기업화한다. 대학에서는 '산학협력단'이 기술의 사업화 업무를 담당한다(「산업교육 진흥 및 산학협력촉진에 관한 법률」 제27조 제1항 제5호). 산학협력단은 보유기술의 사업 화를 위하여 '산학협력기술지주회사'를 설립·운영할 수 있으며(동법 제36조의2), 기술지 주회사는 대학의 기술을 기반으로 설립된 자회사에 대하여 기술 및 경영 자문 업무, 자회사 보유기술의 이전·사업화 촉진 등을 지원한다(동법 시행령 제36조의4). 산학협력기술지주 회사를 통해 사업화할 대상기술은 특허·실용신안·디자인과 그 밖에 이에 준하는 지식재 산, 자본재 및 정보와 기술적·과학적·산업적 노하우이다(동시행령 제1조의2).

정부출연연구기관을 비롯한 공공기관의 경우에는 직접 기업화할 수 있는 생산시설이 없 기 때문에, 해당 기술을 개발한 연구원이 연구기관 밖에서 벤처기업을 창업할 수 있는 길이 열려 있다. 또한, 연구개발특구 안에서는 공공연구기관이 단독 또는 산학협력기술 지주회 사나 신기술창업전문회사와 공동으로 '연구소기업'을 설립할 수 있다(「대덕연구개발특구 등의 육성에 관한 특별법」 제9조의3 제1항). 이때 공공연구기관은 지식재산권과 노하우·

현금·부동산·연구시설·기자재, 그 밖에 양도 가능한 자산을 출자할 수 있다. 해당 공공연구기관은 연구소기업의 주식(또는 지분)을 20% 이상 보유해야 한다(「대덕연구개발특구 등의 육성에 관한 특별법 시행령」 제13조 제5항). 공공연구기관은 연구소기업에 대한 출자로 발생한 수익금과 잉여금을 ① 연구개발에 대한 투자, ② 연구소기업에 대한 재출자, ③ 연구개발성과의 사업화에 필요한 경비, ④ 기술개발 및 사업화에 기여한 인력 및 부서에 대한 보상금, ⑤ 기관운영경비에 사용해야 한다(동시행령 제14조).

국가연구개발사업의 연구성과에 대한 실용화 권한은 원칙적으로 참여기업에 있지만, 일정한 사유가 있을 경우에는 참여기업 이외의 자에게 실용화 기회를 부여할 수 있다. 해당 사유는 ① 연구개발결과물을 일반에 공개하여 활용할 목적으로 수행하는 연구개발과제의 경우, ② 참여기업 이외의 자가 실시를 원하는 경우로서 해당 연구개발결과물을 공동 소유한 참여기업이 동의할 경우, ③ 참여기업에 귀책사유가 있는 경우로서 i) 연구개발과제 종료 후 1년 이내에 참여기업이 실시계약을 체결하지 아니한 경우, ii) 참여기업이 약정한 기술료를 1년 이상 납부하지 아니한 경우, iii) 참여기업이 기술실시계약을 체결한 후 연구개발 결과를 활용하는 사업을 정당한 사유 없이 1년 이내에 시작하지 아니하거나 그 사업을 1년 이상 쉬는 경우로서 참여기업이 정당한 사유가 있음을 소명하지 못한 경우, ④ 그 밖에 중앙행정기관의 장이 참여기업 외의 자가 실시할 필요가 있다고 인정하는 경우이다(「국가연구개발사업의 관리 등에 관한 규정」 제21조 제2항).

정부는 기술의 제품화를 위해 정보제공, 상담, 자금 알선 등을 수행한다. 정보제공의 경우 식품의약품안전청의 '의약품 제품화 지원센터'도 좋은 사례이다. 센터에서는 제품화에 직결되는 R&D 상담, 신약 등의 허가·심사 관련 상담, 기업 등에 대한 교육, 의약품 허가 관련 정보제공 등을 실시하고 있다.

자금 지원을 위해서는 모험자금(Venture capital)을 확충해야 한다. 기술의 실용화에 가장 중요한 요인의 하나가 자금조달이기 때문이다. 그 한 사례로서, 과학기술처는 1981년에 '한국기술개발주식회사'를 설립하여 모험자금을 지원하였고, 이를 통해서 다른 금융기관의 모험자본 활성화에 불을 지폈다.

이와 더불어, 기술을 담보로 자금을 대출하는 금융방식이 활성화되어야 한다. 기술의 담보대출로 인한 금융기관의 손실에 대해서는 전부 또는 일부를 정부가 예산으로 보전해 주는 방식이 바람직하다.

실제로 정부가 수립·시행해야 되는 기술이전·사업화 촉진계획에는 사업화 촉진을 위한 금융지원에 관한 사항과 기술자산유동화의 촉진에 관한 사항을 포함하도록 규정되어 있다(「기술의 이전 및 사업화 촉진에 관한 법률」 제5조 제1항 제5호·제6호). 또한 관계 중앙행정기관의 장은 사업화를 촉진하기 위하여 기술담보대출 촉진사업을 예산의 범위에서 실시할 수 있다. 이 경우 관계 중앙행정기관의 장은 기술을 담보로 한 대출에 따른 손실의 전부 또는 일부를 보전할 수 있다(동법 제28조).

한편, 판로가 확보된 제품의 개발에 필요한 자금을 지원하는 제도가 있다. 중소기업청에서 시행하는 '구매조건부 신제품개발사업'이다. 공장등록증을 보유한 중소제조업체가 수행하는 신제품개발사업에 대하여 개발비의 일정 비율을 지원하는 제도이다. 이 제도는 선도과제에 대한 지원과 실용과제에 대한 지원의 두 종류가 있다. 먼저 선도과제는 공공기관과 대기업이 제안한 지정과제로서, 공공기관과제는 총 사업비의 75% 이내, 대기업과제는 55% 이내에서 최고 5억 원, 개발기간 2년 이내에서 지원한다. 다만, 대기업과제에 대해서는 해당 대기업이 20% 이상을 부담해야 한다. 실용과제는 해외 수요처의 주문을 받은 과제로서 총 사업비의 75% 이내에서 최고 2억 5천만 원, 개발기간 1년 이내에서 지원한다.

3. 과학기술의 외부 이전

1) 이전대상 기술목록의 작성 및 공개

기술을 외부로 이전할 경우에는 이전대상 기술목록을 작성하여 일정한 기관이나 매체를 통하여 공개한다. 이전대상 기술의 각각에 대하여는 사전에 기술평가 전문가를 통하여 적정한 가격을 산정해야 한다. 그렇지 않으면 실제 이전협상에서 주도권을 갖기 어렵다. 중앙행정기관의 장과 연구회가 연구성과를 사업화할 필요가 있다고 인정되는 경우에는 연구성과에 대한 기술가치평가의 실시비용과 특허 관련 비용 등을 관련 사업비에 반영해야 한다(「국가연구개발사업 등의 성과평가 및 성과관리에 관한 법률」 제15조).

한편, 공공연구기관, 공공기관의 지원을 받아 기술을 개발·보유하는 기관과 단체, 산업기술연구조합은 특별한 사유가 없는 한 기술의 내용 등을 기술개발이 완료된 후 3개월(해당 연구개발자의 부재 등 부득이한 경우에는 6개월) 이내에 한국산업기술진흥원에 등록해야 한다(「기술의 이전 및 산업화 촉진에 관한 법률」 제7조 제2항). 정부는 기술이전·사업화에 관한 정보의 제공업무를 한국산업기술진흥원, 기술거래기관, 공공연구기관의 기술이전·사업화 전담조직·사업화 전문회사, 기술평가기관 등으로 하여금 수행하게 할 수 있다(동법 제3항).

2) 기술이전 협상

기술이전의 협상은 각 기관별로 실시한다. 공개된 정보를 보고 접촉해온 자와 협상하여 적절한 대가를 받고 기술을 이전하는 것이다.

그러나 기관 차원에서의 진행이 용이하지 않을 경우에는 관계 중앙행정기관의 장이 지정한 '기술거래기관'을 이용할 수 있다. 기술거래기관은 기술거래사·변호사·변리사·공인회계사·기술사의 자격을 취득하고 기술거래업무에 종사할 수 있는 3명 이상을 상시 고용하고, 기술거래업무 지침서와 정보망을 보유해야 한다(동법 제10조; 동법 시행령 제16조). 기술거래기관의 사업은 ① 기술이전·사업화 대상기술의 파악, 수요조사, 분석, 평가, ② 기술이전·사업화 정보의 수집·관리·유통과 관련 정보망 구축, ③ 기술이전의 중개·알선, ④ 기술이전·사업화 정보의 유통을 촉진하는 기타의 사업이다(동법 동조 제2항). 예를 들면 대구기술거래소에서는 기술가치분석과 기술분석, 특허관리, 기술이전과 거래, 기술료 징수 등을 주된 업무로 하고 있다.

기술의 가치에 대한 합의에 도달하지 못할 경우에는 관계 중앙행정기관의 장이 지정하는 '기술평가기관'의 도움을 받을 수 있다. 기술평가기관의 자격은 기술거래사·변호사·변리사·공인회계사 또는 기술사의 자격을 취득하고 기술평가업무에 종사할 수 있는 3명 이상의 전문가와 기술평가업무에 5년 이상 종사한 7명 이상의 전문가를 보유하고, 기술평가관리조직·기술평가모델·정보망을 보유하는 것이다(동법 제35조 제1항; 동시행령 제32조 제1항).

한편, 자체적으로 기술이전 등의 업무를 관리하기 어려울 경우에는 기술관리에 관한 일체의 업무를 기술신탁관리업체에 위탁할 수 있다. 기술신탁관리업이란 기술보유자로부터 기술과 사용에 관한 권리를 신탁받아 기술 등의 설정·이전, 기술료의 징수·분배, 기술의 추가 개발 및 기술자산유동화 등 관리업무를 수행하는 업을 말한다(「기술의 이전 및 사업화 촉진에 관한 법률」 제2조 제8호).

3) 기술이전 및 기술료 징수

(1) 기술이전 및 기술료 징수의 일반적 방법

협상이 타결되면 기술을 이전하고, 그 대가로서 기술료를 징수한다. 기술이전에는 라이센싱과 양도의 두 가지 형태가 있다. 라이센싱은 기술제공자가 본원적 권리를 가지고 있으면서 그 기술의 실시만을 허락하는 형태이고, 양도는 권리 자체를 통째로 이전하는 형태이다. 기술 라이센싱의 핵심인 실시권에는 전용실시권과 통상실시권이 있다. 전용실시권은 기술도입자만이 기술의 실시권한을 독점적으로 갖는 형태이다. 통상실시권은 기술제공자가 스스로 특허권을 실시할 수도 있고, 제3자에게 동일한 내용의 통상실시권을 허락할 수도 있다. 또한 재실시권이 있는데, 이것은 기술도입자가 기술을 제3자에게 다시 라이센싱할 수 있는 권리이다.

기술료의 산정방법에는 경상기술료, 고정기술료, 선불금, 최저기술료, 최대기술료 등이 있다. 첫째, 경상기술료(running royalty)에는 정액법과 정률법이 있다. 정액법(per unit royalty)은 제품의 단위당 금액으로 판매량에 부과하는 방식이고, 정률법(percentage royalty)은 실제 매출액의 일정 비율에 해당하는 금액을 기술료로 산출하는 방식이다.

둘째, 고정기술료(fixed payment)는 계약제품 판매액과는 관계없이 합의된 금액으로 지불하는 기술료이다. 구체적 지급방식에는 일괄지급(lump-sum payment)방식과 분할지급(installment payment)방식이 있다.

셋째, 선불금(initial payment)은 제품 판매와는 관계없이 계약체결 시점 또는 계약에서 정한 시점에 기술제공자에게 지불하는 기술료이다.

넷째, 최저기술료(minimum royalty)는 계약기간의 전체 또는 소정의 기간 안에 지불해야 할 기술료의 최저액이며, 최대기술료(maximum royalty)는 기술료의 최고 상한액이다.

(2) 국가연구개발사업 기술료의 징수 및 사용

① **국가연구개발사업 기술료의 징수** : 국가연구개발사업의 연구개발 결과 소유기관의 장은 연구개발결과물을 실시하려는 자와 실시권의 내용, 기술료와 기술료 납부방법 등에 관하여 계약을 체결할 경우 기술료를 징수해야 한다. 연구개발결과물 소유기관이 결과물을 직접 실시하려는 경우에는 전문기관의 장이 기술료를 징수할 수 있다(「과학기술기본법」 제11조의4 제1항). 연구개발결과물 소유기관의 장 또는 전문기관의 장이 기술료를 징수한 경우에는 중앙행정기관의 장에게 기술료 징수 결과를 보고해야 한다(「국가연구개발사업의 관리 등에 관한 규정」 제22조 제3항).

기술료를 감면할 수 있는 경우도 있다. 첫째, 기초연구단계의 연구개발결과물 등 연구개발 결과의 활용을 촉진하기 위하여 공개 활용이 필요하다고 인정되는 연구개발결과물에 대해서는 기술료를 징수하지 아니한다(동규정 제22조 제4항). 둘째, 연구개발결과물을 실시하려는 자의 신청에 따라 연구개발결과물 소유기관의 장 또는 전문기관 등의 장이 중앙행정기관의 장의 승인을 받아 허용한 경우에는 기술료를 감면하거나 징수기간을 연장할 수 있다(동규정 제11조의4 제3항). 기술료의 징수에 관하여 구체적인 사항은 협약에서 합의하는 바에 따른다.

② **국가연구개발사업 기술료의 사용** : 기술료의 사용은 연구개발결과물 소유기관의 성격에 따라 다르다.

첫째, 연구개발결과물 소유기관이 비영리법인인 경우 i) 정부 출연금 지분의 50% 이상은 참여연구원에 대한 보상금, ii) 나머지 금액은 연구개발 재투자, 기관운영경비, 개발한 기술의 이전이나 사업화에 필요한 경비, 지식재산권 출원·등록·유지비용, 기술 확산에 기여한 직원 등에 대한 보상금으로 사용한다.

둘째, 연구개발결과물 소유기관이 영리법인인 경우 i) 정부 출연금 지분의 30% 이상은 전문기관에 납부, ii) 정부 출연금 지분의 35% 이상은 참여연구원에 대한 보상금, iii) 나머지 금액은 연구개발 재투자, 기관운영경비, 지식재산권 출원·등록·유지비용, 기술 확산에 기여한 직원 등에 대한 보상금으로 사용한다(「국가연구개발사업의 관리 등에 관한 규정」 제23조 제2항). 전문기관에는 30일 이내에 이체해야 한다(동규정 제23조 제3항).

셋째, 영리법인인 연구개발결과물 소유기관이 연구개발결과물을 직접 실시함으로써 전문기관의 장이 기술료를 징수한 경우에는 기술료의 50% 범위의 금액을 영리법인에 지급한다. 영리법인은 연구개발과제에 참여한 연구원에 대한 보상금, 해당 연구개발과제를 수행한 연구기관의 운영경비, 해당 연구개발과제를 수행한 연구기관 소속 직원 등으로서 기술확산에 기여한 직원 등에 대한 보상금, 해당 연구개발과제가 보안과제일 경우 보안설비구축 등에 필요한 경비에 사용할 수 있다(동규정 제23조 제5항).

넷째, 중앙행정기관의 장은 전문기관이 징수한 기술료를 기획재정부 장관과 협의하여 i) 국가연구개발사업에의 재투자, ii) 기술개발을 장려하고 촉진하기 위한 사업, iii) 과학기술인의 복지 증진을 위한 사업, iv) 「국가재정법」에 따른 기금에의 산입·활용에 사용해야 한다. 중앙행정기관의 장은 기술료 사용에 관한 계획을 수립하여 매년 6월 30일까지 기획재정부 장관에게 제출해야 한다(동규정 제23조 제5항·제6항).

4) 기술이전 전담부서의 설치

공공연구기관 등은 기술이전과 기술료 징수를 전문적으로 담당하는 조직(TLO : Technology Licensing Office)을 설치하는 것이 바람직하다. 이 조직에는 기술거래사·연구기획평가사·변호사·회계사·MBA 등 전문가를 과학기술전문가와 함께 배치해야 한다.

「기술의 이전 및 사업화 촉진에 관한 법률」 제11조와 동법 시행령 제18조는 국·공립연구기관, 정부출연연구기관, 특정연구기관, 국·공립대학교 등으로 하여금 기술이전 및 사업화 전담조직을 설치하도록 의무화하였다. 이 전담조직의 법정업무는 ① 직무발명의 승계가 있는 경우 이와 관련된 업무, ② 특허 등의 출원·등록·이전·활용과 관련된 업무, ③ 기술이전과 활용에 따른 수익금의 배분, ④ 기술이전·사업화 촉진, ⑤ 산업계의 연구성과에 관한 기술정보의 제공이다(동법 제18조 제5항). 관계 중앙행정기관의 장은 전담조직의 업무에 소요되는 경비와 전담인력에 대한 인건비를 지원할 수 있다(동법 제19조).

5) 국제기술이전 전문기관의 육성

지식재산권의 해외 이전은 국제협상의 영역이기 때문에 더 넓은 네트워크와 전문성이 필요하다. 지식재산권의 해외 이전업무를 전담하여 대행할 수 있는 전문기관이 필요하다. 정부는 전문기관을 적극적으로 지원하여 육성하고, 전문기관과 연구기관(대학 및 기업연구소 포함) 사이의 긴밀한 연계시스템을 구축해야 한다.

6) 민간기업 간 기술이전 및 중소기업의 기술취득 특별지원

정부는 공공기술 이외에도 민간기술의 민간기업 간 이전을 원활하게 하기 위하여 기술공급자와 기술수요자 사이의 기술시장을 활성화하기 위한 방안을 마련해야 한다(「기술의 이전 및 사업화 촉진에 관한 법률」 제20조).

정부는 중소기업이 필요한 기술을 경제적으로 취득할 수 있도록 조세를 감면해주는 제도를 운용하고 있다. 중소기업이 특허권, 실용신안권, 기술비법을 내국인으로부터 2012년 12월 31일까지 취득한 때에는 기술취득금액의 7%에 상당하는 금액을 해당 과세연도의 소득세 또는 법인세에서 공제해 준다. 공제받을 수 있는 금액은 해당 과세연도의 소득세 또는 법인세의 10% 이내이다(「조세특례제한법」 제12조).

3 과학기술 보안정책

각종 과학기술자원을 투입하여 개발한 과학기술은 일단 안전하게 보호해야 한다. 개발한 기술을 최초로 활용하여 혁신을 이루지 못한 상태에서 타인이나 타국에 절취당할 경우에는 연구기관의 재산손실과 연구자의 사기저하는 물론, 국가의 경쟁력 상실로 이어진다.

1. 기술보안 일반론

개발된 과학기술은 각 연구기관이나 기업 차원에서 보호되어야 한다. 따라서 국익에 관련된 경우에만 국가가 개입하게 된다. 또한 중요한 첨단기술의 경우에는 연구기관이나 기업의 이익이 국가의 이익에 직결되기 때문에, 관련 당사자가 함께 노력해야 한다.

연구기관이나 기업 차원에서 취해야 될 방법을 살펴보면 다음과 같다. 첫째, 모든 기관은 기술보호를 담당하는 전담부서를 설치하고 전문가를 배치한다. 둘째, 각 기관별로 기술비밀 누설금지 규정을 제정하여 시행한다. 입사하는 모든 임직원에게 기술비밀 누설금지에 관한 서명을 받고, 중요한 기술에 접촉하는 사람에게 개별적으로 누설금지 약속을 서명받는다. 같은 일을 반복함으로써 심리적 주의와 긴장을 촉구한다. 셋째, 일정기간 동안 외국 연구기관이나 기업으로의 전직 금지를 약속받는다. 이것은 국민의 기본권에 위배되는 일이지만, 자유로운 상태에서 서명을 하면서 약속할 경우에는 어느 정도의 구속력을 가진다. 넷째, 외국인과 외부인사의 연구실이나 공장 출입을 통제한다. 다섯째, 컴퓨터 해킹에 철저히 대비한다. 방화벽을 겹겹이 설치해야 한다. 여섯째, 소외된 연구자나 기술자를 특별 배려한다. 대체로 불만을 가진 사람들이 기술을 외부로 빼돌리는 경우가 많기 때문이다.

2. 국가연구개발사업의 보안

정부는 국내에서 개발된 과학기술에 대한 국외 무단유출을 방지하기 위한 정책을 다양하게 강구하고 있다. 우선 중앙행정기관의 장과 연구기관의 장은 국가연구개발사업의 결과물과 연구수행 중에 생성된 성과물이 외부로 유출되지 않도록 보안대책을 수립·시행해야 한다(「과학기술기본법」 제11조의5 제2항). 중앙행정기관의 장은 국가연구개발사업 관련 정보의 국외 유출을 방지하기 위하여 국가정보원장과 협조하여 별도의 보안대책을 수립·시행해야 한다(「국가연구개발사업의 관리 등에 관한 규정」 제24조 제4항). 주요내용은 다음과 같다.

첫째, 전문기관의 장은 연구개발과제를 보안과제와 일반과제로 분류하고, 이에 따른 보안대책을 수립·시행해야 한다(「국가연구개발사업 공통 보안관리 규칙」 제9조 제1항). 연구기관의 장은 연구개발과제 수행과정에서 산출되는 모든 문서에 보안등급을 표기해야 한다(동규칙 제6조 제2항). 보안과제는 연구개발성과물 등이 외부로 유출될 경우에 기술적·

재산적 가치에 상당한 손실이 예상되어 일정한 수준의 보안조치가 필요한 과제이다. 구체적으로 ① 세계 초일류 기술제품의 개발과 관련되는 연구개발과제, ② 외국에서 기술이전을 거부하여 국산화를 추진 중인 기술 또는 미래핵심기술로서 보호의 필요성이 인정되는 연구개발과제, ③ 「산업기술의 유출방지 및 보호에 관한 법률」에 의한 국가핵심기술과 관련된 연구개발과제, ④ 「대외무역법」과 동시행령에 따른 수출허가 등의 제한이 필요한 기술과 관련된 연구개발과제, ⑤ 그 밖에 보안과제로 분류되어야 할 사유가 있다고 인정되는 과제이다(「국가연구개발사업 공통 보안관리 규칙」 제6조 제1항).

둘째, 중앙행정기관에는 '보안관리심의회'를, 전문기관과 연구기관에는 '연구기관 보안관리심의회'를 둔다. 보안관리심의회는 국가연구개발사업의 보안관리 규정의 제정·개정, 전문기관의 보안관리에 관한 사항, 국가연구개발사업과 관련하여 보안사고가 발생한 경우 사후 조치사항 등에 대하여 심의한다(동규칙 제4조). 연구기관 보안관리심의회는 국가연구개발사업과 관련된 자체 보안관리 규정의 제정·개정, 연구개발과제 보안등급 변경에 관한 사항, 국가연구개발사업과 관련된 보안사고의 처리 등을 심의한다(동규칙 제5조).

셋째, 연구개발과제와 관련하여 정보자료의 유출, 연구개발 정보시스템의 해킹 등의 보안사고가 발생하면, 전문기관의 장과 연구기관의 장은 사고를 인지한 즉시 필요한 조치를 취하고, 동시에 소관 중앙행정기관의 장에게 보고해야 한다. 또한 사고 일시, 장소, 사고자 인적사항, 사고내용 등 세부적인 사고 경위를 보고일로부터 5일 이내에 추가로 제출해야 한다(동규칙 제12조 제1항).

3. 국가핵심기술의 유출 방지정책

「산업기술혁신 촉진법」 제14조는 기술혁신의 성과로 얻어지는 기술의 유출방지와 보호 등을 위한 시책을 수립하여 추진하도록 규정하고 있다.

「산업기술의 유출방지 및 보호에 관한 법률」은 국가핵심기술에 대한 강력한 보호체제를 갖추고 있다. 국가핵심기술의 보호대상은 "국내외 시장에서 차지하는 기술적·경제적 가치가 높거나 관련 산업의 성장잠재력이 높아 해외로 유출될 경우에 국가의 안전보장 및 국민경제의 발전에 중대한 악영향을 줄 우려가 있어 산업기술보호위원회에서 선정된 산업기술"이다(「산업기술의 유출방지 및 보호에 관한 법률」 제2조 제2호). 산업기술보호위원회는 국무총리가 위원장이고 관계부처 장관과 전문가가 위원으로 참여하는 25인 이내의 기구이며, 산업기술의 유출방지와 보호에 관한 중요정책을 결정한다(동법 제7조).

국가핵심기술에 대한 보호조치는 다음과 같다. 첫째, 국가핵심기술을 보유·관리하는 기관의 장은 보호구역의 설정·출입허가 또는 출입시 휴대품 검사 등 국가핵심기술의 유출을 방지하기 위한 조치를 취해야 한다(동법 제10조). 둘째, 국가로부터 연구개발비를 지원받아 개발한 국가핵심기술을 외국기업 등에 수출하고자 하는 경우에는 미리 지식경제부 장관의 승인을 얻어야 하며, 지식경제부 장관은 관계부처와 협의하고 산업기술보호위원회의 심의를 거쳐 승인할 수 있다(동법 제11조 제1항·제2항). 셋째, 국가로부터 연구개발비를 지원받지 않고 자체적으로 개발한 국가핵심기술을 수출하기 위해서는 지식경제부 장관에게 사전에 신고해야 하며, 지식경제부 장관은 그 기술이 국가안보에 심각한 영향을 줄 수 있다고 판단하는 경우에 관계중앙행정기관과 협의한 후 산업기술보호위원회의 심의를 거쳐 국가핵심기술의 수출중지·수출금지·원상회복 등의 조치를 명할 수 있다(동조 제5항). 이 경우 신고대상 국가핵심기술을 수출하고자 하는 자는 해당 국가핵심기술이 국가안보에 관련되는지 여부에 대하여 지식경제부 장관에게 사전검토를 신청할 수 있다(동조 제6항). 이상의 승인과 신고의 의무를 이행하기 아니하거나 허위로 한 경우에는 정보수사기관에 조사를 의뢰하고 그 조사결과를 산업기술보호위원회에 보고하여 심의를 거쳐 해당 국가핵심기술의 수출중지·수출금지·원상회복 등의 조치를 명령할 수 있다(동조 제7항).

절취·협박 등 부정한 방법으로 대상기관의 산업기술을 취득하는 행위, 정부의 승인을 받지 아니하는 행위, 정부의 보정명령을 이행하지 않는 행위 등을 한 자에게는 벌칙이 부과된다. 기술을 외국에서 사용하거나 사용되게 할 목적으로 그러한 행위를 한 자는 10년 이하의 징역 또는 10억 원 이하의 벌금에 처하며, 국내에서 사용하기 위해서 한 자는 5년 이하의 징역 또는 5억 원 이하의 벌금에 처한다(동법 제36조 제1항·제2항). 또한 이런 일들을 예비 또는 음모한 자에게도 벌칙이 가해진다. 외국에서의 불법 사용을 예비·음모한 자는 3년 이하의 징역 또는 3천만 원 이하의 벌금에 처하며, 국내에서의 불법 사용을 예비·음모한 자는 2년 이하의 징역 또는 2천만 원 이하의 벌금에 처한다(「산업기술의 유출방지 및 보호에 관한 법률」 제37조).

그러나 너무 많은 영역에 개입하면 산업기술의 확산과 연구현장의 활력을 위축시킬 수 있다. 관련 법률의 제정과정에서 과학기술계로부터 강력하게 제기되었던 우려이다. 이에 대하여 동법 제3조 제2항은 "국가·기업·연구기관 및 대학 등 산업기술의 개발·보급 및 활용에 관련된 모든 기관은 이 법의 적용에 있어 산업기술의 연구개발자 등 관련 종사자들이 부당한 처우와 선의의 피해를 받지 아니하도록 하고, 산업기술 및 지식의 확산과 활용이 제약되지 아니하도록 노력하여야 한다."라고 명시하고 있다. 또한 관계 중앙행정기관의 장은 해당 기술이 국가안보와 국민경제에 미치는 파급효과, 관련 제품의 국내외 시장점유율, 해당 분야의 연구동향·기술 확산과의 조화 등을 종합적으로 고려하여 필요 최소한의 범위 안에서 지정 대상기술을 선정하도록 규정하고 있다(동법 제9조 제2항).

chapter **6**

국민과 함께 국민 속으로

1 과학기술 수요진작정책

새로운 제품이 생산되는 초기에는 아직 공정혁신이 일어나지 아니하여 제품의 가격이 비싸고 시장 인지도가 낮아 잘 팔리지 않는다. 정부가 이 시기에 지원하면 과학기술을 통한 국부 증진에 크게 기여할 수 있다.

1. 과학기술 수요진작정책의 배경

과학기술 수요진작정책은 과학기술이 체화된 제품에 대한 수요진작정책이다. 관련 제품에 대한 수요가 없으면 아무리 우수한 기술이라도 설 자리를 잃는다. 혁신은 실패하고, 과학기술에 의한 경제성장의 선순환은 기대할 수 없게 된다.

일반적으로 모든 제품은 [그림 6-1]에서 보는 바와 같이, '도입기 → 성장기 → 확장기 → 성숙기 → 쇠퇴기'의 과정을 거친다. 제품의 성격이나 경쟁시장의 변화, 제품의 수명을 늘리기 위한 혁신 활동의 지속에 따라 제품의 전체 생존기간을 늘릴 수 있고, 특정단계의 기간을 늘릴 수는 있지만, 언젠가는 쇠퇴기에 접어들고, 마침내 그 자리를 다른 대체제품에 넘겨준다. 여기서 '도입기'는 제품의 도입단계로서, 제품의 매출증가 속도가 매우 완만한 단계이다. '성장기'는 도입기 이후 매출의 증가 속도가 급속하게 빨라지는 단계이다. '확장기'는 성장곡선이 변곡점을 지나면서 매출이 더욱 늘어나지만 매출신장 속도는 성장기에 비해 느려지는 단계이다. '성숙기'는 제품매출이 거의 정점에 이르는 단계이다. 신규수요가 정체되고 경쟁자가 모방제품을 시장에 출하하는 단계이다. '쇠퇴기'는 제품매출이 퇴조하는 단계이다. 경쟁제품이나 대체제품에 밀려 매출이 하향곡선을 그리는 단계이다.

제품의 종합적인 생멸주기를 분석하면, 제품기술혁신의 생멸주기와 공정기술혁신의 생멸주기의 총합으로 나타난다. 초기인 도입기에는 제품기술혁신이 주로 일어난다. 새로운 성능과 품질을 가진 제품이 세상에 처음으로 모습을 나타내는 단계이다. 이 단계는 소량생산 상태이며, 공정기술혁신이 거의 일어나지 않은 상태이다. 그러므로 제품가격이 가장 비싼 단계이다. 이 과정을 슬기롭게 지나면, 제품에 대한 수요가 늘어나서 대량생산으로 진전

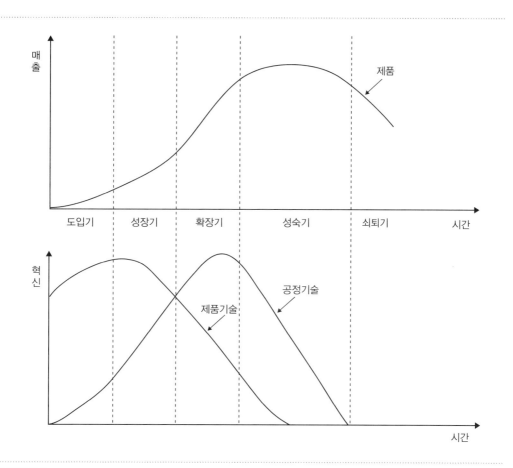

그림 6-1 제품의 생멸주기와 제품기술·공정기술혁신의 기여도

될 수 있다. 이에 따라 생산설비와 관리비용 등 고정비와 간접비가 분산되어 제품의 단위당 원가가 낮아진다. 가격이 내리면 수요가 더욱 많아지는 상승작용을 일으킨다. 이렇게 탄력이 붙는 단계가 바로 성장기이며, 그 후 더욱 팽창하는 확장기로 옮겨간다.

그런데 공정기술혁신이 불붙기 이전에는 제품가격이 비싸서 소비시장을 창출하지 못해 꽃조차 피지 못하고 시들어버리는 신제품이 의외로 많다. 이런 일들이 겹치면, 경제는 성장하지 못하고, 국부 증대도 이루어지지 않는다. 또한 제품을 통해 삶의 질을 높일 수 있는 소비자(국민)의 기대 이익도 사라진다.

바로 여기에 정부가 개입할 타당성이 존재한다. 제품의 도입기(성장기 초기 포함)에 한하여, 파급효과가 큰 우수 과학기술제품에 한하여, 정부의 보호를 받아야 되는 기업 등에 한하여 정부가 적정한 수준에서 개입하는 것이다.

2. 시장 수요진작정책의 기본 틀

어떤 제품이 시장에서 잘 팔리기 위해서는 성능이 우수하고 가격이 낮아야 한다. 아무리 성능이 우수하더라도 값이 비싸면 판매에 한계가 있다. 따라서 정부는 [그림 6-2]에서 보는 바와 같이, 과학기술 수요진작을 위하여 관련 제품의 성능을 향상시키고, 단가를 낮출 수 있는 방안을 강구한다.

우선, 성능과 관련된 정책 수단은 우수제품에 대한 공공기관의 구매를 촉진하는 동시에, 건강이나 환경에 유해한 제품에 대한 시장진입을 차단하는 것이다. 후자와 관련해서는 제6부 제2절 '과학기술 안전성 확보정책'에서 상세하게 살펴본다.

다음으로 가격에 관련된 정책 수단은 세 가지 방향에서 검토할 수 있다. 첫째는 제조원가를 낮추는 데 기여하는 방안이다. 예를 들면 연구개발단계에서 기초연구비를 지원한다든지, 개발·생산단계에서 저리의 자금을 장기로 융자하는 것 등이다. 둘째는 소비세를 감면하여 유통단계에서 소비자 가격을 낮춰주는 방안이다. 셋째는 외국산 경쟁제품에 대한 관

그림 6-2 시장 수요진작의 수단

세를 높임으로써 국산제품의 시장을 보호하는 방안이다. 그러나 자유무역협정(FTA) 체결 국가가 늘어나면서 관세기능은 약화되었다. 또한 특정 상품에 대한 관세 부과는 상대국가의 보복관세 등을 유발하여 자국의 수출에 영향을 미칠 수 있기 때문에 주의해야 한다.

3. 정부의 지원제도

과학기술제품에 대한 수요를 진작하기 위해 정부가 시행하는 [그림 6-2]의 방안 중에서 우수제품 우대와 판매단가 인하를 위한 조세지원제도를 중점적으로 살펴보기로 한다.

1) 우수제품 우대제도

과학기술에 바탕을 둔 우수제품의 우선구매제도는 신기술 이용제품의 우선구매제도, 인증신제품 구매촉진제도, 우수조달물품의 구매증대제도, 중소기업 기술개발제품의 우선구매제도, 기술제품에 대한 구매예고제도 등이 있다.

(1) 신기술 이용제품의 우선구매제도

관계 중앙행정기관의 장은 신기술을 이용하여 제조한 제품의 구매 증대를 위하여 ① 국가기관 또는 지방자치단체, ② 정부투자기관 또는 재투자기관, ③ 국가 또는 지방자치단체로부터 출연금·보조금 등의 재정지원을 받는 자, ④ 그 밖의 공공단체에 대하여 우선구매 등 필요한 조치를 요청할 수 있다(「기술개발촉진법 시행령」 제12조). 지식경제부 장관은 이상의 지원시책을 관계 중앙행정기관의 장에게 요청할 수 있으며, 이 지원요청을 받은 관계 중앙행정기관의 장은 특별한 사유가 없는 한 이에 응해야 한다(동시행령 제13조).

　정부의 지원을 받을 수 있는 신기술은 ① 이론으로 정립된 정량적 시작품 등으로 제작·시험·운영하여 정량적 평가지표를 확보한 개발완료기술로서 향후 2년 이내에 상용화가 가능한 기술, ② 실증화 시험을 통하여 정량적 평가지표를 확보한 개발완료기술로서 향후 기존 제품의 성능을 현저히 개선시킬 수 있는 기술, ③ 제품의 생산성이나 품질을 향후 현저히 향상시킬 수 있는 공정기술이다(동시행령 제7조).

신기술 인증을 받고자 하는 자는 지식경제부 장관에게 신청해야 하며(「기술개발촉진법」 제6조 제1항), 지식경제부 장관은 ① 국내에서 개발된 독창적인 신기술로서 선진국 수준보다 우수하거나 동등하고 상용화가 가능한 기술인지 여부, ② 기술적·경제적 파급효과가 커서 국가기술력 향상과 대외경쟁력 강화에 이바지할 수 있는 기술인지 여부, ③ 제품의 품질과 안정성에 있어서 개발목표로 제시한 제품의 성능을 유지할 수 있는 품질경영체계를 갖추고 있는지의 여부, ④ 신기술 인증에 따른 지원의 효과와 필요성이 있는지 여부를 심사·평가해야 한다(동법 시행령 제8조).

(2) 인증신제품 구매촉진제도

정부는 국내에서 최초로 개발된 기술 또는 이에 준하는 대체기술을 적용하여 실용화가 완료된 제품 중 경제적·기술적 파급효과가 크고 성능과 품질이 우수한 제품을 신제품으로 인증할 수 있으며(「산업기술혁신 촉진법」 제16조 제1항), 중앙행정기관, 지방자치단체, 공기업과 준정부기관 등 공공기관은 구매하려는 품목에 인증신제품이 있는 경우에는 해당 품목의 구매액 중 20% 이상을 인증신제품으로 구매해야 한다(동법 시행령 제22조·제24조).

인증신제품은 지식경제부 장관이 당사자의 신청을 받아 심사하여 결정한다. 신제품 인증대상은 사용자에게 판매되기 시작한 이후 3년이 지나지 아니한 제품으로서 ① 신청 제품의 핵심기술이 국내에서 최초로 개발된 기술 또는 이에 준하는 대체기술로서 기존의 기술을 혁신적으로 개선·개량한 신기술일 것, ② 신청 제품의 성능과 품질이 같은 종류의 다른 제품과 비교하여 뛰어나게 우수할 것, ③ 같은 품질의 제품이 지속적으로 생산될 수 있는 품질경영체제를 구축·운영하고 있을 것, ④ 타인의 지식재산권을 침해하지 아니할 것, ⑤ 기술적 파급효과가 클 것, ⑥ 수출 증대와 관련 산업에 미치는 영향 등 경제적 파급효과가 클 것이다. 신제품 인증의 유효기간은 3년이며, 3년의 범위에서 한번만 연장할 수 있다(동시행령 제20조).

신제품 인증대상에서 제외되는 제품은 ① 이미 국내에서 일반화된 기술을 적용한 제품, ② 제품을 구성하는 핵심 부품 일체가 수입품인 제품, ③ 적용한 신기술이 신제품의 고유 기능과 목적을 구현하는 데 필요하지 아니한 제품, ④ 엔지니어링 기술이 주된 기술이 되는 시설, ⑤ 식품, 의약품, 치료용 전문 의료기기, ⑥ 누구나 쉽고 간단하게 모방할 수 있는 아이디어제품, ⑦ 과학적으로 증명되지 아니한 이론을 적용한 제품, ⑧ 선량한 풍속에 반하거나 공공의 질서를 해칠 우려가 있는 제품이다(「산업기술혁신 촉진법 시행령」 제19조).

해당 공공기관은 매년 3월 말일까지 인증신제품의 전년도 구매실적과 해당 연도 구매계획을 지식경제부 장관에게 제출해야 한다. 지식경제부 장관은 구매실적과 구매계획을 종합하여 해당 연도에 구매할 예정인 인증신제품의 목록을 공고한다(동시행령 제27조).

인증신제품을 구매한 공공기관의 구매책임자는 고의 또는 중대한 과실이 증명되지 아니하면 인증신제품의 구매로 인하여 발생한 공공기관의 손실에 대하여 책임을 지지 아니한다(동조 제2항). 이는 불확실성이 높은 시장진입 초기제품에 대한 구매책임자의 구매력을 제고하기 위한 것으로 만일 모든 구매에 대해 책임을 지게 된다면 그들의 구매동기를 위축시킬 수 있기 때문이다.

이와 더불어, 인증신제품의 구매로 인하여 손해를 입은 구매자를 지원하기 위하여 자본재공제조합과 보험회사가 손해배상 담보사업(품질보장사업)을 운영할 수 있으며, 정부가 사업의 실시에 필요한 자금을 지원할 수 있다(동법 제18조).

(3) 우수조달물품 구매증대제도

조달청이 주관하여 실시하는 제도이다. 우수조달물품은 성능·기술·품질이 우수한 제품으로서, 당사자의 신청을 받아 조달청장이 지정한다. 지정된 물품은 국가종합전자조달시스템에 게재한다. 우수조달물품으로 신청할 수 있는 물품의 범주는 ① 특허 발명, 등록 실용신안, 등록 디자인을 실시하여 생산된 물품, ② 주무부장관이 인증하거나 추천하는 신기술 적용 물품, 우수 품질 물품, 환경친화적 물품 또는 자원재활용 물품, ③ 그 밖에 조달청장이 인정하는 물품이다. 우수조달물품 지정기간은 3년이며, 3년의 범위에서 기간을 연장할 수 있다.

조달청장은 우수조달물품의 구매 증대와 판로 확대를 위하여 국내외 홍보, 수출지원, 수요기관을 위한 계약체결 등의 조치를 할 수 있다(「조달사업에 관한 법률」 제9조의2; 동법 시행령 제18조).

(4) 중소기업 기술개발제품의 우선구매제도

중소기업자가 개발한 기술개발제품의 수요를 창출하기 위한 제도이다. ① 공공기관, ② 정부나 지방자치단체로부터 출연금이나 보조금 등 재정지원을 직접 또는 간접적으로 받는 기관, ③ 사립학교가 대상기관이며, 대상기관은 중소기업 물품 구매액의 10% 이상을 우선구매대상 기술개발제품으로 구매해야 한다(「중소기업제품 구매촉진 및 판로지원에 관한 법률」 제13조; 동법 시행령 제12조).

우선구매대상 기술개발제품은 ① 중소기업청장으로부터 성능 인증을 받은 제품(유효기간 3년, 3년 내 연장 가능), ② 조달청의 우수조달물품, ③ 지식경제부의 인증신제품, ④ 품질인증 소프트웨어, ⑤ 중소기업청장이 관계 중앙행정기관의 장과 협의하여 지정한 제품이다(동시행령 제13조·제16조).

중소기업청장은 중소기업의 요청이 있을 경우에는 우선구매대상 기술개발제품의 원가계산 비용의 일부를 지원할 수 있다(동법 제20조 제1항). 중소기업이 적정한 가격으로 해당 기술개발제품을 판매할 수 있도록 하기 위함이다.

한편, 우선구매대상 기술개발제품의 구매로 인하여 공공기관이 입은 손해를 담보하기 위하여 보험업자, 한국무역보험공사 등이 성능보험사업을 할 수 있으며, 정부가 그 비용을 예산에서 지원할 수 있다(동시행령 제18조·제19조). 이때 담보대상은 해당 제품의 '성능'이며, 성능보험사업의 담보범위는 해당 제품의 수리 또는 교체비용 등이다(동시행령 제15조). 이것은 해당 중소기업이 별도의 보험료를 현금으로 지불할 필요가 없는 '성능담보 보험제도'이다. 또한 이러한 성능보험에 가입된 제품을 구매하기로 계약한 공공기관의 구매책임자는 고의나 중대한 과실이 입증되지 아니하면 제품의 구매로 생긴 손실에 대하여 책임을 지지 아니한다. 따라서 우선구매대상 기술개발제품을 마음 놓고 구매할 수 있게 된다.

(5) 기술제품의 구매예고제도

정부가 물품을 구매하기 몇 년 전에 현행 기준보다 높은 수준의 구매기준과 품질관리기준을 예고하여 관련 기업의 기술개발을 유도하는 방법이다. 자동차의 배기가스 규제 등에 많이 사용하여 효과를 본 제도이다. 이 제도는 과학기술제품의 국민건강·안전성 향상 등 공익적 차원에서 실시된다.

2) 소비세 감면제도

「개별소비세법」(제1조의2)은 '기술개발 선도물품'에 개별소비세 잠정세율을 적용하고 있다. '기술개발 선도물품'으로 지정된 물품에 대해서는 초기 4년간은 기본세율의 10%, 5년차 1년은 기본세율의 40%, 6년차 1년은 기본세율의 70%를 부과한다. 그리고 7년차에는 기본세율로 환원한다.

'개별소비세'는 물품별로 해당 물품가격의 5~20% 수준까지 과세되기 때문에, 개별소비세를 감면하면 그만큼 소비자 가격이 낮아져서 구매를 촉진시키는 효과가 있다.

2 과학기술 안전성 확보정책

빛은 그림자를 수반한다. 빛이 밝으면 물체의 그림자도 더욱 선명해진다. 우리는 과학기술의 그림자를 없애야 한다. 아니면 없는 것처럼 줄여야 한다. 그것이 과학기술을 온전하게 즐기는 방식이며, 인간의 존엄성을 향상시키는 길이다. 과학기술정책이 지향하는 명제이다.

1. 문제의 인식

1) 과학기술에 대한 부정적 시각

우리 사회에는 과학기술에 대한 긍정적 인식도 많지만, 부정적 인식도 적지 않다. 과학기술에 대한 부정적 인식의 배경에는 ① 인간성 말살, ② 생활과 자연환경 악화, ③ 위험사회 조성, ④ 자연정복의 야망과 신의 영역 침범 등이 있다(이덕환, 2010, p.8). 이를 보다 상세하게 살펴보면 다음과 같다.

첫째, 과학기술은 인간성을 말살시키고 양극화를 심화시키는 것으로 지적되고 있다. 대표적 사례 중 미국의 무인폭격기 공격시스템이다. 무인폭격기 공격시스템은 ① 공격목표 지점의 상공에 떠 있는 무인비행기가 자신에 부착된 비디오카메라로 목표물을 촬영하여 인공위성을 통해 지상통제센터로 송신 → ② 미국 본토 또는 전장 인근의 안전지대에 있는 지상통제센터에서 정보분석 후 필요한 경우에 조종자가 인공위성을 통해 무인폭격기에 공격명령 전달 → ③ 공격명령을 받은 무인폭격기가 공격목표에 폭탄이나 미사일을 발사하는 방식이다. 이것은 무인폭격기를 이용한 공격이기 때문에 미군의 생명은 철저히 보호된다. 그러나 공격당하는 입장에서는 지나치게 무자비하기 때문에 공격 행태의 문제점을 지적하는 목소리가 높다. 게임하듯이 조이스틱을 움직여 살상하는 것은 인간성 상실 그 자체라는 것이다.

양극화 심화의 원인에 관련된 지적 사례는 다음과 같다. 동아일보(2010. 3. 17)는 「기술진보에 뒤져 중산층에서 밀려나는 사람들」이라는 사설에서 "우리나라의 중산층 붕괴 속도가 빠른 것은 경제위기로 일자리가 줄어든 탓도 있지만 기술진보로 고급인력 수요가 늘어난 반면 저급 노동 수요가 줄어들면서 일자리를 못 구한 중산층이 빈곤층으로 밀려나는 현상도 중요한 요인이다. 기술진보를 따라가지 못한 사람들이 중산층에서 탈락하는 것이다." 라고 지적하고 있다.

둘째, 생활·자연환경을 악화시킨 사례로는 난치병 확산과 생태계 파괴가 이야기된다. 난치병 확산과 관련하여, 어떤 의학자는 인간과 바이러스의 공존 필요성을 제기한다. 바이러스도 일종의 생명체이기 때문에, 인간이 바이러스를 퇴치하기 위해 백신과 항생제를 투여하면 그에 대한 생존방안의 일환으로 다른 바이러스(변종 바이러스)로 모습을 바꾼다는 것이다. 결국 독성이 강한 의약품이 더 독한 바이러스나 세균을 탄생시키는 악순환을 초래한다는 것이다.

생태계 파괴의 대표적 사례는 한때 농업 부문의 급속한 생산성 향상과 해충 박멸에 기여했던 DDT이다. DDT는 1874년 처음으로 합성되었으며, 스위스의 화학자인 P. H. Muller가 DDT의 살충능력을 발견하여 1948년에 노벨 생리의학상을 받았다. 그러나 미국의 해양생물학자인 R. Carson(1907~1964)이 그의 저서 『침묵의 봄』을 통해 DDT의 인체 유해성을 제기하였다. 이에 따른 환경운동의 영향을 받아 미국에서는 1972년에 전면적인 사용 중단이 내려졌고, 그 후 전 세계적으로 농작물에 사용하는 것을 금지하였다.

셋째, 과학기술이 위험사회를 만들었다고 지적하는 사례는 대단히 많다. 자동차 사고와 항공기 사고로 인한 사상자 발생이 우리 주변에서 접할 수 있는 가장 보편적인 사례이다. 또 다른 사례는 로봇에 의한 인간 공격가능성이다. 2009년에 스웨덴의 한 공장에서 로봇이 사람을 붙잡고 눌러서 거의 죽음에 이를 정도로 많이 다치게 한 사건이 발생했고, 스웨덴 정부는 해당 공장에 3천 달러의 벌금을 부과하였다. 더 나아가 영화〈터미네이터〉의 현실화를 염려하는 목소리가 높다. 로봇의 인공지능화가 그런 염려를 부채질하고 있다. 인간의 지시가 없는 상태에서 스스로 판단하여 행동하는 로봇이다. 배터리가 방전되면 스스로 전기 콘센트를 찾아가 충전하는 로봇은 2009년에 미국에서 선을 보였다. 목표물을 발견하면 이미 입력된 외양과 비슷할 경우에 인간에 의한 확인절차 없이 스스로 목표물을 공격하는 군사로봇이 등장할 수도 있다.

넷째, 과학만능주의는 생명공학 영역에서 우려되는 대표적인 현상이다. 인공생명체 논란이다. 미국 크레이그벤터연구소에서는 2010년에 세계 최초로 인공합성세포를 개발하는 데 성공하였다([그림 6-3] 참조). 미국 하버드의과대학의 G. Church(1954~) 교수도 리보솜(ribosome)을 실험실에서 합성하는 데 성공했다. 이외에는 체세포 복제 배아 줄기세포를

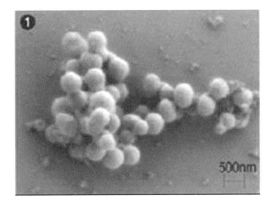

그림 6-3 세계 최초 인공합성세포

자료 : 크레이그벤터연구소.

이용한 인간복제의 가능성, 필요한 줄기세포 이외의 배아(생명체)를 폐기하는 데 따른 생명윤리문제가 존재한다.

다섯째, 현대 과학기술의 총아로 각광받고 있는 나노기술(nano : 10억분의 1)에서도 문제가 발견된다. 50~100나노미터 크기의 은나노 입자가 세포 속의 칼슘 농도를 높여 심혈관 질환을 일으킬 수 있다는 연구 결과가 있다. 흰쥐의 기관지에 은나노 입자를 주입한 결과, 혈액이 응고되어 혈전이 생기는 현상이 나타났다. 혈전은 심장에 쌓이면 심장마비를, 뇌에 쌓이면 뇌졸중을 유발한다.

마지막으로, 과학기술정책연구원(STEPI)이 2010년 5월 17일부터 8일간 20~50대 국민 1,000명을 대상으로 실시한 '과학기술 미래비전' 전자메일 설문조사 결과, 응답자의 77.4%가 과학기술에 의해 소득불균형이 심각해졌다고 답변했으며, 인간성 상실에 대해서는 75.0%, 환경오염과 기후변화에 대해서는 88.2%가 각각 과학기술에 의해 심각해졌다고 답변하였다.

2) 과학기술정책의 안전 의제

과학기술정책의 안전 의제로 검토해야 될 사항은 앞에서 검토한 모든 것은 아니다. 국방 등과 같이, 국가의 다른 정책적 관점에서 의도적으로 특정한 과학기술을 활용하는 것은 과학기술정책 영역을 벗어난다. 이는 과학기술로 나타날 부작용을 미리 예상하면서도 과학기술을 사용하는 경우이다.

과학기술의 안전성 확보정책의 대상은 '의도하지 않은 부작용'이다. 그것도 과학기술 자체의 불완전성으로 인해 나타날 가능성이 있는 부작용이다. 과학기술 안전성 확보정책의 목표는 이러한 부작용을 사전에 없애는 것이다.

2. 안전성에 대한 일반적 고찰

1) 안전과 위험의 개념

안전은 위험성이 없는 상태이다. 반면에 안전에 반대되는 개념은 위험(risk)이다. risk는 'hazard가 danger나 peril로 진전될 가능성'이다. 우리나라의 「식품위생법」에서는 '위해'라는 표현을 사용하고 있으며, "식품, 식품첨가물, 기구 또는 용기·포장에 존재하는 위험요소로서 인체의 건강을 해치거나 해칠 우려가 있는 것"(제2조 제6호)으로 정의하고 있다. 이 위해는 hazard이다. 한편, 위험성이 '허용 가능한 수준(tolerable level)'으로 제어된 상태를 안전으로 보는 것이 일반적인 견해이다(유의선·조황희·이보람, 2009, p.4).

안전에 대한 개인의 주관적 느낌은 안심이다. 민주주의가 다양성과 개별성을 중시하는 방향으로 진전됨에 따라 사회적 안전은 개인적 안심을 지향하고 있다. 아무리 과학적·객관적 자료를 동원하여 안전하다고 강조하더라도 국민이 안심할 수 없는 수준이면 문제가 남아 있다. 따라서 정책문제가 해결되지 않은 상태로, 정부정책이 필요한 상태이다.

안전정책의 대상 영역은 [그림 6-4]의 '잔류위험성'이 있는 전체 영역이다. '폭넓게 받

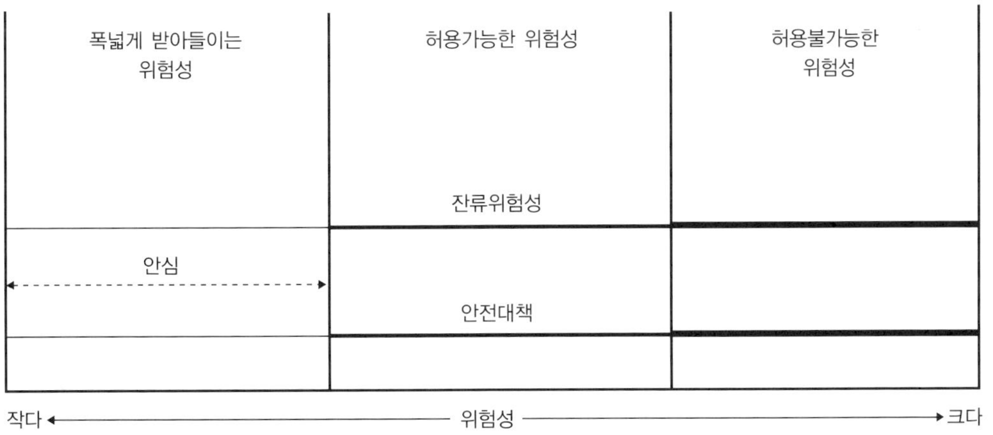

그림 6-4 위험성의 정도와 안전대책
자료 : 유의선·조황희·이보람, 2009, p.5를 일부 수정한 것이다.

아들이는 위험성' 영역에도 아직 위험성이 남아 있기 때문에 주의를 기울여야 한다. '폭넓게 받아들이는 위험성'의 발생확률 사례를 보면, 자연에 의한 위해는 100만분의 1, 환경위해는 10만분의 1, 산업재해는 1만분의 1, 교통사고위해는 1천분의 1이다. 해당 영역에서는 국민들이 안심하고 있는 것으로 표시되고 있지만, 진정한 의미에서의 안심은 아직 아니다. 위험성이 아예 없는 상태는 아니기 때문이다. 또한, 전문가는 '위해의 정도×발생 확률'로 위험성의 정도를 계산하는 데 비하여, 일반 대중은 '위해의 정도＋분노(outrage)'로 평가한다는 점도 유념해야 한다.

2) 위험의 발생과 인지

위험의 발생에는 일반적 경향이 있다. 과학기술의 위험도 예외는 아니다. 그것은 ① 모든 결정은 위해(hazard)를 수반한다. ② 위해는 연관된 사고(peril)를 유발한다. ③ 사고는 얼마든지 일어날 수 있다. ④ 사고의 회복은 복구 활동을 필요로 한다. ⑤ 복구 활동은 추가적인 시간과 비용을 수반한다(Michaele, Jack, V., 1996, p.11). 따라서 "위험을 예방하는 데에는 적은 돈이 들지만 위험이 발생한 후 그 피해를 복구하는 데에는 많은 돈이 든다(A dollar of risk avoidance is worth many dollars of risk recovery)."라는 말이 있다.

과학기술의 선택과 이용에 따르는 위해와 사고 및 복구에 이르는 흐름은 [그림 6-5]에서 보는 바와 같다.

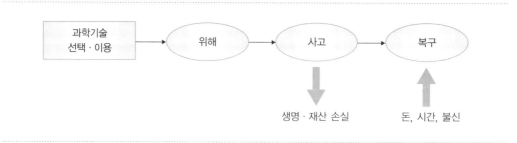

그림 6-5 과학기술 위험의 흐름

한편, 과학기술 위험 발생의 확실성은 대중의 두려움에 직접적 영향을 미치지는 않는 것

⊂⊃ **표 6-1** 위험에 대한 대중의 인지상태 분류

두려움	고	DNA 기술, 방사성폐기물, 원자로 사고, 우라늄 광산, 핵무기 방사선 낙진, 위성 충돌 등	핵무기(전쟁), 신경가스 사고, 자동차 경주·사고, 다이너마이트, 석탄광산 사고, 거대한 댐 등
	저	전자기파, 수돗물 불소화, 항생제, 카페인, 아스피린, 경구피임약 등	스케이트보드, 흡연, 잔디 깎는 기계, 자전거, 오토바이, 전기 톱, 소방작업 등
위험 발생가능성		저	고

처럼 보인다. 〈표 6-1〉에서 보는 바와 같이, DNA 기술, 방사성폐기물, 원자로 사고 등은 위험 발생가능성이 매우 낮은 데도 불구하고 이에 대한 두려움이 매우 크다. 반면에 스케이트보드, 흡연, 잔디 깎는 기계, 자전거, 오토바이 등은 위험 발생가능성이 매우 높은 데도 이에 대한 두려움은 적다.

3) 위험의 관리

위험의 관리는 일반적으로 ① 위험평가, ② 위험산정, ③ 위험관리의 단계를 거친다.

첫째, 위험평가(risk assessment)는 기술적 위해를 파악하고 위해와 연관된 악영향이 일어날 가능성을 추정하고 평가하는 단계이다. 둘째, 위험산정(risk evaluation)은 파악된 위험의 수용가능성을 결정하는 단계이다. 위해의 발생가능성(위험)을 완전히 없앨 수 없을 경우에는 어느 정도의 수준이면 수용할 수 있느냐의 판단이다. 셋째, 위험관리(risk management)는 수용할 수 없는 위해에 대한 조치이다. 이때 '티핑포인트'가 언제인지를 잘 파악하여 대처해야 한다. [그림 6-6]에서 보는 바와 같이, 위험관리가 미흡해 '티핑포인트'를 놓치면 위험이 기하급수적으로 증대될 우려가 있다.

위험관리에는 대체로 위험에 대한 직접규제, 간접규제, 대안적 접근방법이 있다. ① 직접규제는 위험을 완전히 없애거나 수용가능한 수준으로 감소시키는 조치이다. 자동차 회사에서 안전상의 문제가 있는 자동차를 모두 회수(recall)하여 수리해 주는 것이 그 사례이다. ② 간접규제는 위험에 처한 집단에게 사실을 알려주어 스스로 판단하여 행동할 수 있게 하는 조치이다. 경고라벨을 붙이는 것이 대표적인 사례이다. ③ 대안적 접근은 위험에 처한

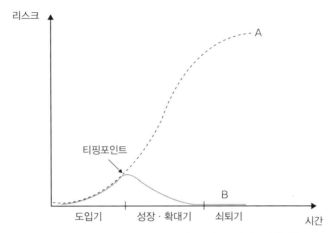

A : 티핑포인트를 억제하지 못하여 리스크가 급속하게 증가한 경우
B : 티핑포인트를 억제하여 리스크가 소진되는 경우

그림 6-6 티핑포인트와 위험관리의 관계

자료 : 유의선 · 조황희 · 이보람, 2009, p.5.

집단에게 특별한 인센티브를 제공하는 방법이다. 경주 방사성폐기물 처분장 건설사업이 그 성공사례이다.

어느 경우에든, 과학기술의 위험성에 대한 정보는 신속하게 공개해야 한다. 그래야만 사회적으로 신속하게 대안을 만들어 피해를 방지할 수 있다.

한편, 위험관리에는 중대한 딜레마가 내재되어 있다. 그것은 위험관리에 따른 이익귀속의 상반성이다. 예를 들면, 위험 감소를 위한 시민 활동의 경우에 이 활동에 참가한 시민은 희생을 당하는 데 비하여, 여기에 참가하지 않은 대다수의 시민은 무임승차방식의 혜택을 본다. 그렇다고 해서 활동에 참가한 시민에게 추후에 어떤 보상이 주어지는 것도 아니기 때문이다.

3. 과학기술 안전성의 전체주기관리

과학기술의 안전성은 [그림 6-7]에서 보는 바와 같이, 기획단계에서부터 시작하여 연구개

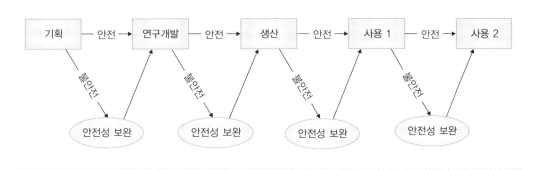

그림 6-7 전체주기 과학기술 안전성 관리 개념도

발단계, 생산단계, 사용단계에 걸쳐 중첩적으로 관리해야 한다. 각 단계별로 안전성 평가를 실시하여 수용할 수 없는 위해가 발견될 경우에는 다음 단계로의 진행을 멈추고 보완해야 한다. 보완이 이루어질 수 없을 경우에는 해당 시점에서 과학기술의 개발과 사용을 중단해야 한다.

특히, 각 단계별 보고서에는 관련 과학기술이나 제품의 안전성 항목을 포함해야 한다. 안전성 보고서에는 관련 과학기술이나 제품에 어떤 위해가 있었고, 위해를 제거 또는 감소시키기 위해 어떤 노력을 기울였고, 그 결과 어떤 상태이며, 만약 위해가 남아 있을 경우에는 어떤 정도의 위해인지, 다음 단계로 이행해도 괜찮은지 아니면 중단하고 안전성을 보완해야 하는지 등이다. 이런 위험평가는 각 단계별 책임자 중심으로 자체 또는 외부 전문가를 통해 엄격하게 실시해야 한다.

또한, 단계별 위험평가를 엄격하게 실시하기 위해서 '단계별 안전성 평가 실명제'를 실시하는 것이 바람직하다. 예를 들면, 모든 제품에는 '기획 안전성 책임자 ○○○' '연구개발 안전성 책임자 ○○○' '생산 안전성 책임자 ○○○' 등의 형태로 표기하는 방식이다.

1) 기획단계에서의 과학기술 안전성 확보

과학기술의 안전성은 기획단계에서부터 철저히 챙겨야 한다. 반드시 새로운 과학기술에 국한할 필요는 없다. 이미 나와 있는 과학기술일지라도 다시 한 번 검토하는 주의가 필요하다. 우리나라에서는 새로운 과학기술에 대한 기술영향평가를 실시하도록 제도화되어 있다.

(1) 기술영향평가제도의 목적과 기능

기술영향평가의 목적은 과학기술 선택에 관한 합리적 의사결정을 뒷받침하려는 것이다. 기술영향평가에 기대하는 기능은 첫째, 관련 과학기술에 내포된 위해(부작용)를 조기에 경보하여 위해로부터 국민의 생명과 재산을 보호하려는 것이다. 둘째, 일반대중에게 정확한 정보를 제공하여 혹시라도 있을 수 있는 비합리적인 기술수용 거부를 방지하려는 것이다. 셋째, 과학기술자의 사회적 책임을 제고하려는 것이다.

(2) 기술영향평가의 원칙

기술영향평가는 다음의 다섯 가지 원칙에 따라 이루어져야 한다. 첫째, 독립성 확보의 원칙이다. 기술영향평가는 이해집단, 시민단체 등으로부터 자유롭게 수행되어야 한다. 둘째, 공개 지향의 원칙이다. 기술영향평가의 내용과 과정은 국민에게 상세하고 진솔하게 공개되어야 한다. 셋째, 신뢰 확보의 원칙이다. 기술영향평가에는 다양한 분야의 전문가가 참여해야 한다. 넷째, 대중성 증대의 원칙이다. 기술영향평가 보고서는 누구나 알기 쉽도록 작성되어야 한다. 다섯째, 합리성 제고의 원칙이다. 기술영향평가는 과학기술의 발전을 촉진하는 시각에서 접근되어야 한다. 새로운 과학기술의 개발과 도입을 방해하려는 시각에서 접근하면 과학기술의 장점을 활용할 수 없어 인간의 존엄성 향상에 역행하며, 국제 경쟁력에서 뒤질 수 있기 때문에 주의해야 한다.

(3) 한국의 기술영향평가제도

우리나라에서는 1990년대 초 기술영향평가제도를 당시 「과학기술진흥법」에 도입한 이후, 「과학기술기본법」에 승계하여 2004년부터 시행하고 있다. 기술영향평가의 대상기술은 미래의 신기술, 기술적·경제적·사회적 영향과 파급효과 등이 큰 기술이다(동법 시행령 제23조 제1항). 2004년에는 NBIT, 2005년에는 RFID기술, 2006년에는 줄기세포기술·나노 소재기술과 UCT(Ubiquitous Computing Technology), 2007년에는 신·재생에너지기술과 기후변화적응기술, 2008년에는 국가재난질환대응기술 등에 대하여 실시하였다.

기술영향평가에는 ① 해당 기술이 가져올 국민생활의 편익 증진 및 관련 산업의 발전에 미치는 영향, ② 새로운 과학기술이 가져올 경제·사회·문화·윤리·환경에 미치는 영향, ③ 해당 기술이 부작용을 초래할 가능성이 있는 경우 이를 방지할 수 있는 방안이 포함되어야 하며(「과학기술기본법 시행령」 제23조 제2항), 정부는 결과를 정책에 반영해야 한다(동법 제14조 제1항).

교육과학기술부 장관은 기술영향평가를 매년 실시해야 하며, 한국과학기술기획평가원에 위탁하여 실시한다. 기획평가원장은 민간전문가와 시민단체 등의 참여와 일반 국민의 의견을 모아 실시한 후 그 결과를 교육과학기술부 장관에게 보고해야 한다. 교육과학기술부 장관은 기술영향평가 결과를 국가과학기술위원회에 보고하고, 관계 중앙행정기관의 장에게 알려야 한다. 관계 중앙행정기관의 장은 기술영향평가 결과를 소관 분야 국가연구개발사업의 연구기획에 반영하거나 부정적 영향을 최소화하기 위한 대책을 세워 추진해야 한다(동법 시행령 제23조 제3항 내지 제7항). 또한 관계 중앙행정기관의 장도 소관 분야에 대한 기술영향평가를 실시할 수 있으며, 이를 실시할 경우에는 결과를 국가과학기술위원회에 보고해야 한다(동시행령 제23조 제8항).

한편, 개별법에서도 기술영향평가에 대해 규정하고 있는 경우가 있다. 예를 들면, 「나노기술개발촉진법」 제19조는 "정부는 대통령령이 정하는 바에 따라 나노기술의 발전과 산업화가 경제·사회·문화·윤리 및 환경에 미치는 영향 등을 미리 평가하고 그 결과를 정책에 반영하여야 한다."라고 규정하고 있다. 나노기술영향평가에 포함할 사항은 ① 나노기술의 발전과 산업화가 국민생활의 편익 증진 및 관련 산업의 발전에 미치는 영향, ② 나노기술의 발전과 산업화가 국가사회 전반에 미치는 영향, ③ 나노기술이 초래할 수 있는 부정적 영향과 그 방지방안이다(동법 시행령 제17조). 또한, 교육과학기술부 장관으로부터 나노기술영향평가 결과를 통보받은 관계 중앙행정기관의 장은 소관 분야의 국가연구개발사업에 대한 연구계획에 이를 반영하거나 나노기술이 초래할 수 있는 부정적 영향을 최소화하기 위한 대책을 세우고 추진해야 한다.

2) 연구개발단계에서의 과학기술 안전성 확보

(1) 개요

연구개발단계에서도 안전성은 엄격하게 지켜져야 한다. 인간의 안전성에 문제를 일으킬 가능성이 있는 경우에는 연구개발 자체를 제어해야 하며, 연구개발이 끝난 모든 과학기술에 대해서는 안전성 여부를 검토한 이후에 생산단계로의 진입 여부를 결정해야 한다.

연구개발단계에서 안전성을 가장 엄격하게 관리하는 분야는 생명공학기술이다. 생명공학기술에 의한 인간 개체 조작은 잠재적 위험성을 갖고 있기 때문이다. 위험성의 사례로는 ① 생명체인 배아에 물리적 손상을 가하여 결함 있는 태아를 출산할 가능성, ② 복제된 세포·조직 또는 장기의 안전과 기능이 불완전할 가능성, ③ 유전자를 조작할 경우에 세포, 조직, 장기 또는 개체의 유전자 균형을 파괴할 개연성 등이 있다.

또한 생명의 안전에 직접적인 영향은 아니더라도 윤리적·사회적 측면의 부작용도 우려된다. 예를 들면, ① 부모의 욕심에 따라 배아의 유전자를 조작하는 것은 태아의 천부적 권리를 침해한다는 시각, ② 유전자 조작은 개체의 다양성을 파괴할 우려가 있다는 시각, ③ 유전자 조작이 일반화되면 임신과 출산이 부부 간의 사랑이 아니라 비인간적으로 이루어질 가능성이 상존한다는 시각, ④ 생명체의 인위적 조작은 생명 탄생의 자연 질서를 파괴하여 생명 경시의 풍토를 조장한다는 시각 등이다.

(2) 한국의 제도

우리나라에서는 생명공학 연구개발에 대한 규제가 강력하다. 「생명공학육성법」에서 종합적으로 규정하고 있다. 각 중앙행정기관의 장은 소관 분야별로 ① 생명공학적 변이생물체에 의하여 생산·제조되는 제품의 동물시험, ② 생명공학적 변이생물체에 의하여 생산·제조되는 의약품의 임상시험, ③ 생명공학적 변이생물체에 의하여 생산·제조되는 제품의 성분·순도 및 활성도 등의 분석에 관한 사항, ④ 기타 생명공학 관련 제품에 대한 임상시험과 검정에 관하여 필요한 사항에 대한 임상·검정체계 지침을 작성하여 시행해야 한다(동법 제14조; 동법 시행령 제14조).

또한 생명공학 연구와 산업화의 촉진을 위한 실험지침에 대해서도 규정하고 있다. 이것은 미리 예견될 수 있는 생물학적 위험성, 환경에 미치는 악영향, 윤리적 문제 발생의 사전 방지에 필요한 조치이다. 보건복지부 장관이 작성하여 시행해야 될 실험지침에는 ① 생명공학적 변이생물체의 전파·확산을 방지하기 위한 봉쇄방법 등 생물학적 위험 발생의 사전 방지에 필요한 사항, ② 사람을 대상으로 하는 유전자재조합 등 인간의 존엄성을 해치는 결과를 가져올 수 있는 실험의 금지 등 윤리적 문제 발생의 사전 방지에 필요한 사항을 포함해야 한다(「생명공학육성법」 제15조; 동시행령 제15조).

① **인간 배아 등의 연구** : 우리나라에서 인간의 배아·세포·유전자 등을 대상으로 연구를 하려는 사람은 개별적으로 보건복지부 장관(질병관리본부장)의 승인을 받아야 한다. 특히 「생명윤리 및 안전에 관한 법률」 제4조 제2항에서는 인간의 배아·세포·유전자 등을 연구·개발·이용하는 데 있어 "인간의 존엄과 가치를 침해하지 아니하고 생명윤리 및 안전에 적합하도록 노력하여야 한다."라고 명시하고 있다.

첫째, 잔여배아에 대한 연구는 i) 불임치료법 및 피임기술의 개발을 위한 연구, ii) 근이영양증, 다발경화증, 헌팅톤병, 유전성 운동 실조, 근위축성 측삭경화증, 뇌성마비, 척수손상, 선천성면역결핍증, 무형성 빈혈, 백혈병, 골연골 형성 이상 등의 희귀병과 심근경색증, 간경화, 파킨슨병, 뇌졸중, 알츠하이머병, 시신경 손상, 당뇨병 등의 난치병에 한한다(동법 제17조). 이 규정을 위반하면 3년 이하의 징역 또는 5천만 원 이하의 벌금형에 처한다.

배아연구를 하기 위해서는 배아연구기관으로 등록한 후 배아연구계획서에 대한 사전승인을 얻어야 한다(동법 제18조·제19조). 특히 배아연구기관은 해당 기관에서 행하여지는 연구로 인하여 생명윤리 또는 안전에 중대한 위해가 발생하거나 발생할 우려가 있는 경우에는 연구의 중단 등 적절한 조치를 취해야 한다(동법 제21조 제3호).

둘째, 체세포핵이식 연구도 희귀병과 난치병의 치료를 위해서만 실시할 수 있다. 이 경우에 일정한 시설과 인력을 갖추고 보건복지부에 등록해야 하며, 체세포 복제 배아에 대해서는 연구계획서의 사전승인 등 잔여배아에 준하는 절차를 거쳐야 한다(동법 제22조·제23조). 희귀·난치병치료를 위한 연구 이외의 목적을 위하여 체세포핵이식 행위를 하면 3년 이하의 징역에 처한다.

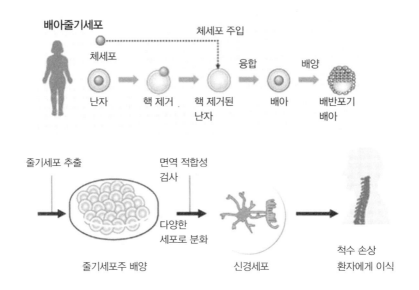

셋째, 줄기세포주(배양가능한 조건 하에서 지속적으로 증식이 가능하고 다양한 세포로 분화할 수 있는 세포주)를 이용하는 연구는 i) 질병의 진단·예방 또는 치료를 위한 연구, ii) 줄기세포의 특성과 분화에 관한 기초연구로 제한되어 있으며, 해당 기관장의 승인을 받아야 하며, 이를 보건복지부 장관에게 보고해야 한다(「생명윤리 및 안전에 관한 법률」 제20조의4). 이를 위반하면 500만 원 이하의 과태료에 처한다.

② **유전자변형생물체** : 유전자변형생물체는 현대 생명공학기술을 이용하여 얻어진 생물체로서 새롭게 조합된 유전물질을 포함하고 있는 생물체이다. 유전자변형생물체를 개발하거나 이의 실험시설을 설치·운영하려는 자는 관계 중앙행정기관의 허가를 받거나 신고해야 한다(「유전자변형생물체의 국가간 이동 등에 관한 법률」 제22조).

또한 유전자변형생물체를 시험·연구용으로 사용하기 위하여 수입하려는 자도 미리 승인을 받거나 신고해야 한다(동법 제9조). 이를 위반하면 각각 2년 이하의 징역 또는 3천만 원 이하의 벌금에 처한다.

③ **의약품 임상시험** : 의약품 등으로 임상시험을 하려는 자는 임상시험계획서를 작성하여 식품의약품안전청장의 승인을 받아야 한다. 식품의약품안전청장은 공익상 또는 보건위생상 위해를 발생하게 하거나 그럴 우려가 있으면 임상시험을 제한할 수 있다(「약사법」 제34조). 안전성·유효성에 문제가 있는 성분을 포함한 제제, 혈액제제, 유전자치료제, 세포치료제가 해당 사례이다. 이를 위반하면 3년 이하의 징역 또는 1천만 원 이하의 벌금에 처한다.

3) 생산·판매단계에서의 과학기술 안전성 확보

과학기술의 안전성은 과학기술을 이용하여 제품을 생산하는 단계에서도 관리되어야 한다. 과학기술의 연구개발은 자유롭게 허용하지만, 과학기술을 이용한 제품의 생산에 대하여 규제하는 경우가 있는가 하면, 과학기술 상태에서는 확인할 수 없는 위해성을 규제하는 경우도 있다. 전자의 대표적인 사례는 유전자변형생물체이며, 후자의 사례는 의약품 모두와 일부 전기·공산품의 경우이다.

(1) 유전자변형생물체의 생산 및 수입의 제한

유전자변형생물체는 「바이오안전성에 관한 카르타헤나 의정서」에 입각한 「유전자변형생물체의 국가간 이동 등에 관한 법률」에 의해 수입·생산·수출이 모두 관리된다. 수입과 생산은 사전에 관계 중앙행정기관의 장의 승인을 받아야 하며, 수출은 지식경제부 장관에게 미리 통보해야 한다.

　관계 중앙행정기관의 장은 ① 국민의 건강과 생물다양성의 보전 및 지속적인 이용에 위해를 미치거나 미칠 우려가 있다고 인정하는 유전자변형생물체, ② 앞의 유전자변형생물체와 교배하여 생산되는 생물체, ③ 국내 생물다양성의 가치와 관련하여 사회·경제적으로 부정적인 영향을 미치거나 미칠 우려가 있다고 인정하는 유전자변형생물체에 대해서는 수입이나 생산을 금지하거나 제한할 수 있다(동법 제14조).

　반면에, 국민의 건강과 생물다양성의 보전 및 지속적인 이용에 위해가 발생할 우려가 없는 유전자변형생물체에 대해서는 그 품목 등을 고시해야 한다(동법 제15조).

(2) 의약품과 식품의 생산 규제

의약품의 제조·판매 품목허가를 「약사법」에 의해 얻기 위해서는 약리작용에 관한 자료 이외에, 안전성에 관한 자료, 독성에 관한 자료, 임상시험 성적에 관한 자료를 제시해야 한다. 식품의약품안전청에서는 이러한 자료를 심사하여 문제가 없을 경우에 한하여 허가한다.

식품에 대한 제한도 강력하다. 우리나라는 위해성 식품의 제조·판매 등을 금지하고 있으며(「식품위생법」 제4조), 그럴 우려가 있는 식품 등에 대해서는 식품의약품안전청장이 위해성 평가를 신속하게 실시하고(동법 제15조), 제조와 판매를 금지할 수 있다. 또한 식용으로 수입·개발·생산되는 유전자재조합식품에 대한 안전성 평가를 실시할 수 있다(동법 제18조).

(3) 공산품과 전기용품의 안전관리

안전이 필수로 선별된 공산품은 안전기준을 준수해야 하며, 그 기준을 충족한 공산품에 대해서는 안전마크를 부착한다(「품질경영 및 공산품안전관리법」).

또한, 교류 50~1,000V의 전압을 사용하는 전기제품 중 위해성이 높은 제품은 출고(수입품은 통관) 이전에 반드시 안전인증을 받아야 판매할 수 있다(「전기용품안전 관리법」 제2조 제3호; 동법 시행규칙 제3조 제1항). 제조(수입)업자가 모델별로 안전인증을 신청하면, 인증기관에서 신청제품의 안전기준 적합 여부를 시험하고, 신청업체의 제조설비·검사설비·기술능력을 확인한 후 안전인증서를 발급한다.

(4) 자동차 배출가스 규제

자동차 배출가스에 대한 규제는 대기환경 보전 차원에서 이루어진다. 자동차는 '제작차 배출 허용기준'에 맞게 제작(또는 수입)되어야 하며, 일정한 배출가스 보증기간 동안 유지되어야 한다(「대기환경보전법」 제46조). 따라서 제작자는 이에 대한 인증을 환경부 장관으로부터 받아야 하며, 그 인증사항을 변경하려면 변경인증을 받아야 한다(동법 제48조). 자동차가 배출가스 허용기준을 지키지 않거나 인증을 받지 아니한 경우에는 7년 이하의 징역이나 1억 원 이하의 벌금에 처하며(동법 제89조), 변경인증에 관한 사항을 위반한 경우에는

1년 이하의 징역이나 500만 원 이하의 벌금에 처한다(「대기환경보전법」 제91조).

4) 사용단계에서의 과학기술 안전성 확보

과학기술에 의한 제품이 사용 중에 안전상의 문제로 위해가능성이 제기될 경우에는 관련 제품을 수거하여 폐기하거나, 회수하여 수리하는 등의 조치를 취한다. 이것은 업체 스스로 판단하여 조치를 취하는 경우가 대부분이다.

존슨앤드존슨사의 타이레놀 회수와 폐기처분, 도요타 자동차 회사의 잦은 리콜사태가 그 사례이다.

4. 과학기술 안전성 확보의 대표적 사례

1) 원자력 안전성

우리나라는 원자로와 관계시설, 핵연료 물질, 방사성동위원소 발생장치에 대하여 각각 엄격한 허가와 심사를 실시하고 있으며, 사고가 발생한 경우의 안전한 대처와 손해배상에 이르기까지 전체 과정에 대한 안전조치를 체계적으로 갖추고 있다.

첫째, 발전용 원자로와 관계시설을 건설하고자 하는 자는 교육과학기술부 장관의 건설허가를 받아야 한다(「원자력법」 제11조). 건설이 완료된 후 발전용 원자로와 관계시설을 운영하고자 하는 자는 교육과학기술부 장관의 운영허가를 받아야 하며(동법 제21조), 운전 중에는 정기적으로 검사를 받아야 한다(동법 제23조의2). 또한 해당 원자로시설의 운영허가를 받은 날로부터 10년마다 안전성을 종합적으로 평가하는 '주기적 안전성 평가'를 실시하고, 평가보고서를 교육과학기술부 장관에게 제출해야 한다. 교육과학기술부 장관은 주기적 안전성 평가 결과에 따라 필요한 조치가 미흡하다고 인정될 때에는 발전용 원자로 운영자에게 그 시정 또는 보완을 명할 수 있다(동법 제23조의3).

발전용 원자로의 운영자는 ① 방사선 관리구역 등에 대한 조치, ② 피폭 방사선량 등에 관한 조치, ③ 원자로시설의 순시와 점검에 관한 조치, ④ 원자로의 안전운전에 관한 조치,

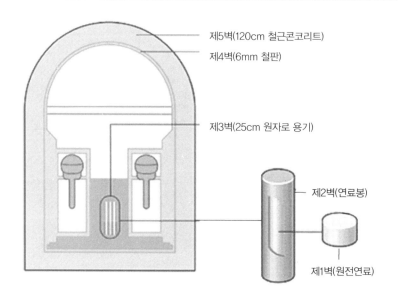

제5벽(120cm 철근콘크리트)

제4벽(6mm 철판)

제3벽(25cm 원자로 용기)

제2벽(연료봉)

제1벽(원전연료)

그림 6-9 원자력발전소의 다중방호설비

⑤ 원자로시설의 자체점검에 관한 조치, ⑥ 원자로시설의 가동 중 점검ㆍ시험에 관한 조치, ⑦ 원자로 용기의 감시에 관한 조치, ⑧ 사업소 안의 안전운반에 관한 조치, ⑨ 사업소 안의 방사성물질 등의 저장에 관한 조치, ⑩ 사업소 안의 방사성폐기물의 처리ㆍ배출ㆍ저장에 관한 조치 등의 안전조치를 취해야 한다(「원자력법 시행령」 제102조).

둘째, 핵연료 물질의 정련사업이나 가공사업(변환사업 포함)을 하고자 하는 자는 교육과학기술부 장관의 허가를 받아야 하며, 사용 후 핵연료사업을 하고자 하는 자는 지식경제부 장관의 지정을 받아야 한다(동법 제43조). 핵연료물질을 사용 또는 소지하고자 하는 자도 교육과학기술부 장관의 허가를 받아야 한다(동법 제57조).

셋째, 방사성동위원소 또는 방사선 발생장치를 생산ㆍ판매ㆍ사용 또는 이동사용하고자 하는 자는 교육과학기술부 장관의 허가를 받아야 한다(동법 제65조). 방사성폐기물의 저장ㆍ처리ㆍ처분시설과 그 부대시설을 건설ㆍ운영하고자 하는 자는 교육과학기술부 장관의 허가를 받아야 한다(동법 제76조). 방사성물질을 해당 사업소 외의 장소로 운반하고자 할 때에는 교육과학기술부 장관에게 신고해야 한다(동법 제86조). 원자로의 운전, 핵연료 물질과 방사성동위원소 등의 취급은 교육과학기술부 장관의 면허를 받은 자나 방사성관리기술사가 아니면 할 수 없다(「원자력법」 제91조).

넷째, 핵물질 및 원자력 시설의 안전한 관리와 운영을 위한 방사능 재난 예방과 물리적 방호체제, 방사능 재난이 발생한 경우에 효율적으로 처리하는 방사능 재난관리체제를 위해 「원자력시설 등의 방호 및 방사능 방재 대책법」이 별도로 운영되고 있다.

다섯째, 원자로의 운전 등으로 인하여 손해가 발생한 경우의 손해배상을 위하여 「원자력손해배상법」이 시행되고 있다. 원자력사업자의 무과실이 입증되지 않는 한 모든 손해의 배상책임은 원자력 사업자에게 있다(동법 제3조). 제3자의 고의 또는 중대한 과실로 인하여 생긴 원자력손해에 대해서는 구상권을 행사할 수 있다(동법 제4조). 또한 원자력 사업자가 보험계약에 의하여 보전할 수 없는 원자력 손해를 배상함으로써 생기는 손실에 대해서는 보상계약에 의하여 정부가 보상할 수 있다. 이 경우에는 원자력사업자가 정부에 보상료를 납입하고 정부가 보상할 것을 약정하는 계약을 체결해야 한다(동법 제9조). 이 보상계약에 대해서는 별도로 「원자력손해배상 보상계약에 관한 법률」이 있다.

2) 우주개발 안전성

우리나라는 우주물체의 발사·운용 등으로 인하여 발생된 제3자의 사망·부상·건강 손상 등 인적 손해와 재산의 파괴·훼손·망실 등 물적 손해에 대비하기 위하여 「우주손해배상법」이 2007년 12월 21일 제정되었다.

이 법에 따르면, 국가 간 무력충돌이나 내란 또는 반란 등으로 인한 경우가 아니면, 모든 우주 손해에 대해서는 해당 우주물체의 발사자가 배상해야 한다. 우주물체 발사자는 손해배상을 목적으로 하는 책임보험에 가입해야 하며, 그가 배상해야 하는 책임한도는 2천억 원이다. 정부는 우주물체 발사자가 배상해야 할 손해배상액이 보험금액을 초과하는 경우에 우주물체 발사자에 대하여 필요한 지원을 할 수 있다.

3) 전략물자 수출 통제제도

전략물자 수출 통제는 국제평화·안전의 유지와 국가안보에 관련된 기술이 위험국가나 테러조직으로 확산되는 것을 차단하기 위한 제도이다.

이를 위하여 지식경제부 장관은 관계 행정기관의 장과 협의하여 우려되는 전략물품을 지정하여 고시해야 하며, 지정·고시된 전략물품을 수출하려는 자는 지식경제부 장관이나 관계 행정기관의 장의 허가를 받아야 한다(「대외무역법」 제19조).

수출허가를 받아야 되는 전략물품은 ① 바세나르체제(WA), ② 핵공급국그룹(NSG), ③ 미사일기술통제체제(MTCR), ④ 오스트레일리아그룹(AG), ⑤ 화학무기의 개발·생산·비축·사용금지 및 폐기에 관한 협약(CWC), ⑥ 세균무기(생물무기) 및 독소무기의 개발·생산·비축금지 및 폐기에 관한 협약(BWC)의 원칙에 따라 정해진다(동법 시행령 제32조).

또한 상기 전략물품의 제조·개발 또는 사용 등에 관한 기술로서 지식경제부 장관이 관계 행정기관의 장과 협의하여 고시하는 기술에 대해서도 수출허가를 받아야 한다(동법 제19조 제1항; 동시행령 제32조의2). 이 기술들은 국제평화와 안전에 위해를 가할 수 있는 재래식무기 및 핵무기·생화학무기·미사일 등 대량파괴무기(WMD)의 개발에 이용될 수 있는 민·군겸용(dual-use)기술로서, 「전략물자·기술 수출입 통합고시」에 구체적으로 명시되어 있는 기술이다.

4) 화학·생물무기 금지

우리나라는 화학무기와 생물무기의 개발·제조·획득·보유·비축·이전·운송 또는 사용을 금지하고 있다. 이러한 활동에 대한 지원이나 권유도 금지하고 있다. 또한, 화학무기나 생물무기의 개발이나 제조를 목적으로 하는 화학물질·생물작용제 또는 독소를 제조·획득·보유·비축·이전·운송 또는 사용하지 못하도록 금지하고 있다(「화학·생물무기의 금지 및 특정화학물질·생물작용제 등의 제조·수출입규제 등에 관한 법률」 제4조의2). 이와 아울러 특정화학물질이나 생물작용제 등의 수출이나 수입에 대해서는 미리 지식경제부 장관의 허가를 받아야 한다(동법 제11조·제12조).

5) 지능형 로봇 안전

정부는 지능형 로봇으로 인한 부작용을 미리 방지하기 위하여 로봇기술의 윤리적 발전방향, 로봇을 개발 · 제조 · 사용할 때 지켜야 할 윤리적 가치와 행동지침을 포함하는 '지능형 로봇 윤리헌장'을 제정해야 한다(「지능형 로봇 개발 및 보급 촉진법」 제18조; 동법 시행령 제16조). 이 법에서 말하는 지능형 로봇은 외부환경을 스스로 인식하고 상황을 판단하여 자율적으로 동작하는 기계장치를 말한다(동법 제2조 제1호).

3 과학기술 – 지역개발 연계정책

과학기술이 국민생활에 직접 기여할 수 있는 방법의 하나는 국민이 살고 있는 지역의 발전에 기여하는 것이다. 도시나 농촌을 가리지 않는다. 그들의 생활기반을 과학기술로 조성하고, 일자리를 만들고, 소득수준을 높여 주고, 생활의 쾌적함과 편리함을 높여 주어야 한다. 행복을 실증적으로 안겨 주어야 한다. 이것은 국민에게 과학기술의 중요성을 보여 주는 가장 가시적인 방법이다. 해당 지역을 서로 연결하면, 과학기술로 나라 전체를 껴안게 될 것이다.

1. 과학기술과 지역개발의 관련성

1) 과학기술의 발달과 도시의 형성

과학기술의 발전은 도시의 형성에 직접적인 영향을 끼쳤다. 그 대표적인 예는 다음과 같다(한원택, 1998; p.688). 첫째, 증기기관차와 철도교통의 발달, 증기선에 의한 해상교통의 발달, 자동차와 포장도로의 발달, 전화 발명에 의한 통신의 발달은 19세기 후반부터 대도시 형성과 도시권의 광역화에 결정적인 역할을 하였다. 둘째, 철골건축과 엘리베이터의 등장 등 건축기술의 발전은 도시공간의 고층화와 토지이용의 고도화를 이루었고, 도시의 인구수용능력을 크게 늘렸다. 셋째, 급수기술의 대량 보급은 내륙 지역의 도시 발전에 크게 기여하였다. 넷째, 대량생산기술의 발전은 노동인구의 도시 집중을 초래하여 도시의 거대화에 기여하였다. 최근에는 정보통신기술의 발전에 따라 도시의 분산화가 촉진되고 있다.

2) 지역혁신과 과학기술

지역발전의 바람직한 방향은 네 가지로 요약될 수 있다(전영옥 외, 2003, pp.28~31). 첫째, 의식주·교육·지역산업 등 기본적인 욕구가 충족되어야 한다. 둘째, 자주성의 바탕 위에서 자립성을 지향해야 한다. 특히 재정적 자립이 대단히 중요하다. 셋째, 생태적·환경적으로 건전하게 발전되어야 한다. 넷째, 풍토적으로 건전해야 한다. 주민의 인간적인 발달과 생활의 연대가 중요하다. 박삼옥(2001, p.258)은 지역혁신의 4대 요소를 ① 벤처 생태계, ② 혁신 네트워크, ③ 사회자본, ④ 국지적·국제적 네트워크로 제시했다.

실질적으로, 혁신시스템이 강한 지역의 일반적 특징으로서 Cooke & Schienstock은 ① 지방정부 재정의 자주성, ② 지역 밀착형 금융, ③ 대학·연구소·직업훈련기관의 존재, ④ 기업 내·기업 간 협력과 혁신의 자세, ⑤ 지방정부의 분권적이고 민주적인 자세와 지역의 협력적인 제도·문화를 지적했다. 최용호(2001, p.289)는 영국 웨스트 미들랜드 지역의 지역혁신체제 구축전략에서 찾았다. 그 지역의 성공요인은 ① 업종·기술·지역역량의 지속적인 검토와 평가, ② 네트워크를 통한 혁신과 협력, ③ 연구개발과 디자인에 대한 투자 증대, 새로운 자본의 재정비, 기술과 교육훈련, ④ Best Practice 확산과 일반기술의 채택 장려 등이었다.

또한 효과적인 지역 발전 전략으로 전영옥 외(2003, pp.31~39)는 ① 지역의 비전 제시와 성공적 실천, ② 지역산업의 활로 개척, ③ 지역자산의 브랜드 마케팅, ④ 지역 활성화를 위한 관광개발, ⑤ 지역문화의 발굴과 창조, ⑥ 지역환경의 보전, ⑦ 지역의 글로벌화를 제시하였다. 김정홍(2004)은 ① 혁신역량의 지역 간 격차 완화, ② 지역 간·지역 내 균형 발전을 위한 지역혁신정책의 추진, ③ 하드웨어 지원의 완화와 소프트웨어 지원의 수단 다양화, ④ 지역혁신사업에 대한 지방자치단체의 역할 강화, ⑤ 기술이전을 위한 전문 컨설턴트의 육성, ⑥ 낙후지역에 대한 기술지원 강화, ⑦ 청년층의 지역 내 창업교육과 창업지원, ⑧ 산학연간 기술·인력 교류 강화를 강조하였다.

이상에서 보는 바와 같이 지역혁신의 핵심 요소 중에서 과학기술이 차지하는 비중이 날로 높아지고 있다.

2. 과학기술 집약도시의 유형과 성공요인

1) 과학기술 집약도시의 유형

과학기술을 중심으로 건설되는 도시에는 다양한 명칭이 붙는다. 테크노폴리스, 테크노파크, 클러스터 등이다. 첫째, 테크노폴리스는 첨단기술산업을 전략산업으로 육성하면서 동시에 균형된 지역발전을 도모하기 위한 전략으로 산업·연구·주거환경이 잘 조화된 도시이다(이성복, 1998, p.209). 둘째, 테크노파크는 산업의 군집을 통해 기술혁신을 촉진하기 위한 전략으로 지식집약산업, 연구개발기능, 대학, 공공기관, 산업협회 등이 상호 협력하여 지역경제의 발전을 도모하는 도시이다(박삼옥, 2001, pp.257~260). 셋째, 클러스터는 비슷한 업종의 다른 기능을 하는 관련 기업, 기관들이 일정 지역에 모여 네트워크 구축과 상호작용을 통해 사업 전개, 기술개발, 부품조달, 인력, 정보교류 등에서 시너지 효과를 발휘하는 것이다. 클러스터의 네 가지 핵심요소는 ① 관련 기업, ② 관련 기관(연구소, 대학, 벤처캐피탈, 컨설팅 기관 등), ③ 네트워크, ④ 집적 지역이다.

위에서 살펴본 바와 같이 테크노폴리스, 테크노파크, 클러스터는 각각 명칭의 차이에도 불구하고 중심내용은 과학기술 집적 또는 연계를 통하여 지역이나 도시를 건설하고 발전시킨다는 것이다.

2) 기술집약도시의 성공요인

기술집약도시의 성공요인을 종합하면 [표 6-2]와 같다. 첫째, 입지요인으로는 ① 우수대학, 연구기관 등과 근접한 지역, ② 첨단기업에 인접한 지역, ③ 부지비용이 저렴한 지역, ④ 공항, 고속도로 등이 양호한 지역, ⑤ 우수한 초·중등학교를 보유한 지역, ⑥ 자연환경이 쾌적한 지역, ⑦ 주거비용이 저렴한 지역, ⑧ 문화시설을 확보하고 있는 지역, ⑨ 우수한

◁═ **표 6-2** 기술집약도시의 성공요인

입지요인	• 우수대학, 연구기관 등과 근접한 지역 • 부지비용이 저렴한 지역 • 우수 초·중등학교 보유 지역 • 주거비용이 저렴한 지역 • 우수한 병원이 있는 지역	• 첨단기업 인접 지역 • 공항·고속도로 등이 양호한 지역 • 자연환경이 쾌적한 지역 • 문화시설을 확보하고 있는 지역
단지조성 및 운영요인	• 양호한 세제와 금융조건 • 융통성 있는 단지개발 및 분양 • 양호한 기술정보 교류체제 • 지방정부 등의 강력한 지원	• 저렴한 분양 또는 임대가격 • 단지의 특성화와 전문화 • 우수 연구기관 유치 • 지식공유체제의 보유
기술창업 및 기술혁신요인	• 강력한 인큐베이션 지원체제 • 활성화된 모험자본시장	• 산학협력 기술개발프로그램

병원이 있는 지역이다. 둘째, 기술집약도시 조성과 운영요인으로는 ① 양호한 세제와 금융조건, ② 저렴한 분양 또는 임대가격, ③ 융통성 있는 단지 개발과 분양, ④ 특성화와 전문화, ⑤ 양호한 기술정보 교류체제, ⑥ 우수 연구기관 유치, ⑦ 지방정부 등의 강력한 지원, ⑧ 지식공유체제의 보유이다. 셋째, 기술창업과 기술혁신요인으로는 ① 강력한 인큐베이션 지원체제, ② 산학협력 기술개발프로그램, ③ 활성화된 모험자본시장이다.

한편, 우리나라가 산업클러스터에 실패한 원인으로서 박삼옥(2001, pp.254~256)은 다음과 같은 네 가지를 지적하고 있다. 첫째, 지역별로 산업집적에 적합한 제도가 발전되지 못하였다. 지역 내의 기업이 필요로 하는 인력의 개발과 훈련이 충분하지 못하여 고급인력과 기술을 외부에 의존하고, 지역 내에서 혁신적인 기업가 정신, 기업 환경, 협력과 경쟁의 조화가 미흡하였다. 둘째, 산업집적지에서 혁신적인 분위기가 성숙되지 못하였다. 대구의 섬유산업, 부산의 신발산업은 단순히 생산공장 지역기능만 강조되었다. 지속적인 시장개척, 신제품 개발, 새로운 디자인 개발, 기술혁신 등의 측면을 소홀하였다. 또한 안성의 유기, 담양의 죽제품도 혁신 개념의 지속화에 실패하고 말았다. 셋째, 지역 내에서 혁신적인 기업가의 역할이나 혁신적 지역발전 비전을 가진 선도자의 역할이 별로 없었다. 넷째, 하향식 개발방식이 주류를 이루었다. 이로 인하여 내생적 발전을 위한 네트워크와 상호 협력이 부족하였고, 선의의 경쟁을 위한 규범과 사회적 자본이 충분하지 못했다.

3) 한국의 과제

우리나라의 전 지역이 더 도약하기 위해서는 그 지역에 적합한 다양한 형태로 과학기술을 이용해야 한다. 여기에 관련 분야에 특화된 대학을 유치하여 인력과 기술을 갖춰야 한다. 이를 바탕으로 기업을 유치하는 단계로 진입하고, 무엇보다도 유능한 인재들이 살 수 있는 여건을 갖추고 파격적인 대우를 해주어야 한다.

이에 대해 김정홍(2004)은 ① 혁신역량의 지역간 격차 완화, ② 지역 간·지역 내 균형발전을 위한 지역혁신정책 추진, ③ 하드웨어 지원의 완화와 소프트웨어 지원의 다양화, ④ 지역혁신사업에 대한 지방자치단체의 역할 강화, ⑤ 기술이전을 위한 전문 컨설턴트의

표 6-3 지역별 과학기술 혁신역량지수

지역	혁신역량지수	상대 수준(%)	순위
서울	17.923	100.00	1
경기	15.752	87.88	2
대전	15.116	84.34	3
인천	9.757	54.44	4
광주	9.098	50.76	5
경북	8.960	49.99	6
경남	8.951	49.94	7
충남	8.104	45.22	8
울산	8.093	45.15	9
대구	7.858	43.84	10
충북	7.791	43.47	11
부산	7.694	42.93	12
강원	7.366	41.10	13
전남	7.060	39.39	14
전북	6.715	37.47	15
제주	5.613	31.32	16
평균	9.491	52.95	

자료 : 이승룡, 2010, p.37.

육성, ⑥ 낙후지역에 대한 기술지원 강화, ⑦ 청년층의 지역 내 창업교육과 창업지원, ⑧ 산·학·연 사이의 기술과 인력교류 강화 등 여덟 가지를 제시하고 있다.

무엇보다도 중요한 것은 각 지역의 과학기술 혁신역량을 강화해야 한다. 이승룡(2010, p.37)에 의하면, 우리나라의 16개 시·도 중에서 평균을 웃도는 과학기술 혁신역량을 가진 시·도는 〈표 6-3〉에서 보는 바와 같이, 서울·경기·대전·인천에 불과하다.

과학기술을 통해 지역개발을 이루기 위해서는 지방자치단체 장의 탁월한 리더십과 지역 주민의 일치된 지원이 필요하다. 그런 노력이 전국의 모든 시·군 단위 지역에서 전개되면 우리나라는 명실상부하게 부강한 나라가 될 수 있을 것이다.

3. 한국의 인식과 제도

1) 지역균형발전과 과학기술에 대한 인식

'참여정부'에서는 지역의 균형발전을 위하여 2004년 1월 「국가균형발전 특별법」을 제정하고, 지역의 균형발전에 과학기술을 집중적으로 활용하기 시작하였다. 첫째, 국가와 지방자치단체는 지역발전에 필요한 과학기술의 진흥을 위하여 ① 지역의 과학기술연구·교육기관의 육성, ② 지역발전을 위한 연구개발의 촉진, ③ 지역의 연구개발인력 확충 등 과학기술역량의 향상, ④ 그 밖에 지역의 과학기술 진흥을 위하여 필요한 사항을 적극 추진하도록 의무화하였다(동법 제12조 제2항). 둘째, 국가 및 지방자치단체는 수도권이 아닌 지역의 발전에 필요한 우수 인력의 양성을 위하여 ① 지방대학과 산업체 간 산학협동을 통한 고용촉진, ② 지방대학 졸업생에 대한 채용장려제 도입, ③ 지방대학 우수졸업 인력 지역정착을 위한 지원, ④ 지역의 인적자원 개발, 산학인 협력사업의 활성화, ⑤ 그 밖에 지방대학의 육성과 지역의 인적자원 개발에 관한 시책을 추진하도록 하였다(동법 제12조 제1항). 셋째, 국가와 지방자치단체는 수도권(성장촉진지역과 특수 상황지역은 제외)에 있는 대학이 지방으로 이전하는 경우 재정적·행정적 지원을 할 수 있도록 제도화하였다(동법 제19조 제2항).

한편, 국가과학기술위원회는 지방의 과학기술 진흥을 촉진하기 위하여 5년 주기의 지방과학기술진흥종합계획과 연도별 시행계획을 세우고, 이를 지방자치단체의 장에게 알려야 한다. 이 종합계획에 포함해야 할 사항은 ① 연구개발사업의 지원, ② 과학기술기반구축의 지원, ③ 지방과학기술진흥성과의 확산과 산업화 촉진, ④ 지방의 과학기술인력·산업인력의 양성과 과학기술 정보유통체제구축 등에 대한 지원 등이다. 정부는 예산의 범위 안에서 지방에 있는 대학과 연구기관 등이 수행하는 사업에 드는 비용의 전부 또는 일부를 출연하거나 보조할 수 있다(「과학기술기본법」 제8조).

또한 국가과학기술위원회에 지방과학기술진흥협의회를 설치하여 지방과학기술진흥종합계획과 연도별 시행계획의 수립에 관한 사항, 관계 중앙행정기관이나 지방자치단체가 지방과학기술진흥을 위하여 추진하는 시책 또는 사업의 조정에 관한 사항, 지방과학기술 관련 국가연구개발사업예산의 효율적 운영에 관한 사항, 지방자치단체 간 과학기술의 교류와 협력에 관한 사항 등을 심의한다(동법 제9조의10).

2) 우리나라의 제도

(1) 혁신도시의 개발

혁신도시는 지역의 균형발전을 위하여 수도권에서 수도권이 아닌 지역으로 이전하는 공공기관을 수용하여 기업·대학·연구소·공공기관 등의 기관이 서로 긴밀하게 협력할 수 있는 혁신여건과 수준 높은 주거·교육·문화 등의 정주환경을 갖추도록 개발하는 미래형 도시이다(「공공기관 지방이전에 따른 혁신도시 건설 및 지원에 관한 특별법」 제2조 제3호).

혁신도시에 대한 정부의 기본 방향은 다음의 네 가지로 요약될 수 있다. 첫째, 지역별로 테마를 가진 미래형 첨단도시로 건설한다. 둘째, 자율형 사립고등학교에 대한 지방자치단체의 지원 확대 등을 통하여 우수교육여건을 조성한다. 셋째, 산·학·연 클러스터 용지 일부를 임대 산업단지로 조성하여 저렴한 임대료(조성원가의 1~5%)로 장기간(50년) 임대한다. 넷째, 인접한 기존 지역개발사업(예 : 기업도시, 산업단지, 테크노파크 등)과 통합 또는 연계하여 시너지효과를 창출한다.

정부는 혁신도시의 성공적 개발을 위하여 수도권에 있는 124개 공공기관을 성격에 맞춰 분산·이전하기로 방침을 결정하였다. 2011년 1월 1일 현재 전국의 10개 혁신도시와 주요 내용은 〈표 6-4〉와 같다.

◦── **표 6-4** 10개 혁신도시의 개요

지역	위치	도시 개념
부산	영도 · 해운대 · 남구	21세기 동북아 시대 해양수도 : 남부 경제권의 중추도시, 세계자유무역 거점도시
대구	동구	Brain City : 학원 중심의 Edu-City, 에너지 절약형 Solar City
광주 · 전남	나주시	Green-Energypia : 신 · 재생에너지 및 농업, 생물산업중심도시
울산	중구	경관 중심 에너지 폴리스 : 에너지 절약형 도시, 환경친화형 도시
강원	원주시	Vitamin City : 건강도시, 참살이도시
충북	진천 · 음성	교육 · 문화 이노밸리 : 융합기술도시, 교육 · 문화 · 건강도시, 인력개발 · 블루 생태환경도시
전북	전주시 완주	Agricon City : 농생명 과학도시, 친수공간형 전원도시
경북	김천시	경북 Dream-Valley : IT · BT(농업) 벤처도시, 교육 · 문화 · 환경도시
경남	진주시	산업지원과 첨단주거를 선도하는 Inno-Hub City : 산업자원 거점도시, 첨단주거 선도도시, 교류협력 및 녹색친수도시
제주	서귀포	국제교류 · 연수폴리스 : 국제교류 · 연수도시, 문화 · 생태도시

자료 : 국토해양부, 2008. 7. 21.

(2) 기업도시의 개발

기업도시는 산업입지와 경제 활동을 위하여 민간기업이 산업 · 연구 · 관광 · 레저 · 업무 등의 주된 기능과 주거 · 교육 · 의료 · 문화 등의 자족적 복합기능을 고루 갖추도록 개발하는 도시이다(「기업도시개발 특별법」 제2조 제1호).

기업도시는 ① 산업교역형 기업도시, ② 지식기반형 기업도시, ③ 관광레저형 기업도시의 세 가지 유형으로 구분하여 추진된다(동법 제2조 제1호). 산업교역형 기업도시는 제조업과 교역 위주의 기업도시이며, 지식기반형 기업도시는 연구개발 위주의 기업도시이며, 관광레저형 기업도시는 관광 · 레저 · 문화 위주의 기업도시이다.

2010년 9월까지 지정된 전국의 기업도시는 〈표 6-5〉와 같다. 그중에서 첨단기술과 연관 있는 기업도시는 원주 · 충주 · 무안이다. 원주기업도시는 지식기반형으로서 첨단의료연구와 건강바이오산업 중심이다. 충주기업도시는 산업교역형으로서 첨단전기 · 전자부품소재

◁⊟ **표 6-5** 기업도시별 전략산업

기업도시명	전략산업
원주기업도시	첨단의료연구, 건강바이오산업
충주기업도시	첨단전기 · 전자부품소재산업
무주기업도시	스포츠, 관광레저산업
영암 · 해남기업도시	관광레저산업(테마파크, 해양공원, 골프장 등)
무안기업도시	물류산업, 차세대 제조업
태안기업도시	관광레저산업(테마파크, 생태공원, 골프장 등)

주 : 무주기업도시는 2011년 1월 취소되었음.
자료 : 국토해양부, 2008. 7. 21.

산업 중심이며, 무안기업도시는 산업교역형으로서 물류산업과 차세대 제조업 중심이다.

(3) 유비쿼터스도시의 건설

우리나라는 도시의 경쟁력을 향상시키고 지속가능한 발전을 촉진하기 위하여 2008년 3월 28일 「유비쿼터스도시의 건설 등에 관한 법률」을 제정하고, 2008년 9월 28일부터 시행하였다. 이 법에서 '유비쿼터스도시'란 유비쿼터스도시기술(건설기술과 전력기술에 전자 · 제어 · 통신 등의 기술을 융합한 기술과 정보통신기술)을 활용하여 건설된 유비쿼터스도시 기반시설(지능화된 공공시설, 초고속정보통신망, 유비쿼터스도시 통합운영센터 등)을 통하여 언제, 어디서나 유비쿼터스도시 서비스를 제공하는 도시이다(동법 제2조 제1호 · 제4호 · 제5호; 동법 시행령 제5조). 유비쿼터스도시 서비스내용은 ① 행정, ② 교통, ③ 보건 · 의료 · 복지, ④ 환경, ⑤ 방범 · 방재, ⑥ 시설물 관리, ⑦ 교육, ⑧ 문화 · 관광 · 스포츠, ⑨ 물류, ⑩ 근로 · 고용 정보이다(동법 제2조 제2호; 동시행령 제2조).

또한 165제곱미터 이상의 규모에 해당하는 택지개발사업, 도시개발사업, 혁신도시개발사업, 기업도시개발사업, 행정중심복합도시건설사업 등에 대해서는 유비쿼터스도시건설사업을 시행할 수 있다(동법 제3조; 동시행령 제6조).

국토해양부 장관은 5년 단위로 유비쿼터스도시종합계획을 수립해야 하며, 특별시장 · 광역시장 · 시장 또는 군수는 소관 관할지역을 대상으로 유비쿼터스도시계획을 수립할 수 있다(동법 제4조 · 제8조).

4 과학기술 – 국민 친화정책

과학기술정책의 비전은 국민에게 행복을 주는 것이다. 국민이 과학기술에서 행복을 느낄 수 있게 만들어야 한다. 국민이 과학기술에 애정을 느낄 수 있게 친밀감을 조성해야 한다. 과학기술을 인생의 도구로 활용할 수 있도록 신뢰도를 높여야 한다.

1. 과학기술에서 국민이 차지하는 위치

국민의 과학기술 친화성이란 국민이 과학기술을 어느 정도 이해하고, 중요하게 여기느냐이다. 국민과 과학기술의 친화성이 중요한 이유는 다음과 같다. 첫째, 국민은 과학기술 산물의 소비자이다. 국민은 건강하고, 편리하고, 쾌적하고, 안전하고, 즐거운 생활을 위하여 과학기술 산물을 구매하여 사용한다. 국민이 중요 과학기술에 대한 지식을 많이 축적하고 있으면 자신에게 필요한 과학기술 산물을 정확하게 구매하여 최대 효용을 누릴 수 있다. 또한, 국민이 과학기술 산물을 앞장서서 소비해 주지 않으면 과학기술에 바탕을 둔 혁신은 이루어질 수 없으며, 과학기술도 존재 기반을 상실한다.

둘째, 국민은 국가과학기술에 대한 최대 후원자이다. 국민의 세금은 과학기술 투자재원이며, 국민의 대표기관인 국회는 과학기술 지원 법률을 제정한다. 과학기술에 대한 국민의 후원이 강할수록 과학기술 투자재원이 확충되고 지원 법률도 늘어난다.

셋째, 국민은 과학기술자의 공급원이다. 국민이 우수한 자녀를 과학기술계로 진출시켜야 과학기술이 발전할 수 있다. 이공계 기피는 국민이 우수한 자녀를 이공계로 진학시키지 않는 데에서 비롯된다.

2. 대한민국의 겨레 과학기술 및 과학기술 관심도

1) 한국 역사 속의 과학기술

우리나라의 근대 과학기술의 역사는 매우 짧다. 역사를 통틀어 볼 때 세종대왕 재임기간 등 일정 시기를 제외하고는 과학기술에 국가의 관심은 높지 않았다. 조선 시대에는 신분이 낮은 계층의 사람(중인)이 과학기술 관련 업무에 종사하였으며, 과학기술에 관심을 보인 양반 지배층도 본업이 아닌 취미였다. 사 · 농 · 공 · 상의 뚜렷한 신분제도 아래에서 기술자는 좋은 대우를 받지 못하였다. 조선 후기의 실학자도 여전히 중인계급이었다. 결국 양반가문의 우수한 인재가 과학기술계로 유입되지 못했고, 중인계급의 우수한 인재도 사회적인 홀대로 인하여 기량을 발휘하지 못하였다. 서얼 출신의 장영실 같은 인재를 등용하였던 세종대왕과 같은 임금은 예외에 불과했다.

그런 결과는 과학기술력의 열세로 나타났으며, 앙부일구 · 측우기 · 혼천의 · 신기전 · 철갑 거북선, 동의보감, 대동여지도, 백자 등 일부를 제외하고는 조선 시대의 과학기술은 세계 정상 수준이 아니었다. 이것은 국가 경쟁력의 약화로 이어졌고, 국부의 취약성은 국가의 자존을 흔들었다. 수많은 외침에 시달리고, 결국 나라를 잃는 비운에 빠지게 되었다.

2) 한국 생활 속의 과학기술

한국의 과학기술은 국가적 · 신분적 차원에서는 홀대받았지만, 서민의 과학기술 활용능력은 부분적으로 탁월했다. 정동찬(2010. 7. 23)이 제시하는 대표적인 사례는 다음과 같다.

첫째, 우리 어머니들은 장을 담글 때 장항아리 속에 항상 숯을 넣었다. 숯은 천연정화물질이다. 숯 1그램의 넓이는 400제곱미터나 된다. 미세한 공간에 이물질을 흡수하여 장의 깨끗함을 유지하였다.

둘째, 우리나라의 방짜 유기는 구리 78%, 주석 22%의 합금으로 제작되었다. 현대 기술로는 주석의 비중이 20% 이상이면 깨져서 유기제작이 불가능하지만, 우리 장인은 그 비중을 22%까지 올려서 최상의 제품을 만들어 냈다. 이것은 우리 겨레의 우수한 합금기술이다.

셋째, 우리나라의 옹기는 점토질 질흙과 천연유약인 잿물을 사용하여 1,100도 이상에서 제조된다. 이렇게 만들어진 옹기는 통기성이 양호하여 식품의 발효에 매우 적합하다.

넷째, 우리의 한지는 닥나무, 잿물, 황촉규(닥풀)를 사용하여 제조된다. 한지는 중성을 띠게 되어 보존성(1000년 이상)과 흡수성이 매우 양호하다.

다섯째, 우리의 솥은 뚜껑의 무게가 전체의 33%를 차지하여 밥솥 내부의 압력을 높게 유지한다. 또한, 솥 바닥의 중앙이 다른 부위보다 2배 두껍고 위로 올라갈수록 점점 얇아져서 균일한 열전도를 가능하게 한다. 이와 같은 높은 압력 유지와 균일한 열전도는 맛있는 밥을 지을 수 있게 해준다.

여섯째, 쪽염색은 쪽풀, 잿물, 조개가루를 사용하여 산화와 환원 반응을 반복하는 기법을 사용하였다. 이렇게 만들어진 쪽염색 섬유는 방부와 방충 기능이 매우 탁월하였다.

일곱째, 우리 선조가 염색 색소로 사용하였던 홍화는 건강친화적이었다. 황색 색소는 방충성이 강하고, 홍색 색소는 피부병과 혈액순환제로 이용되었다.

3) 한국인의 과학기술에 대한 관심도 현황

2008년에 한국과학창의재단이 조사한 자료에 의하면, 과학기술에 '관심이 별로 없다'라고 응답한 사람의 비율이 전체 25.6%이며, 청소년(27.4%)이 성인(23.8%)보다 높았다(〈표 6-6〉 참조). 과학기술에 대한 관심이 적은 이유로는 '주제나 내용이 어려워서'가 34.3%, '관심을 가질 필요가 없어서'가 25.7%, '재미가 없어서'가 23.0%였다(〈표 6-7〉 참조). 또한 2008년 과학기술에 대한 이해도는 2006년에 비하여 더 나빠졌다. '잘 모른다'라는 응답자의 비율이 2008년에 성인 51.5%, 청소년 49.5%이었다(〈표 6-8〉 참조).

표 6-6 한국인의 과학기술에 대한 관심도

(단위 : %)

구분	매우 많다	약간 있다	별로 없다
성인	22.3	53.9	23.8
청소년	24.1	48.5	27.4
전체	23.2	51.2	25.6

자료 : 교육과학기술부.

◁▷ **표 6-7** 과학기술에 관심이 적은 이유   (단위 : %)

구분	주제나 내용이 어려워서	관심을 가질 필요가 없어서	재미가 없어서	시간이 없어서
성인	38.7	31.1	13.8	15.7
청소년	30.3	20.8	31.5	15.3
전체	34.3	25.7	23.0	15.5

자료 : 교육과학기술부.

◁▷ **표 6-8** 한국인의 과학기술에 대한 이해도   (단위 : %)

구분		많이 안다	조금 안다	잘 모른다
2006	성인	3.9	39.4	56.7
	청소년	5.3	41.0	53.7
2008	성인	4.0	44.5	51.5
	청소년	5.5	45.0	49.5

자료 : 교육과학기술부.

3. 국민의 과학기술 친화성 강화 방향

국민의 과학기술에 대한 친화성을 높이기 위한 대책은 기본적으로 〈표 6-7〉 과학기술에 대한 관심이 적은 이유에 착안해야 할 것이다. 여기서 정부가 유념해야 될 핵심 용어는 어렵고 재미가 없다는 점과 관심을 가질 필요가 없다는 점이다. 즉, 과학기술을 쉽고 재미있게 풀어주는 동시에 과학기술에 관심을 갖게 해야 된다.

1) 재미있고 쉬운 콘텐츠 개발

국민에게 과학기술을 이야기할 때에는 국민이 좋아하는 소재를 고르는 것이 첫 번째 일이다. 다양한 소재로 국민의 눈길과 발길을 끌어야 한다.

국민이 좋아하는 소재를 통해 국민의 과학기술 친화력을 제고하려고 추진했던 대표적 사업 중 하나는 한국 최초의 우주인 이소연 박사가 2008년 4월 러시아의 소유즈우주선을 타고 국제우주정거장(ISS)을 다녀온 우주인프로그램이었다.

그림 6-10 국제우주정거장 모습과 이소연 박사

한국 우주인프로그램은 2004년부터 기획되었다. 이 프로그램은 철저하게 과학기술에 대한 국민의 이해를 도모하기 위한 사업으로 출발하였다. 첨단과학기술에 대한 국민교육의 장을 열려는 구상이었다. 그런 취지에서 청소년이 가장 좋아하는 주제인 우주인을 소재로 선택하였다. 이에 우주인 후보자를 선발하는 과정을 다단계로 전개하고 그 과정에서 우주 과학뿐만 아니라, 정보기술·생명공학기술·나노기술 등 다른 첨단과학기술까지 소개하려고 의도하였다. 우주인 선발과 훈련과정, 국제우주정거장에서의 과학실험 등을 생생하게 TV 화면에 담아서 전국의 가정에 영향을 주고자 하였다. 온 가족이 TV 화면 앞에 둘러 앉아 과학기술 공부를 하게 될 것으로 기대했었다. 결과적으로 상당한 정도의 성과를 거둔 것으로 평가된다.

둘째, 과학기술을 설명하는 자료는 재미있고 쉽게 제작되어야 한다. 일반적으로 사람들은 본업 이외의 시간에는 휴식을 취하려고 하기 때문에 과학기술을 휴식거리로 탈바꿈시켜야 한다.

과학기술을 재미있고 쉽게 표현하는 것은 과학기술자의 능력의 한계를 뛰어넘을 수 있다. 이런 경우에는 전문적인 이야기꾼(story teller)의 도움을 받아야 한다. 예를 들면 작가, PD, 영화감독, 소설가, 시인, 미술가, 음악가(작사가) 등이 있다. 스토리텔러가 과학기술 소재를 담아서 작품을 창작하도록 이끌어야 한다. 우리는 대표적인 예를 영화 〈아바타〉의 J. Cameron(1954~) 감독에게서 찾을 수 있다. Cameron 감독은 어릴 때부터 심해와 공상과학에 심취해 있었는데, 심해탐사작업을 수행하는 로봇에서 〈아바타〉의 아이디어를 얻었다고 한다. 심해탐사로봇을 이용하는 것은 사람이 직접 심해에 들어가지 않고도 현장 느낌을 로봇을 통해 얻을 수 있기 때문에, 분신을 이용한다는 개념의 아바타를 떠올렸다는 것이다.

2) 과학기술 전달매체 및 공간 확충

재미있고 쉬운 콘텐츠를 마련한 다음에는 그 작품을 국민에게 보여 줄 수 있는 미디어와 공간을 찾아야 한다. 여러 종류의 예술 공간, 매스미디어, 방송드라마, 영화, 과학관 등이 될 것이다. 성인에게는 유료로, 청소년과 노인층에는 무료로 운영하는 시스템도 중요하다.

그중에서 과학관은 대단히 유용한 공간이다. 먼저 과학관의 전시기법을 '눈으로 보는(eyes-on) 전시'에서 '손으로 만지고 작동하는(hands-on) 전시'로, 그리고 '느낄 수 있게 하는(feels-on) 전시'로 전환해야 한다. 과학관은 청소년은 물론 학부모에게도 기분 좋은 공간이 되어야 한다. 청소년에게는 재미있게 놀이할 수 있는 공간, 학부모에게는 자녀 손에 이끌려 새로운 과학기술을 접할 수 있는 공간, 또 다른 성인에게는 아이디어를 얻고 명상할 수 있는 공간이 되어야 한다. "과학관에 가면 재미있다." "과학관에 가면 무엇인가 배울 수

그림 6-11 국립과천과학관 전경

그림 6-12 계룡산자연사박물관 전시물

있다." 또는 "과학관에 가면 무엇인가 떠오른다."라는 말이 과학관을 다녀온 사람들에게서 나와야 한다.

노인층의 경로당이나, 지역주민을 위한 주민센터도 좋은 공간이다. 쉽고 재미있게 각색된 과학기술 이야기책이나 영상물을 그곳에 전시하는 것이다. 가끔씩 특별 강연회를 열면 더욱 좋다. 어른들이 손자·손녀의 손을 과학기술의 세계로 이끌 것이다.

3) 예술 및 문학 장르를 이용한 과학기술 전파

예술과 문학은 대단히 부드럽고 감성적이어서 딱딱하고 이성적인 과학기술을 국민의 마음속에 잘 전달할 수 있다. 따라서 미술, 음악, 시, 소설 등을 유용한 매개체로 활용해야 한다.

첫째, 미술작품의 경우에는 세 가지 방법이 있다. 하나는 미술작품의 소재로 과학기술을 사용하는 것이다. 대표적인 사례가 비디오 아티스트 백남준 선생이다. 그는 주로 TV 모니터를 결합하여 '기술로 물든 현대사회의 생명력'을 표현하였다. 그가 사용한 한국산 TV 모니터는 우수한 품질로 세계인의 뇌리에 각인되었으며, 관람객은 그의 작품을 통해 TV 모니터의 다른 용도와 가치를 인식하였다.

다른 하나는 과학기술의 원리를 이용하여 작품을 구성하는 것이다. 대표적인 사례가 두 직선의 황금 비율이다. 수학에서 가장 아름다운 비율인 황금 비율은 두 직선의 비율이 '1:1.618…'인데, 그리스의 파르테논 신전, 이집트의 피라미드, Milo의 비너스, Leonardo da Vinci의 모나리자 얼굴은 물론, 오늘날 우리가 사용하는 신용카드에도 적용되었다. 국민은 미술작품이나 생활용품을 통해 수학 원리인 황금 비율과 가까워질 수 있는 것이다.

소실점도 마찬가지이다. 원래 소실점은 건축설계에서 쓰이는 개념이다. 모든 건축물은 대체로 1개의 소실점, 큰 건축물은 2~3개의 소실점을 중심으로 전개된다. 건축물의 중심점인 것이다. 이 소실점을 도입한 미술작품의 대표적인 사례는 da Vinci의 〈최후의 만찬〉이다. 화폭의 정 중앙에 예수님을 모시고, 그 주위에 12제자를 배치하였다.

또 다른 하나는 첨단과학기술을 활용하여 훼손된 미술품의 모습을 재현하는 것이며, 국민은 재현에 사용된 과학기술에 대한 설명을 들으면서 과학기술의 의미와 유용성을 알게 되는 경우이다. 여기에는 주로 컴퓨터 3차원 그래픽기술, 컴퓨터 단층촬영기술, 적외선, X선 등을 활용한다.

둘째, 음악작품의 경우에는 〈미디어 아트〉가 대표적이다. 첨단과학기술이 만들어 내는 전자음악이 대표적이며, 한국 전통음악과 협연하기도 한다. 아이팟 사물놀이, 로봇과 인기가수, 로봇과 명창의 공연 등 사례가 다양하다. 국민은 흥겨운 음악에 맞춰 첨단과학기술과 친해질 수 있고, 과학기술의 유용성도 함께 알 수 있게 된다.

셋째, 문학작품의 경우에는 과학기술 또는 과학기술 관련 요소를 주제나 배경으로 활용하고, 과학기술자를 중요한 등장인물로 설정할 수 있다. 그렇게 되면, 일반인은 문학작품에 빠져들면서 과학기술의 세계를 경험할 수 있다.

마지막으로 우리가 유의해야 될 사항이 남아 있다. 예술가들이 과학기술을 갈등의 소재로 활용하는 경우이다. 과학기술의 부정적 측면을 지나치게 부각하지 않도록 주의해야 한다.

4) 과학기술에 관심을 갖는 사회 분위기 조성

청소년이 "과학기술에 관심을 가질 필요가 없다."라고 이야기하는 것은 교육과정에 기인하는 측면이 많다. 초·중·고등학교에서 과학기술 과목을 소홀히 하고, 문과생의 대학수학능력시험에서 과학기술 과목이 빠져 있고, 이과생 대학 입시에서도 일부 과학기술 과목이 빠져 있기 때문이다. 앞으로 정부와 대학이 나서야 한다. 정부는 교육과정을 개편해서 초·중·고등학교의 과학기술 과목의 비중을 높여야 한다. 대학도 수학과 과학기술 과목 이수자 혹은 고득점자를 우대하고, 신입생 선발시 과학기술 전 과목의 성적을 반영해야 한다.

성인에 대한 대책으로 과학기술지식을 기초교양으로 자리매김하는 것이 시급하다. 이런 일은 사회 지도층을 통해 확산시켜 나가야 한다. 예를 들면, 우리나라의 최고위 지도층이 과학기술 공부 모임, 과학기술자와 자리를 함께하는 사교클럽 등을 결성하는 것이다. 한국연구재단이 매주 금요일 오후, 전국의 주요 도시에서 개최하는 '금요일에 과학터치' 행사에 참석하는 것은 쉬운 첫걸음일 것이다. 그런 모습을 언론 등을 통해 알리면 사회 각계로 널리 확산될 수 있다.

한편, 과학기술－국민 친화사업을 산업적 시각에서 육성하는 것도 좋을 것이다. 사업자는 경제적 이윤을 얻고, 국민은 즐거움과 과학기술 지식을 얻는 방식이다. 그렇게 되면 과학기술지식이 사업자의 창의성과 일정을 타고 국민생활 속으로 스며들어갈 것이다.

5) 국민의 과학기술 친화를 위한 제도적 장치

「과학기술기본법」(제30조 제2항·제3항)은 과학기술에 대한 국민의 이해와 지식 수준 향상을 정부의 임무로 규정하고 있다. 이를 위하여 과학기술 문화 활동을 담당하는 ① 과학관, ② 한국과학창의재단, ③ 교육과학기술부 장관이 정하는 과학기술 문화활동 관련 기관 또는 단체에 대하여 사업비와 운영비[1]의 전부 또는 일부를 지원할 수 있다.

그중 한국과학창의재단은 ① 과학기술 문화창달과 창의적 인재 육성 지원을 위한 조사연구·정책개발, ② 국민의 과학기술 이해 증진·확산사업, ③ 과학교육과정과 창의적 인재

---

1) 운영비는 한국과학문화재단에 한하여 지원할 수 있다(「과학기술기본법」 제30조 제3항 단서).

육성프로그램개발, ④ 창의적 인재교육전문가 육성 · 연수 지원, ⑤ 과학기술 창달 및 창의적 인재육성과 관련된 과학문화 · 예술융합프로그램개발 지원, ⑥ 그 밖에 교육과학기술부장관이 지정 또는 위탁하는 사업을 수행한다(「과학기술기본법」 제30조 제4항 · 제5항).

「과학관육성법」은 과학관 육성을 통하여 과학기술 문화를 창달하고, 청소년의 과학에 대한 탐구심을 함양하며, 과학기술에 대한 범국민적 이해 증진에 이바지하기 위하여 1991년 12월 31일 제정되었다. 이 법은 과학관을 국립과학관, 공립과학관, 사립과학관으로 구분하고 있다(제3조). 그중 사립과학관은 법인 · 단체 또는 개인이 설립 · 운영하는 과학관으로서 시 · 도지사에 설립계획을 승인받고 등록할 수 있도록 되어 있다. 이것은 강제적이지 않고 임의적 선택사항이다. 다만, 시 · 도지사의 설립 승인을 받으면 「국토의 계획 및 이용에 관한 법률」, 「도로법」, 「수도법」, 「하수도법」, 「농지법」 및 「산지관리법」에 의한 관련 허가를 받거나 신고를 한 것으로 간주되는 혜택이 있다(동법 제8조).

또한 국가 또는 지방자치단체는 설립 승인을 받은 사립과학관의 설립 비용의 일부를, 그리고 등록과학관의 운영비의 일부를 각각 예산의 범위 안에서 보조할 수 있다(동법 제17조 제1항). 등록과학관은 과학관사업과 관련된 인쇄물, 시청각자료, 기념품 등의 제작 · 판매와 편익시설의 운영 등 과학관 관리 · 운영에 필요한 재원을 조달하기 위하여 수익사업을 할 수 있으며(동법 제18조 제1항), 후원회를 구성하여 후원금을 받거나 당해 과학관에 필요한 물품을 모집할 수 있다(동법 제19조 제1항).

이외에도 전문 분야별 과학기술 문화를 진흥하는 기관이 설립 · 운영되고 있다. 대표적인 기관 중 하나가 한국원자력문화재단이다. 이 재단은 국민에게 원자력에 대한 객관적이고 과학적인 정보를 올바로 전달하여 원자력 이용에 대한 국민의 공감을 이끌어 냄은 물론, 깨끗하고 풍요로운 미래 한국을 위한 원자력 문화를 증진하려는 취지에서 설립되었다. 구체적인 사업내용은 ① 원자력의 평화적 이용에 관한 객관적이고 과학적인 지식보급과 자료의 제작 · 배포, 자료실의 설치 · 운영, ② 원자력에 관한 과학기술의 조사 · 연구 · 보급을 위한 출판사업과 전시관의 설치 · 운영, ③ 일반국민과 각계각층을 대상으로 한 강연회 · 설명회 · 문화사업 · 시설견학 등의 실시, ④ 초 · 중등 과학교육에 있어서의 원자력 관련 교육의 협력, ⑤ 원자력 개발의 사회적 · 심리적 영향 등에 관한 학문적 조사 · 연구, ⑥ 원자력문화의 진흥을 위한 국제협력과 장학사업, ⑦ 원자력 관련 기관으로부터의 수탁사업, ⑧ 발전소 주변지역 지원사업에 관한 홍보, ⑨ 기타 재단의 목적을 달성하기 위하여 필요한 사업과 부대사업이다(「한국원자력문화재단 정관」 제4조).

이외에도 한국과학문화진흥회, 부산과학문화진흥회 등의 단체가 있다.

chapter

과학기술정책 추진시스템

과학기술 행정조직은 과학기술의 위상과 정책의지를 담는 그릇이다. 과학기술 법률은 과학기술정책의 준거 틀이다. 과학기술 홍보는 국민의 지지를 얻는 가교이다. 과학기술공무원은 과학기술정책을 실현하는 주체이다.

1. 과학기술 행정시스템

1) 과학기술 행정체제의 유형

과학기술 행정시스템은 과학기술을 담당하는 정부부처와 관련 기관이다. 과학기술 행정시스템을 알기 위해서는 과학기술의 행정기능부터 검토해야 한다. 과학기술 행정의 본질적인 기능은 일반행정의 경우와 같다. 과학기술혁신을 위한 기획기능, 조정기능, 예산기능, 집행기능, 평가기능이 있다. 총체적으로 볼 때 이 기능들이 어떻게 분포되어 있느냐에 따라 〈표 7-1〉에서 보는 바와 같이 집중형·분산형·절충형의 세 가지 형태로 분류할 수 있다.

표 7-1 과학기술 행정체제의 유형

유형		형태	특징
집중형		모든 과학기술의 기획·조정·예산·집행·평가기능을 하나의 부처에 부여	• 통합적 추진력 강력 • 투자규모가 커질수록 효율성 저하
분산형		과학기술 분야별 또는 기능별로 각각 다른 부처에 부여	• 통합적 추진력 미흡 • 투자규모의 증대에 부응
절충형 (조정형)	집중적 절충형	중요한 과학기술 분야와 종합 기획·조정·예산·평가기능을 하나의 부처에 부여	• 분산된 가운데에서도 강력한 통합 기능 수행 가능
	분산적 절충형	총괄적인 종합 및 조정기능만을 하나의 부처에 부여	• 예산권이 없어 국가 전체의 통합 기능 수행에 한계

집중형은 모든 과학기술에 대한 기획·조정·예산·집행·평가기능이 과학기술 중심 부처에 부여된 경우이고, 분산형은 과학기술 분야별로 관련 과학기술에 대한 기획·조정·예산·집행·평가기능이 소관 부처에 각각 분산된 경우이다. 이 경우에는 과학기술 중심 부처가 설치되지 않는다. 절충형은 관련 분야 과학기술의 집행업무를 각각 소관 분야별 부처로 분산시키되, 기획·조정·예산·평가기능의 전부 또는 일부를 과학기술 중심 부처에 집중시키는 형태이다. 절충형을 조정형이라고도 부른다. 절충형은 폭넓기 때문에, 집중적 절충형과 분산적 절충형으로 나눌 수 있다.

⊂═ **표 7-2** 과학기술 행정기능 검토 및 배치표

주요 과학기술 행정기능		과학기술 중심 부처	과학기술 관련 부처
기획	총괄기획		
	사업기획		
조정	기획 조정		
	사업 조정		
예산	예산안 심의		
	예산안 편성		
집행	통상적 기술개발		
	미래 씨앗기술개발		
	거대 복합기술개발		
평가	프로그램평가		
	프로젝트평가		
기타 주요기능	과학기술인력 양성		
	과학기술정보 업무		
	연구 및 연구지원 기관 육성		
	과학기술 클러스터 육성		
	과학기술 지식재산권 업무		
	과학기술 표준		
	기타		

과학기술 행정체제를 구상할 때에는 〈표 7-2〉에 표기된 과학기술 행정기능의 각각을 과학기술 중심 부처에 부여할 것인지 아니면 과학기술 관련 부처에 배치할 것인가를 먼저 결정하는 것이 합리적이다. 집중형·분산형·절충형 등의 분류는 각 기능의 배치가 종료된 이후의 전체 모습을 함축적으로 표현하는 용어로서의 의미가 더 크기 때문이다.

2) 과학기술 행정체제 설계의 고려사항

과학기술 행정체제 설계시 고려해야 할 중요요소는 과학기술 행정의 정부 내 고객을 정하는 일이다. 과학기술 행정이 어떤 행정기능에 우선하여 봉사하도록 설계하느냐이다. 그것

은 과학기술의 본질적 성격이 자체의 목적보다는 다른 목적에 기여하는 수단적 성격을 갖고 있기 때문이다. ① 과학기술과 경제의 관계를 강화할 경우에는 과학기술 행정기능을 경제나 산업 관련 부처에 부여할 수 있다. ② 과학기술과 교육의 관계를 강화할 경우에는 과학기술 행정기능을 교육 관련 부처에 부여할 수 있다. ③ 과학기술과 환경과의 관계를 강화할 경우에는 과학기술 행정기능을 환경 관련 부처에 통합할 수 있다. ④ 과학기술과 다른 모든 관련 업무를 각각 연계할 경우에는 과학기술 행정기능을 관련 부처에 분산시켜 부여할 수 있다. ⑤ 과학기술 행정기능의 특수성을 인정하여 국가의 총괄적 업무 수행과 관계 부처의 균형 지원을 선호할 경우에는 과학기술 부처를 독립된 부처로 설치할 수 있다.

그런데 과학기술 행정기능을 위한 독립된 부처를 설치하지 않을 경우에는 몇 가지 문제점이 발생한다. 첫째, 어느 부처에서도 담당하기 어려운 중요 기능을 어떻게 분장할 것인가의 문제이다. 미래 씨앗기술과 거대 복합기술이 그 사례이다. 현업과 관련되지 아니한 미래 씨앗기술은 기술의 형체가 아직 가시화되지 아니하여 현업을 담당하는 부처의 관심을 끌기 어렵기 때문에 별도의 부처가 필요하다. 여러 부처에 관련되는 거대 복합기술의 개발기능을 그중 한 부처에 부여하면 성공적으로 추진되지 못한다. 이런 경우에는 분야와 관련해 중립적인 제3의 부처(과학기술 중심 부처)가 총괄하면서 관련 부처의 업무를 조정하고 지원하는 방식을 택해야 한다.

둘째, 여러 부처에 분산된 과학기술정책을 국가의 최종 목표로 연결시키고, 짜임새 있게 종합하고, 부처 간의 중복을 조정하는 역할이다. 과학기술정책과 사업에 대한 조정권은 예산권과 동행해야 진가를 발휘할 수 있다. 예산권이 없는 조정권은 실질적인 위력이 없다.

과학기술정책과 사업에 대한 강력한 조정체제는 기존의 선진국에서 가장 아쉬워했던 영역이다. 미국과 영국에서는 이런 기능을 수행할 수 있는 정부조직에 대한 논의가 많았지만, 그때마다 기존 부처의 반대 벽에 부딪혔다. 일본은 2000년 행정개편에서 종전의 문부성과 과학기술청을 문부과학성으로 통합하면서 종합과학기술회의(의장 : 총리대신)를 독립된 행정기구로 출범시키고, 과학기술특명대신이 부의장을 맡아 실질적인 업무를 관장하고 있다.

3) 한국의 과학기술 행정체제

우리나라의 과학기술 행정체제는 시기별로 약간 다른 형태를 띠고 있다. 제3공화국(박정희 대통령)은 1967년 4월 21일 과학기술처를 발족하였고, 제6공화국(노태우 대통령)에서는 국가과학기술자문회의를 설치하였다. 국민의 정부(김대중 대통령)는 과학기술처를 과학기술부로 개편하고 국가과학기술위원회를 설치하였다. 1999년에 발족된 국가과학기술위원회의 위원장은 대통령, 위원(24인 이내)은 관계부처 장관과 민간 고위전문가였다.

참여정부(노무현 대통령)에서는 [그림 7-1]에서 보는 바와 같이, 과학기술부를 부총리 부처로 격상하였다. 또한 과학기술부 안에 과학기술혁신본부를 두어 국가과학기술위원회의 간사기관으로서 국가 전체적인 과학기술정책의 수립은 물론, 각 부처의 기획과 예산을 조정하고, 성과에 대한 평가를 실시하였다. 또한, 청와대에는 수석 비서관급 정보과학보좌관을 두었다.

이명박정부는 출범과 동시에 과학기술부를 해체하였다. 1967년에 과학기술처로 설치되어 1998년에 과학기술부로 개편되고 2004년에 부총리 부처로 격상되었던 과학기술부를

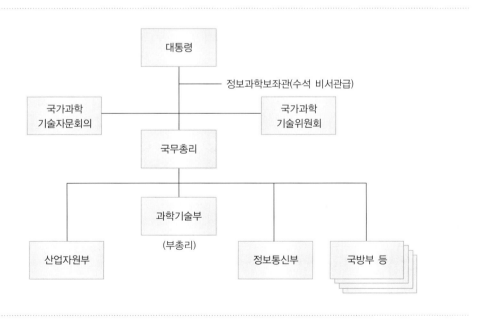

그림 7-1 참여정부의 과학기술 행정체제

해체하였다. 기존에 과학기술부가 담당하였던 산업기술 지원업무는 지식경제부로, 과학기술 성과평가와 과학기술 예산조정에 대한 업무는 기획재정부로 각각 이관시킨 후, 나머지 업무를 교육인적자원부와 통합하여 교육과학기술부로 개편하였다. 교육과학기술부 내부에서는 제2차관을 두어 과학기술업무를 대학지원업무와 함께 부여하였다. 청와대에는 과학기술비서관을 두었으며, 출범 이후 과학기술계의 불만이 커지자 비상근의 대통령 과학기술특별보좌관을 설치하였다.

이명박정부는 과학기술 전담 부처의 설치요구에 대한 대응차원에서 2010년 12월 27일 「과학기술기본법」을 개정하여 국가과학기술위원회를 행정위원회로 개편하였다. 위원회는 정무직 위원장 1명, 정무직 상담위원 2명을 포함한 10명의 위원으로 구성하며(「정부조직법」 제9조의2), 위원회의 사무를 처리하기 위하여 위원회에 사무처를 두었다(동법 제9조의11).

국가과학기술위원회의 심의·의결 사항은 ① 과학기술진흥을 위한 주요 정책 및 계획의 수립·조정에 관한 사항, ② 과학기술기본계획 및 지방과학기술진흥종합계획에 관한 사항, ③ 과학기술기본계획의 다음 연도 시행계획과 전년도 추진실적에 관한 사항, ④ 과학기술

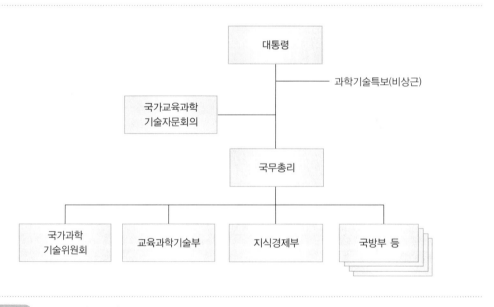

그림 7-2 이명박정부(후반기)의 과학기술 행정체제

관련 예산의 확대방안과 공공기관 등에 대한 연구개발 투자권고에 관한 사항, ⑤ 매년도 국가연구개발사업 예산의 배분·조정과 효율적 운영에 관한 사항, ⑥ 중장기 국가연구개발사업 관련 계획의 수립에 관한 사항, ⑦ 과학기술 분야 정부출연연구기관의 육성·발전 방안에 관한 사항, ⑧ 차세대성장동력산업, 문화·관광산업, 부품소재·공정혁신 분야 등에서의 과학기술혁신 관련 정책의 조정에 관한 사항, ⑨ 과학기술인력의 양성을 위한 정책에 관한 사항, ⑩ 지역기술혁신정책의 추진을 위한 지원체제의 구축에 관한 사항, ⑪ 기술혁신을 위한 자금의 지원에 관한 사항, ⑫ 국가표준·지식재산권 관련 정책의 지원에 관한 사항, ⑬ 법령에 의해 위원회의 심의사항으로 규정된 사항 등이다(「과학기술기본법」 제9조의7).

한편, 이명박정부는 「대한민국헌법」 제127조 제3항의 규정에 의하여 1991년 설치되었던 '국가과학기술자문회의'를 2008년에 종전의 교육자문회의와 통합하여 국가교육과학기술자문회의로 개편하였다.

과학기술 분야에서는 국가과학기술의 혁신과 정보·인력의 개발을 위한 과학기술 발전전략과 중요 정책에 관한 사항, 국가과학기술 분야의 제도 개선과 정책에 관한 사항, 그 밖에 과학기술 분야의 발전을 위하여 필요하다고 인정하여 대통령이 부의하는 사항에 관하여 대통령의 자문에 응하는 것이 그 기능이다(「국가교육과학기술자문회의법」 제2조).

국가교육과학기술자문회의의 위원은 총 15인 이내이며, 의장은 대통령이 되고 위원의 임기는 1년으로 하되 연임할 수 있다(동법 제3조).

이명박정부의 「정부조직법」에서 과학기술 관련 기능을 기본 직무에 포함하고 있는 중앙행정기관은 교육과학기술부, 행정안전부, 지식경제부, 국토해양부이다. 교육과학기술부는 '기초과학정책·연구개발, 원자력, 과학기술인력양성 그 밖에 과학기술진흥에 관한 사무'를, 행정안전부는 '정보보호'를, 지식경제부는 '산업기술 연구개발정책'을, 그리고 국토해양부는 '해양과학기술연구·개발'을 각각 소관 직무에 포함하고 있다.

2. 과학기술 법률시스템

1) 과학기술과 법률의 상호관계

[그림 7-3]에서 보는 바와 같이, 과학기술은 법률의 적용대상인 동시에 법률체제를 변화시키는 요소이기도 하다. 우선, 법률은 과학기술에 대하여 ① 진흥, ② 보호, ③ 규제 등 세 가지 측면에서 영향을 준다. 한편, 법률도 과학기술의 발전에 따라 양적·질적으로 영향을 받는다. 법률의 양적 변화는 규정해야 될 과학기술과 영향의 범주가 넓어짐에 따라 나타나는 현상이다. 법률의 질적 변화는 두 가지 측면에서 발생하는데, 과학기술의 진보에 의해 사회의 통합화·표준화가 가속될수록 법적 규율도 표준화·합리화되고, 법률이 과학기술의 성과를 적극적으로 이용할수록 법적 결정의 합리성이 제고되는 측면이다.

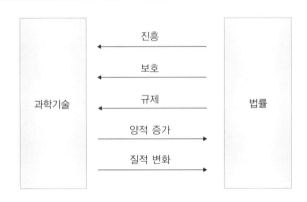

그림 7-3 과학기술과 법률의 상호작용

2) 과학기술의 진흥을 위한 법률

우리나라에는 과학기술의 진흥을 위한 다양한 법률이 시행되고 있다.

첫째, 과학기술정책에 대한 가장 기본적이고 종합적인 법률은 「과학기술기본법」으로, 2001년에 「과학기술진흥법」을 폐지하고 제정하였다.

둘째, 과학기술 관련 기관의 설립과 육성에 관한 법률에는 「과학기술분야 정부출연연구기관 등의 설립·운영 및 육성에 관한 법률」, 「특정연구기관 육성법」, 「한국과학기술원법」, 「광주과학기술원법」, 「대구경북과학기술연구원법」, 「산업기술연구조합 육성법」, 「과학관 육성법」, 「과학기술인공제회법」, 「국가교육과학기술자문회의법」 등이 있다.

셋째, 분야별 과학기술의 발전을 촉진하기 위한 법률에는 「기초과학연구진흥법」, 「나노기술개발촉진법」, 「생명공학육성법」, 「뇌연구 촉진법」, 「소프트웨어산업 진흥법」, 「우주개발진흥법」, 「우주손해배상법」, 「항공우주산업개발 촉진법」, 「천문법」, 「원자력법」, 「민·군겸용기술사업 촉진법」, 「지능형 로봇 개발 및 보급 촉진법」, 「방사선 및 방사성동위원소 이용진흥법」, 「엔지니어링기술 진흥법」, 「비파괴검사기술의 진흥 및 관리에 관한 법률」 등이 있다.

넷째, 효율적이고 안전한 연구개발 활동을 장려하기 위한 법률에는 「협동연구개발촉진법」, 「기술의 이전 및 사업화 촉진에 관한 법률」, 「연구실 안전환경 조성에 관한 법률」 등이 있다.

다섯째, 산업기술의 혁신을 위한 법률에는 「기술개발촉진법」, 「산업기술혁신 촉진법」, 「중소기업기술혁신 촉진법」 등이 있다.

여섯째, 과학기술인력의 육성을 위한 법률에는 「국가과학기술 경쟁력강화를 위한 이공계지원특별법」, 「영재교육진흥법」, 「기술사법」, 「여성과학기술인 육성 및 지원에 관한 법률」 등이 있다.

마지막으로, 연구개발 투자의 확대를 위한 법률에는 「조세특례제한법」, 「관세법」, 「지방세법」 등이 있다.

3) 과학기술의 보호를 위한 법률

첫째, 연구개발결과물 등 지식재산권을 보호하기 위한 법률에는 「특허법」, 「실용신안법」, 「저작권법」(컴퓨터 프로그램 저작물 보호) 등이 시행되고 있다.

둘째, 국가핵심기술의 불법적인 해외 유출을 방지하기 위한 법률에는 「산업기술의 유출방지 및 보호에 관한 법률」 등이 시행되고 있다.

4) 과학기술의 규제를 위한 법률

사용자의 건강과 지구환경을 보전하기 위하여 일정 기준에 미달하는 제품의 시장 진입을 차단하거나 저해하는 법률이다. 이를 통하여 관련 기술의 개발을 촉진하는 기능을 수반한다.

가장 대표적인 법률이 「산업표준화법」이다. 이 법은 광공업품의 종류 · 형상 · 치수 · 구조 · 장비 · 품질 · 등급 · 성분 · 성능 · 기능 · 내구도 · 안전도 등의 산업표준을 정하고, 이를 충족한 제품에 대하여 KS인증 마크의 부착을 허용한다. 이외에도 「전기용품안전 관리법」, 「품질경영 및 공산품안전관리법」, 「승강기시설 안전관리법」, 「수도권 대기환경개선에 관한 특별법」 등이 있다.

또한 과학기술의 부작용을 방지하기 위한 법률도 있다. 첫째, 정보화에 따른 개인정보 유출 방지, 사이버 테러와 해킹 등의 방지를 위하여 「공공기관의 개인정보보호에 관한 법률」, 「정보통신망 이용촉진 및 정보보호 등에 관한 법률」, 「정보통신기반 보호법」 등이 시행되고 있다. 둘째, 생명공학의 발전에 따른 인간복제의 금지, 개인 유전정보의 공개와 활용범위 제한, 유전자변형생물체로부터의 건강 보호 등을 위하여 「생명윤리 및 안전에 관한 법률」, 「유전자변형생물체의 국가간 이동 등에 관한 법률」 등이 시행되고 있다. 셋째, 원자력기술과 관련하여 핵무기 제조 방지, 원자력 시설 종사자의 건강 보호, 원자력 시설 인근 주민의 건강 보호 등을 위하여 「원자력법」, 「원자력시설 등의 방호 및 방사능 방재 대책법」, 「방사성폐기물 관리법」, 「방사선 안전관리 등의 기술기준에 관한 규칙」 등이 시행되고 있다.

3. 과학기술정책 홍보시스템

1) 과학기술정책 홍보의 원리와 과정

(1) 과학기술정책 홍보의 의미

홍보는 어떤 조직체가 커뮤니케이션 활동을 통하여 자신의 생각과 계획 · 활동 · 업적 등을 널리 알리는 활동이다. 상대방의 인식이나 이해 또는 신뢰감을 높이기 위하여 실시한다. 홍보는 사실인 정보를 정확하게 전달하고, 상대방의 불만이나 요망 등을 수집하여 정책에 투영하는 활동이다. 이런 점에서 선전이나 선동과 구별된다. 선전이나 선동은 일방적인 정보 전달에 집중한다. 선전이나 선동은 정보를 과장하거나 왜곡한다. 선전이나 선동은 일방적으로 특정한 이미지를 형성하려고 한다. 그러나 홍보는 쌍방적인 활동이다. 설득과 소통의 활동이다.

과학기술정책 홍보는 과학기술정책의 취지ㆍ내용과 기대효과를 널리 알리는 활동이다. 과학기술정책을 국민에게 알리고, 국민과의 쌍방적 소통을 통하여 과학기술정책의 목표를 달성하려는 활동이다. 공공관계(PR : Public Relations)와 같은 의미이다.

정책의 홍보는 정책과정의 모든 단계에 걸쳐 가장 핵심적인 요소이다. [그림 7-4]에서 보는 바와 같이, 정책결정 – 정책집행 – 정책평가의 모든 과정의 진행에 결부된 공통요소이다.

이 알림 활동은 세 가지의 의미를 갖는다. 첫째, 정책홍보는 정책의 성공적인 집행을 위한 조치이다. 정책의 집행담당자나 협조자에게 정책의 진정한 의미와 내용을 잘 알려야 한다. 그래야만 정책의 취지를 제대로 이해하고 집행할 수 있다. 그들이 다수일 경우에는 대면 설명을 할 수 없어 매체를 통한 간접 설명에 의존해야 한다. 대중매체를 활용하는 경우도 있다. 이것은 정책체제 내부의 홍보이다.

둘째, 정책홍보는 고객 집단의 이해와 지지를 이끌어 내기 위한 활동이다. 정책고객은 확

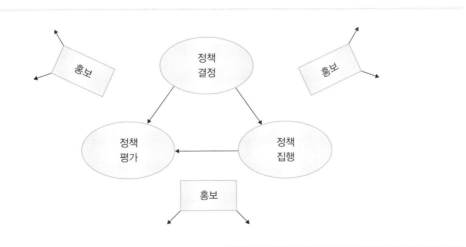

그림 7-4 주요 정책과정과 정책홍보의 관계

정적인 소수일 경우도 있지만, 불특정한 다수일 경우가 더 많다. 일반납세자 모두에까지 범위를 넓혀야 되는 경우도 많다. 정책고객에 대한 직접 또는 간접 홍보는 정책의 실질적인 생명을 좌우한다. 정부의 입지에도 영향을 미친다.

셋째, 정책홍보는 정책의 성과에 대한 평가자료를 수집하는 활동이다. 정책홍보를 하는 과정에서 정책에 대한 고객집단이나 납세자의 반응을 파악할 수 있다. 정책체제 내부에서도 마찬가지이다. 정책집행을 위한 홍보 활동에서 좋은 의견이 포착될 수 있다. 정책고객에 대한 홍보과정에서도 잘못된 사항을 파악할 수 있다. 그렇게 해야만 정책집행자와 정책고객을 감동시킬 수 있고, 실효성 높은 정책을 펼칠 수 있다. 당초의 정책을 밀어붙이기식으로 추진하다가는 낭패를 당할 수 있다. 따라서 정책홍보는 정책의 바른 길을 알아내는 목적도 겸비해야 한다.

(2) 정책홍보 커뮤니케이션의 원리

정책홍보는 커뮤니케이션의 기본원리에 충실해야 한다. 발신자와 수신자의 관계이다. [그림 7-5]에서 보는 바와 같이, 정부는 발신자의 입장에서 홍보하려는 내용을 문자나 도형 등으로 표현한 홍보자료를 만들어서 정책고객에게 전달하는 절차를 밟는다. 그 사이에 매스미디어(대중매체)를 개입시킬 수 있다.

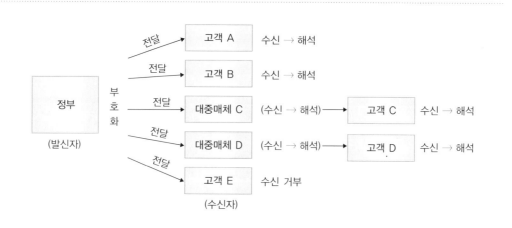

그림 7-5 정책홍보 커뮤니케이션의 기본 구조

　정부에서 작성하여 전달하는 홍보자료를 수신하는 고객이나 중간의 매스미디어는 모두 자기의 입장에서 내용을 해석한다. 정부의 뜻과 전혀 다른 것으로 해석할 수도 있다. 매스미디어가 개입된 경우에는 그런 과정이 하나 더 생긴다. 매스미디어의 입장에서 수신된 내용을 해석해서 이것을 부호화하여 고객에게 발신하는 절차를 밟는다. 이러한 과정은 마치 게임과 흡사하다. 자기가 본 어떤 사물의 이름을 몸짓으로 전달해서 마지막 사람이 맞히게 하는 놀이와 같은 과정이다. 한편, 어떤 고객은 홍보자료의 수신 자체를 거부하기도 한다. 따라서 정책홍보는 대단히 어려운 활동인 것이다.

　정책홍보는 커뮤니케이션에서 발생할 수 있는 장애에 주의해야 한다. 먼저 발신자 측면에서의 장애요인은 수신자에게 흥미 없는 내용, 언어 · 준거체계 등의 불명확성, 불성실한 자세, 자기 보호적 정보 은폐, 신뢰도의 결여 등이다. 수신자 측면에서의 장애요인은 자료에 대한 관심의 차이, 교육 수준에 따른 이해능력의 차이, 연령과 성별의 차이, 정신적 · 육체적 상태의 차이, 외국어 능력의 차이, 선입견 등이다. 또한 발신자와 수신자를 연결하는 매체의 기술적 문제, 전달하는 장소 또는 환경의 문제도 중요한 장애요인이다.

　또한 언제든지 커뮤니케이션의 일반원칙에 충실해야 한다. 명료성의 원칙, 주위집중의 원칙, 통합성의 원칙, 비공식조직의 전략적 활용원칙 등이다. 특히 비공식적 커뮤니케이션은 인간지향적이어서 실질적으로 더 큰 효과를 거둘 수 있다.

(3) 정책홍보의 순환과정

정책홍보는 [그림 7-6]에서 보는 바와 같이, 순환과정이 신속하고 탄력적으로 운용되어야 성공할 수 있다. 홍보기획을 면밀하게 실시하여 이를 실행하고, 그에 대한 고객의 반응을 확인하여 결과를 평가한 다음, 문제점을 보완하여 재기획을 실시하고 이를 실행하는 과정이다.

　홍보 결과는 두 가지 시각에서 평가해야 한다. 홍보에 대한 고객의 반응이 좋지 않을 경우, 홍보에 문제가 있는 것인지 아니면 정책 자체에 문제가 있는 것인지를 분별해야 한다. 만일 홍보에 문제가 있다면 홍보를 재기획하여 실시하고, 정책 자체에 문제가 있을 경우에는 정책을 수정하여 다시 홍보하는 절차를 거쳐야 한다.

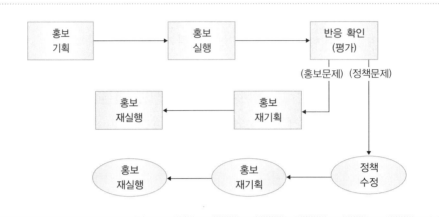

그림 7-6 정책홍보의 순환과정

2) 과학기술정책 홍보의 기획

과학기술정책에 대한 홍보기획은 [그림 7-7]과 같이, 2단계로 나누어 실시하는 것이 좋다.

1단계에서는 무엇을 누구에게 왜 홍보해야 되는지를 명확히 설정한다. '무엇'은 홍보의 주제이며, '누구에게'는 홍보고객 또는 관련자이다. '왜'는 홍보의 목적 또는 기대효과이다. 이 세 가지 명제를 명확히 하지 않으면 홍보는 실종된다. 아무런 방향이나 목표가 없는 홍보가 됨으로써 성과를 거두지 못한다.

2단계는 1단계에서의 설정에 따라 구체화되는 단계이다. 첫째, '어떤 내용으로'는 홍보의 본문이다. 여기서는 과학기술의 특성을 고려해야 한다. 기본적으로 과학기술은 전문성의 정도가 매우 높다. 내용이 어려운 것은 물론, 사용하는 용어도 생소하다. 기초과학의 경우에는 국민의 실생활과 멀어 보인다. 그러나 홍보 대상인 고객은 쉽고 감성적인 것을 좋아하고 재미있는 것을 선호한다. 그렇다면 과학기술에 관한 내용을 고객의 취향에 맞는 형태로 바꾸어서 작성해야만 한다. 아주 재미있게, 매우 쉽게, 실생활과 연결시켜서, 대단히 유익한 정보라는 인상을 줄 수 있도록 작성해야 한다. 그래야만 일단 수용될 수 있는 여지를 만들 수 있다.

둘째, '어떤 매체를 통해서'는 홍보대상인 고객에게 직접 설명할 것인지, 소셜미디어를 통할 것인지, 아니면 매스미디어를 통한 것인지, 휴대전화 SMS를 이용할 것인지, 블로

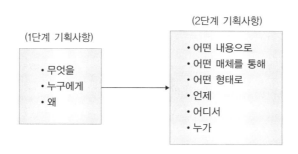

그림 7-7 과학기술정책 홍보기획의 중요사항

그·트위터·페이스 북을 활용할 것인지 등에 관한 사항이다. 매스미디어도 TV·라디오· 신문·잡지 등 다양한 영역을 고려해야 한다. 해당 매스 미디어의 설립목적과 주요 관심사 도 고려해야 할 중요한 요소이다. 경우에 따라서는 언론사의 관심과 국민의 관심이 다를 수 있다는 점을 항상 염두에 두어야 한다.

매체의 선택은 홍보대상인 고객에 따라 달라져야 한다. 고객의 연령, 장소, 시간 등을 종 합적으로 고려하여 가장 효과적으로 전달될 수 있고, 감각적으로 수용할 수 있는 매체를 선 택해야 한다. 직접 방문하는 것이 가장 효과적이고, 상대방을 명시적으로 인정하는 1 대 1 방 식이 그 다음이고, 매스미디어를 통하는 방식은 맨 마지막 방식이다. 누구나 자신의 존재를 인정해 주는 사람, 자신을 높여 주는 방식에 마음의 문을 활짝 연다는 점에 착안하면 좋다.

셋째, '어떤 형태로'는 홍보내용을 작성하는 방식이다. 홍보대상인 고객에게 어떤 방식 으로 전달할 것이냐의 문제이다. 책자 형태로 만드는 방식, 만화로 그리는 방식, 기고문 형 태로 작성하는 방식, 언론인 회견문의 형태로 작성하는 방식, 인터뷰 자료로 작성하는 방식 등 매우 다양하다. 홍보대상인 고객의 여러 가지 여건에 가장 적합한 방식을 골라야 하며, 항상 홍보고객의 입장에서 판단해야 한다. 어떤 경우이든 사진·그림·도형을 많이 사용하 는 것이 고객의 이해에 도움이 되며, 동영상은 더욱 좋다. 그것을 USB(범용연결기구) 기억 소자에 담아서 건네주면 매우 효과적이다.

넷째, '언제'는 홍보의 타이밍이다. 타이밍은 언제나 가장 중요한 요소이다. 홍보고객이 의욕적으로 받아들일 수 있는 시간대이어야 한다. 대체로 고객에게 홍보할 주제보다 더 중요한 일이 있을 경우는 좋지 않으며, 홍보고객의 관심을 빼앗기 어렵기 때문이다. 그러나 고객으로부터 비난받을 사안에 대해서는 반대의 상황을 이용할 수 있다. 다른 중대한 일이 많을 때에 맞추어 비난받을 사안을 홍보하면, 고객은 그 사안에 관심을 주지 않을 수 있고, 정부는 은폐의혹으로부터 벗어날 수 있기 때문이다.

다섯째, '어디서'는 홍보의 장소이다. 딱딱한 브리핑 룸보다는 현장이 훨씬 좋다. 홍보 내용이 묻어나는 장소일수록, 홍보고객이 가보고 싶은 곳일수록 효과적이다. 그곳의 분위기가 홍보고객의 마음을 열고, 여과 없이 수용될 수 있는 여건을 조성할 수 있기 때문이다.

마지막으로, '누가'는 홍보를 실행하는 사람이다. 홍보자료를 설명하는 사람으로, 매우 중요하다. 홍보고객의 입장에서는 직위가 높은 사람으로부터 설명을 듣고 싶어 한다. 언론 매체에서도 설명하는 사람의 뉴스 가치를 따진다. 뉴스 가치가 큰 사람이면, 그 자체만으로 도 보도할 가치가 큰 것처럼 느낀다. 또한 홍보고객과 관계가 좋은 사람이 나서면 좋은 효과를 거둘 수 있다. 잘못된 정책에 대해서도 고위 당국자, 자기가 좋아하는 사람이 나와서 사과하면 관대해지는 것이 우리의 일반적 정서이기 때문이다.

3) 과학기술정책 홍보의 실행

과학기술정책 홍보의 실행은 사전에 치밀하게 기획된 시나리오에 따른다. 이 과정에서 전술적인 고려를 해야 될 경우가 있다. 그중에서 중요한 것은 다음과 같다.

첫째, 기관 이미지 홍보를 병행하는 것이다. 커뮤니케이션에서 수신자는 발신자가 누구냐에 따라 정보의 수용과 해독과정에 큰 영향을 받는다. 좋은 이미지를 가진 발신자의 정보에 대한 수용이 높은 것이다. 따라서 과학기술정책을 담당하는 기관의 이미지를 좋게 변화시킬 수 있는 홍보를 평소에 하는 것이 좋다.

둘째, '엠바고(embargo)제도'를 적절히 활용하는 것이다. 엠바고는 언론매체에 대하여 보도할 시간과 조건을 미리 제시하면서 보도자료를 제공하는 방식이다. 또한, 변경될 소지가 있음을 함유하는 방식이기도 하다. 대규모 행사의 결과에 대한 자료를 사전에 배포할 경우 등에 많이 사용된다.

엠바고제도는 과학기술 관련 홍보에 매우 유익하다. 과학기술자료는 내용이 대단히 전문적이고, 생소한 용어가 많기 때문이다. 따라서 기자가 정확하게 이해하고 추가사항을 취재하여 기사를 완벽하게 작성할 수 있는 시간을 주어야 한다.

다만, 엠바고는 관련 기자와 사전에 합의해야 한다. 그중에 협조하지 않는 기자가 있을 경우에는 다른 기자가 어려움에 처하기 때문이다. 엠바고를 지키지 않는 기자는 특종기사를 쓸 수 있는 반면에, 다른 기자는 낙종하여 소속 언론사에서 책임 추궁을 당한다. 흔히 엠바고를 지키지 않은 기자에게 제재를 가하는 경우가 있지만, 소속 언론사는 관련 기자의 희생을 딛고 언론사의 입지를 강화할 수 있게 된다.

셋째, '비보도(off-the-record)'를 전제로 과학기술 관련 자료를 제공하는 것도 유용하다. 이것은 기자와의 비공식 만남에서 격의 없는 형태로 사용하는 방식이다. 대단히 미묘한 사안이나 공식적으로 밝힐 수 없는 사안을 설명하는 방식이다. 그러나 비보도 요구를 붙인 자료의 설명이라도 항상 보도될 수 있다는 점을 염두에 두어야 한다. 따라서 보도되어도 문제가 되지 않을 사안에 대하여 적정한 수준에서 밝히는 것이 전술적으로 유용하다. 다만, 아주 예외적으로 사용해야 한다. 한편, 비보도 요구에 대한 기자들의 일반적 습성을 역으로 이용하는 접근도 아주 가끔씩은 유효하다. 소수 기자와의 비공식적 만남에서 사용하면, 그중 1~2명의 기자는 그것을 기사화함으로써 특종이 되기 때문에 크게 보도될 가능성이 크다. 만약 문제가 생기면, 제보자가 슬그머니 상황을 외면하는 방식으로 대응한다.

넷째, 인터뷰 요령이다. 상황상 미묘한 사안에 대해서는 녹화(또는 녹음) 인터뷰를 피하는 것이 좋다. 언론사에게 편집기회를 주고, 해당 언론사의 주장을 뒷받침하는 자료로 악용될 수 있기 때문이다. 이런 경우에는 생방송 인터뷰를 요청하는 것이 좋으며, 그 기회를 통해 정책고객에게 직접 설명하는 것이 바람직하다.

다섯째, 언론사·관련 기자와 평소에 좋은 관계를 유지하는 것이 좋다. 이것은 앞에서 설명한 커뮤니케이션의 원칙에 입각한 활동이다. 언론매체를 이용하는 정책홍보의 경우에는 일단 언론인을 감복시켜야 하는데, 감복은 홍보내용이나 방법 등 다양한 요소에 의해 영향을 받지만, 평소에 어떤 관계를 갖고 있느냐도 대단히 중요하기 때문이다. 정부의 홍보자료에 대하여 수용할 준비를 하고 있는 언론사와 기자, 정부의 설명을 그대로 받아들여 정부의 취지대로 해석하는 언론사와 기자를 평소에 많이 만들어 두어야 한다. 한 송이의 꽃, 한 장의 축전, 한 줄의 휴대전화 문자메시지로도 언론인의 마음을 잡을 수 있다.

4) 언론의 오보에 대한 대응방법

우리나라에서 모든 국민은 언론의 자유를 가진다(「대한민국헌법」 제21조 제1항). 언론은 정보원에 대하여 자유로이 접근할 권리와 취재한 정보를 자유로이 공표할 자유를 갖는다(「언론중재 및 피해구제 등에 관한 법률」 제3조). 이것은 언론취재의 자유이다. 반면에, 언론의 보도는 공정하고 객관적이어야 하며, 언론은 인간의 존엄과 가치를 존중해야 한다(동법 제4조). 이것은 언론의 사회적 책임에 속한다.

언론의 오보에 대한 대응은 오보가 보도되기 이전에 선제대응을 하는 것이 훨씬 효과적이다. 평소에 모니터링체제를 갖추고 언론사의 보도준비단계에서부터 철저히 차단하는 것이다.

또한 오보의 수정도 언론사에 정중하게 부탁하는 편이 좋다. 그래야만 수정될 가능성이 높아지기 때문이다. 그러나 아무리 정중하게 부탁해도 고쳐지기 어려운 오보가 있다. 첫 번째 유형은 언론인의 자기방어적 발상에 따른 의도적 오보이다. 기사가 분명히 잘못되었음에도 불구하고 자신의 취재능력에 대한 상관의 책망이 두려워 수정을 극력 회피하는 경우이다. 두 번째 유형은 악의적인 발상에 의해 작성된 기사로, '혼내주겠다'는 자세로 임하는 '언론 폭력'의 경우이다. 세 번째 유형은 오보를 수정할 시간적 여유가 없는 경우이다. 마땅히 삭제해야 할 기사임에도 불구하고, 해당 기사를 대체할 정도의 다른 기사를 작성할 여유가 없을 때이다. 이런 경우에는 치명적인 오보만을 완화하는 수준에서 기사 수정이 마무리된다(최석식, 1998, p.113).

언론의 오보에 대한 공식적인 대응방법으로서 피해자의 정정보도청구, 반론보도청구, 추후보도청구, 손해배상청구가 있다. 각각의 대응방법을 강구할 때에는 "언론과 싸워서 이기면 손해 본다."라는 이야기에 귀를 기울여야 한다.

(1) 정정보도청구

① **언론사에 대한 정정보도청구** : 사실 주장에 관한 언론보도 등이 진실하지 아니할 경우에

는 피해자가 언론사에 정정보도를 요구할 수 있다. 정정보도의 청구기간은 그 보도사실을 안 날로부터 3개월 이내, 그 보도가 있은 후 6개월 이내이다(「언론중재 및 피해구제 등에 관한 법률」 제14조).

정정보도를 청구할 때에는 피해자의 인적 사항, 정정보도의 대상인 언론보도의 내용, 정정을 요구하는 이유, 청구하는 정정보도문을 해당 언론사 대표에게 서면으로 제출해야 한다(동법 제15조 제1항).

언론사는 이에 대한 수용 여부를 3일 이내에 알려 주어야 하는데, i) 피해자가 정정보도청구권을 행사할 정당한 이익이 없는 때, ii) 청구된 정정보도의 내용이 명백히 사실에 반하는 때, iii) 청구된 정정보도의 내용이 명백히 위법한 내용인 때, iv) 정정보도의 청구가 상업적인 광고만을 목적으로 하는 때, v) 청구된 정정보도의 내용이 국가·지방자치단체 또는 공공단체의 공개회의와 법원의 공개재판절차의 사실보도에 관한 것인 때에는 정정보도를 거부할 수 있다. 언론사에서 수용하기로 결정한 때에는 그 청구를 받은 날로부터 7일 이내에 정정보도문을 방송 또는 게재해야 한다(동조 제2항 내지 제5항).

② **조정 신청** : 정정보도청구와 관련하여 분쟁이 있는 경우에는 피해자 또는 언론사 등이 언론중재위원회에 조정을 신청할 수 있다. 조정 신청을 할 수 있는 기간은 그 사실을 안 날로부터 3개월 이내, 그 보도가 있은 후 6개월 이내이다. 한편, 피해자가 언론사에 정정보도청구를 한 경우에는 그 협의가 성립되지 아니한 때로부터 14일 이내에 조정을 신청할 수 있다(동법 제18조 제1항·제2항).

언론중재위원회는 접수일로부터 14일 이내에 조정을 실시해야 하며, 조정기일을 정하여 양측의 출석을 요구한다. 출석요구를 받은 신청인이 2회에 걸쳐 응하지 않을 경우에는 조정신청을 취하한 것으로 보며, 피신청 언론사가 2회에 걸쳐 응하지 아니하는 때에는 조정 신청취지에 따른 정정보도를 이행하기로 합의한 것으로 본다(동법 제19조 제2항·제3항).

언론중재위원회는 당사자 사이에 합의가 이루어지지 아니하거나 또는 신청인의 주장이 이유 있다고 판단되는 경우에는 직권으로 조정할 수 있다. 조정 결과 당사자가 합의하거나 직권조정 결과를 받아들인 때에는 재판상의 화해와 동일한 효력을 발생시킨다. 그러나 직권조정결정에 불복하는 자는 7일 이내에 중재부에 서면으로 이의를 신청할 수 있다. 이의신청이 있는 경우에는 정정보도청구의 소송이 제기된 것으로 보며, 피해자를 원고로 언론사를 피고로 하는 소송이 진행된다(「언론중재 및 피해구제 등에 관한 법률」 제22조·제23조).

③ **중재 신청** : 당사자 쌍방은 정정보도청구 또는 손해배상의 분쟁에 관하여 언론중재위원회의 종국적 결정에 따르기로 합의하고 중재를 신청할 수 있다(동법 제24조).

중재결정은 확정판결과 동일한 효력을 가진다. 중재판정에 불복하는 경우에는 중재판정의 정본을 받은 날로부터 3개월 이내에 법원에 중재판정 취소의 소송을 제기할 수 있다(동법 제25조).

④ **소송** : 피해자는 법원에 정정보도청구의 소송을 제기할 수 있다(동법 제26조 제1항). 법원은 정정보도청구의 소송에 대하여 접수 후 3개월 이내에 판결을 선고해야 한다(동법 제27조 제1항).

법원은 정정보도청구가 이유 있다고 인정하여 정정보도를 명하는 때에는 방송·게재 또는 공표할 정정보도의 내용·크기·시기·횟수·게재부위 또는 방송순서 등을 정하여 알린다(동법 제27조 제2항). 법원의 정정보도청구의 재판에 불복하는 자는 항소할 수 있다(동법 제28조).

언론 등의 고의 또는 과실로 인한 위법행위로 재산상 손해를 입거나 인격권 침해나 정신적 고통을 받은 자는 그 손해에 대한 배상을 언론사에 청구할 수 있으며, 법원은 그에 상당하는 손해액을 산정한다(동법 제30조).

한편, 명예훼손의 경우에는 특칙이 적용된다. 법원은 명예를 훼손당한 피해자가 청구할 경우에는 손해배상에 갈음하거나 혹은 손해배상과 함께 정정보도의 공표 등 명예회복에 적당한 처분을 명할 수 있다(동법 제31조).

(2) 반론보도청구

사실 주장에 관한 언론보도 등으로 피해를 입은 자는 보도내용에 관한 반론보도를 언론사에 청구할 수 있다(동법 제16조 제1항). 반론보도문은 피해자가 작성하여 요구한다. 반론보도청구에 대한 절차 등은 정정보도청구의 경우와 같다(「언론중재 및 피해구제 등에 관한 법률」제16조 제3항).

(3) 추후보도청구

언론 등에 의하여 범죄혐의가 있거나 형사상의 조치를 받았다고 보도 또는 공표된 자가 그에 대한 형사절차가 무죄판결 또는 이와 유사한 형태로 종결된 때에는 그 사실을 안 날로부터 3개월 이내에 언론사 등에 이 사실에 관한 추후보도를 청구할 수 있다. 언론사가 추후보도청구를 받아들인 때에는 청구인의 명예나 권리회복에 필요한 설명 또는 해명을 포함하여 보도해야 한다. 추후보도청구에 대해서도 정정보도청구의 경우가 준용된다. 또한 추후보도청구권은 정정보도청구권이나 반론보도청구권의 행사에 영향을 미치지 아니한다(동법 제17조).

4. 과학기술 공무원시스템

1) 기본 인식의 정립

과학기술정책을 실제 담당하여 추진하는 주체는 공무원이다. 실제로 과학기술정책을 담당하는 공무원은 과학기술(이공계)을 전공한 공무원과 인문·사회과학을 전공한 공무원으로 구성되어 있다. 과학기술 전공 공무원은 과학기술 자체의 육성에, 인문·사회과학 전공 공무원은 과학기술혁신 지원업무에 강점을 갖고 있다. 과학기술정책은 대표적으로 학제적인 성격을 갖고 있기 때문에, 이를 지원하는 공무원의 경우 학제 간 구성으로 이루어져야 한다. 그래야만 효율적으로 지원할 수 있다. 따라서 흔히 범할 수 있는 오류 중 하나는 "과학기술정책은 과학기술 전공자가 담당해야 한다."라는 시각인 것이다.

정부는 지속적인 경제성장과 건강·안전·환경 등 삶의 질 향상에 관련된 행정 수요에 대응하기 위하여 우수 인력의 공직 진출과 기술직 공무원의 사기진작 등에 정책의 우선을 두고 있다. 또한 이공계 공무원은 고위직으로 올라갈수록 그 비율이 떨어지는 경향이 나타나기 때문에, 이에 대한 보완조치도 취하고 있다.

2) 이공계 공무원의 채용제도

정부업무 중에서 과학기술 관련 업무가 늘어날수록, 기존 업무 중에서 과학기술에 의해 효율화될 수 있는 여지가 많아질수록 이공계 출신 공무원의 수요가 늘어난다. 정부정책 결정의 합리성과 능률성을 제고하기 위함이다.

이공계 출신의 공무원 임용은 상위직에서 크게 증가되어야 한다. 장관·차관 등의 정무직 공무원에서 가장 시급하고, 그 다음이 고위공무원단 소속 공무원이다. 6급 이하의 공무원에게는 규모의 확대와 더불어 처우개선이 더 시급하다.

이명박정부는 5급 신규채용자 중 기술직의 비율을 40%로 유지하기로 방침을 결정하였다(행정안전부, 2009, p.5). 또한 기관별 채용목표와 직무분석 등을 실시하여 수요를 반영한다는 방침이다.

이와 아울러, 하위직의 우수 기술인력 확보를 위하여 '기능인재 견습채용제'를 도입하였다. 기술계 고등학교·전문대학·기술대학 졸업자를 대상으로 학교장의 추천과 일정기간 공직 내 견습기간을 거쳐 특별채용하는 방식이다. 이들은 학과 성적, 자격증 소지, 기능대회 입상 등 전문성과 역량 등을 종합적으로 고려하여 선발한다.

3) 이공계 전공 공무원의 교육·훈련

모든 공무원에게는 행정 실무능력과 국민을 섬기는 자세에 대한 교육이 필요하다. 이것은 공무원의 기본적인 소양교육이다.

이와 더불어 [그림 7-8]에서 보는 바와 같이, 교육대상자별로 그에 적합한 특별교육이 필요하다. 이공계 전공 공무원에게는 경제·산업 등 사회과학 분야의 지식을, 인문·사회 전공자와 예술·기타 전공자에게는 과학기술지식에 대한 교육을 실시해야 한다.

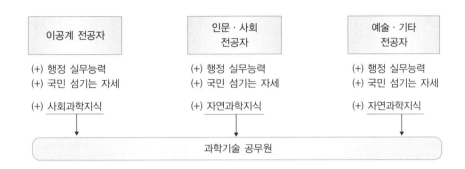

그림 7-8 과학기술 공무원의 양성체계

4) 이공계 전공 공무원의 사기진작제도

정부는 이공계 전공 공무원에 대한 사기진작제도를 승진ㆍ보임ㆍ수당 등으로 실시한다. 첫째, 이공계 공무원의 승진을 위하여 고위공무원단 내 이공계 전공자의 비율을 확대한다. 인문ㆍ사회계 전공자 중심의 고위공무원단의 구성을 시정하기 위한 조치이다. 둘째, 인사ㆍ예산ㆍ조직 분야 등 공통직위와 복수직위에 이공계 공무원의 보임을 확대한다. 셋째, 기술업무수당의 지급대상을 전문기능인력으로 확대한다. 이와 함께, 기술수당이 인센티브 기능을 발휘할 수 있도록 금액을 인상해야 한다.

참고문헌

국내 문헌

과학기술부, 2007, 『2006 과학기술연감』.

권기현, 2007, 『정책학의 논리 : Lasswell 정책학의 현대적 재조명』, 박영사.

국가과학기술위원회, 2008. 8. 12, 〈선진일류국가를 향한 이명박정부의 과학기술기본계획〉.

국토해양부, 2008. 7. 21, 〈지역성장거점 육성과 광역인프라 구축방안〉.

김성득, 2003, 『사회간접시설론』, 울산대학교출판부.

김영순 · 김진희 외, 2008, 『문화의 멋과 맛을 만나다』, 한올출판사.

김용현, 2005, 『군사학 개론』, 백산출판사.

김정홍, 2004, 『지역산업의 혁신역량 강화 방안 – 지역혁신정책을 중심으로』, 산업연구원.

노화준, 1997, 『정책평가론(제2전정판)』, 법문사.

박삼옥, 2001, 「산업군집 형성과 지역산업 발전」, 이정식 · 김용웅 엮음, 『세계화와 지역발전』, 한울 아카데미.

박영순, 2006, 『한국어 교육을 위한 한국문화론』, (주)한림출판사.

방위사업청, 2010. 9. 1, 〈2012~2026 국방과학기술진흥 실행계획〉.

안동규, 2007, 『혁신클러스터와 지역발전』, 도서출판 소화.

왕세종, 2005, 『인프라 민간투자사업의 국민경제적 역할』, 한국건설산업연구원.

유의선 · 조황희 · 이보람, 2009, 『과학기술에 기반한 안전한 사회구축 방안』, 과학기술

정책연구원.

이덕환, 2010. 7. 1, 〈원자력의 커뮤니케이션〉.

이승룡, 2010. 7, 〈우리나라 지방자치단체의 과학기술혁신역량평가 모델 개발 및 적용〉, 한국과학기술기획평가원.

재정경제부 외, 2002. 11, 〈국가기술지도－총론－〉.

_____, 2007. 12, 『제2차 과학기술기본계획(2008~2012)』.

전영옥 외, 2003, 『지역경제 새 싹이 돋는다』, 삼성경제연구소.

정동찬, 2010. 7. 23, 〈우리나라 선조들의 과학기술 발자취〉, 제39회 과학사랑포럼 주제발표문.

정용운, 2006, 『군사학 개론』, 양서각.

조윤애 · 김진웅 · 노영진, 2010, 『국방연구개발투자의 경제효과분석』, 국방과학연구소.

최석식, 1988, 〈과학기술투자 GNP 대비 5% 확대방안 수립을 위한 연구〉, 한국과학기술원 과학기술정책연구 · 평가센터.

_____, 1989, 〈21세기를 향한 과학기술인력의 장기 수요전망〉, 한국과학기술원 과학기술정책연구 · 평가센터.

_____, 1995, 『우리의 과학기술 어떻게 높일 것인가』, 지식산업사.

_____, 1998, 『산다는 것은, 언론홍보 현장 편』, 도서출판 고원.

_____, 2002, 『연구개발경영의 이론과 실제』, 지식산업사.

최용호, 2001, 「지역혁신체계의 특성과 구축방안」, 이정식 · 김용웅 엮음, 『세계화와 지역발전』, 한울 아카데미.

최태인, 2010. 9. 10, 〈국방과학기술 R&D 전략〉, 제40회 과학사랑포럼 주제발표문.

크리스젠크스, 1996, 『문화란 무엇인가』, 김윤용 옮김, 현대미학사.

한원택, 1998, 『지방행정론(제2판)』, 법문사.

행정안전부, 2009. 8. 19, 〈공직내 이공계인력 지원 종합계획〉.

허범, 2002, 「정책학의 이상과 도전」, 『한국정책학회보』 제11권 제1호.

홍성욱 외, 2010, 「과학기술자의 사회적 책임 : '평화의 댐' 논쟁을 중심으로」, 임종태 · 홍성욱·정세권 편저, 『한국의 과학문화와 시민사회』, 한국학술정보(주).

국외 문헌

Carnegie, D., 1992, 『카네기 기업경영론(Managing Through People)』, 손풍삼 편역, 고려원.

Choi, S. S., 1987, *Analysis of the British Industrial Innovation Policy System Between 1960~1985 : Enlargement & Distribution of Investment*, University of Manchester.

Clark, N., 1985, *The Political Economy of Science and Technology*, Basil Blackwell.

Denison, E. F., 1960, *The Sources of Economic Growth in the United States and the Alternatives Before Us*, New York: Committee for Economic Development.

Easton, D., 1953, *The Political System*, New York, Alfred A. Knopf.

_____, 1965, *A Systems Analysis of Political Life*, London, John Wiley & Sons, Inc.

Joseph, P. Lane, June 29, 2009, *KT for TT: Ensuring Benefical Impacts from Research & Development*.

Lasswell, H. D., 1951, "The Policy Orientation", H.D. Lasswell and D. Lerner(eds.), *Policy Sciences*, Stanford, California: Stanford Univ. Press, pp.3~15.

Massell, B. F., 1960, "Capital formation and technological change in United States manufacturing", *The Review of Economics and Statistics*, Vol.42 No.2, pp.182~188.

Michaele, Jack, V., 1996, *Technical Risk Management*, Prentice Hall PTP.

National Science Board, 1987, *Science & Engineering Indicators*.

Rothwell, R., 1983, "Information and Successful Innovation", *British Library Report*, No.5782.

Rothwell, R. and Zeveld, W., 1981, *Industrial Innovation and Public Policy: preparing for the 1980s and 1990s*, Connecticutt: Greenwood Press.

Schumpeter, J., 1949, *The Theory of Economic Development*, Cambridge: Harvard University Press.

Solow, R. M., 1957, "Technical change and the aggregate production function", *The*

Review of Economics and Statistics, Vol. 39, pp. 312~320.

Walsh, V., Townsend, T., Achilladelis, and Freeman, C., 1979, *Trends in Invention and Innovation in the Chemical Industry*, Report to SERC(Mimeo), Science Policy Research Unit.

찾아보기

◎ **저자 소개**

최석식(崔石植, SEOK SIK CHOI)

학력

전북대학교 법학과 법학사

서울대학교 행정대학원 행정학 석사

영국 맨체스터대학교 대학원 과학기술정책학과 이학석사

성균관대학교 대학원 행정학 박사

경력

행정고등고시 합격(제19회)

대통령 과학기술비서관 역임

과학기술부 과학기술정책실장, 기획관리실장, 차관 역임

한국과학재단 이사장 역임

한·미과학협력센터(KUSCO) 이사장 역임

건국대학교 대외협력부총장 역임

한국행정학회 (운영)부회장 역임

한국정책학회 (운영)부회장 역임

현재 서울대학교 공과대학 객원교수

　　　전북대학교 과학학과 석좌교수

　　　건국대학교 기술경영학과 석좌교수

　　　한국 e-사이언스 포럼 의장

　　　(재) 바이오신약장기사업단 이사장

포상

황조근정훈장

근정포장

고운문화상

전북대학교 동문대상

국방대학원 우수논문상

저서 및 논문

『우리의 과학기술 어떻게 높일 것인가』(1995)

『산다는 것은』(언론홍보현장 편, 1998)

『서울에서 남극까지』(2000)

『연구개발경영의 이론과 실제』(2002)

「과학기술투자 GNP 대비 5% 확대방안 수립을 위한 연구」(1988. 4)

「과학기술정책의 효율적 추진을 위한 전문가 활용체제 구축방안 연구—대통령 과학
기술자문기구를 중심으로—」(1988. 6)

「21세기를 향한 과학기술인력의 장기 수요전망」(1989. 3) 외 다수